양자역학, 전체와 접힌 질서

Wholeness and the Implicate Order

Wholeness and the Implicate Order

Copyright © 1980 David Bohm
All rights reserved.
Authorized translation from the English language edition published by Routledge,
a member of the Taylor & Francis Group.

Korean translation copyright © 2010 by Marubol Publication
Korean translation rights arranged with TAYLOR & FRANCIS GROUP
through EYA(Eric Yand Agency).

이 책의 한국어판 저작권은 EYA(에릭양에이전시)를 통해
TAYLOR & FRANCIS GROUP사와 독점 계약한 도서출판 마루벌이 소유합니다.
저작권법에 의해 한국 내에서 보호를 받는 저작물이므로
무단 전재와 무단 복제를 금합니다.

"우리 시대 가장 중요한 책 가운데 하나."
《리서전스 Resurgence》

"봄이 내놓은 전체성 개념은
현대 물리학의 수수께끼에 대한 설명일 뿐 아니라
인생에 대한 지침으로 대단히 매력적이다."
존 와일리 2세, 《스미소니언 Smithsonian》

"『양자역학, 전체와 접힌 질서』는 세계의 모든 측면을 통합하려는
원대한 이상을 목표로 아직 진행되고 있는 작업이라는 느낌이 든다.
이런 고민의 흔적이야말로 이 책의 가장 큰 매력이다."
아브너 쉬모니, 《네이처 Nature》

● **일러두기**

1. 이 책은 2002년 Routledge 출판사에서 출간된 David Bohm, Wholeness and the Implicate Order를 번역했다.
2. 표준국립국어대사전을 기준으로 한글 맞춤법, 띄어쓰기, 외래어 표기를 하였다. 다만, 경우에 따라 통용되는 단어를 사용하거나 상당 부분 붙여쓰기를 허용하였다.
3. 과학전문용어는 한국물리학회의 2008년판 〈물리학용어집〉과 대한수학회의 1995년판 〈수학용어집〉을 참고했다.
4. 도서명은 를 사용하고, 원서명은 안에 이탤릭체를 병기하였다. 논문집과 정기 간행물은 로, 보고서나 논문 등은 로 구분하였다.

양자역학,
전체와 접힌 질서

Wholeness
and
the Implicate Order

세상을 뒤바꿀
양자컴퓨터의 원리와 이해

데이비드 봄 지음 | 이정민 옮김

시스테마

감사의 말

필자와 출판사는 저작권이 있는 글을 싣도록
허락해준 분들에게 감사드린다.

The Van Leer Jerusalem Foundation

(chapters 1 and 2, from *Fragmentation and Wholeness*, 1976)

the editors of The Academy

(chapter 3, from *The Academy*, vol. 19, no. 1, February 1975)

Academic Press Ltd

(chapter 4, from *Quantum Theory Radiation and High Energy Physics*,
part 3, edited D. R. Bates, 1962)

Plenum Publishing Corporation

(chapters 5 and 6, from *Foundations of Physics*, vol. 1, no. 4, 1971,
pp. 359–81 and vol. 3, no. 2, 1973, pp. 139–68)

차례

감사의 말	007
저자 소개 —— 데이비드 봄은 누구인가?	012
들어가며	019

1장 　전체와 조각내기　　　　　　　　　　031
　　　　부록 | 전체에 대한 동서양의 통찰 방식 비교　　054

2장 　흐름양식 | 언어와 사고로 하는 실험 |
1　서론　　　　　　　　　　　　　　　　　　065
2　언어에 대한 탐구　　　　　　　　　　　　066
3　흐름양식의 형태　　　　　　　　　　　　　072
4　흐름양식에서 참과 사실　　　　　　　　　084
5　흐름양식이 내포하는 전체 세계관　　　　090

3장 　과정으로 본 실재와 지식
1　서론　　　　　　　　　　　　　　　　　　095
2　사고와 슬기　　　　　　　　　　　　　　　097
3　사물과 사고　　　　　　　　　　　　　　　102
4　사고와 비사고　　　　　　　　　　　　　　105
5　과정으로 본 지식　　　　　　　　　　　　112

4장	**양자론과 숨은 변수**	**119**
1	양자론에 두드러진 특징	120
2	양자론이 보여주는 결정론의 한계	121
3	양자 비결정론을 해석하기	122
4	양자 비결정론은 법칙으로 환원하지 못한다는 해석을 뒷받침하는 논거들	124
5	EPR 역설을 해결한 보어 – 나누지 못하는 물리 과정	128
6	숨은 변수로 해석한 양자론	132
7	숨은 변수를 도입한 해석에 대한 비판	137
8	보다 세련된 숨은 변수를 향해	141
9	양자 요동 다루기	144
10	하이젠베르크의 불확정성 원리	146
11	나누지 못하는 양자 과정	150
12	작용 양자화에 대한 설명	155
13	아양자 수준을 탐색하려는 실험 논의	166
14	결론	172

5-1장　새 물리 질서를 보여주는 양자론
| 물리학 역사에서 나타난 새로운 질서 |

1	서론	177
2	질서란 무엇인가?	182
3	척도	185
4	질서와 척도를 발전시킨 구조	187
5	고전 물리에서 질서, 척도, 구조	189
6	상대성 이론	191
7	양자론	198

5-2장　새 물리 질서를 보여주는 양자론
| 물리 법칙에서 내포 질서와 외연 질서 |

1	서론	215
2	미분리된 전체 – 렌즈와 홀로그램	219
3	내포 질서와 외연 질서	223
4	전운동과 그 측면들	227
5	전운동에서 성립하는 법칙	234
	부록	물리 법칙에서 내포 질서와 외연 질서	236

6장   접히고 펼쳐지는 우주와 의식

1	서론	257
2	물리학에서 바라본 기계 질서와 내포 질서	258
3	내포 질서와 물질의 구조	265
4	다차원 내포 질서를 보여주는 양자론	274
5	우주론과 내포 질서	278
6	내포 질서, 생명, 그리고 전체에 걸친 필연성	282
7	의식과 내포 질서	285
8	물질과 의식, 그리고 둘의 공통 분모	298

주석	309
옮긴이의 글	319
찾아보기	324

저자 소개

데이비드 봄은 누구인가?

데이비드 봄(1917-1992)은 미국 펜실베이니아의 광산촌 윌크스-베리에서 태어났다. 그의 아버지는 젊은 시절 '아메리칸 드림'을 꿈꾸며 동유럽에서 이주한 유대인으로, 이민자들을 대상으로 중고 가구를 사고파는 일을 하며 이곳에 정착한다. 대공황기 폐광이 머지않은 광산촌이라는 척박한 환경 속에서 SF소설을 읽거나 과학 기구를 제작하며 '과학의 꿈'을 키우던 봄은, 가구상을 물려받을 것이라는 아버지의 기대와는 달리 물리학을 공부하게 된다. 칼텍을 잠시 거쳐 그가 수년간 학위와 연구 활동을 한 곳은 "제국의 향배는 서쪽에 있다."고 한 철학자의 이름을 딴 버클리 대학이었다. 이곳에서 봄은 오펜하이머의 지도 아래 물리학 연구만이 아닌 다양한 문화생활, 그리고 특히 캠퍼스 내의 과격 정치 운동에 참여하게 된다(이러한 전력이 나중에 문제가 된다). 2차 세계 대전이 일어나자 버클리의 물리학 연구는 상당 부분 원폭 개발의 목적으로 전용되었으며, 봄 자신도 이와 직간접적으로 관련된 연구를 진행하지만 보안 검색을 거쳐 모두 압수당하고, 결국 학위논문 없이 오펜하이머의 보증만으로 박사를 받게 된다(1943년).

전후 봄은 프린스턴 대학의 물리학 교수가 되었으며, 고등연구원의 아인슈타인과 가깝게 교류한다. 아인슈타인은 평생토록 보어와 하이젠베르크에 의해 확립된 기존의 양자역학은 불완전하다고 믿고 있었지만, 납득할 만한 비판이나 대안을 제시하는 데에는 실패했다. 아인슈타인은 자신의 기획을 이어 기존의 양자역학을 극복할 계승자로 아마도 봄을 지목했던 것 같다. 이 기간 대학원 강의와 연구를 바탕으로 쓴 봄의 처녀작 『양자론Quantum Theory』(1951)은 보어의 관점을 충실하게 반영하면서도 이후 그의 대안 이론으로 나아가는 출발점이 된다. 이 책은 물리학 교재로는 예외일 만큼 구체적 문제 풀이보다 이론의 물리적-철학적 기초에 많은 지면을 할애하고 있다. 하지만 전후 미국의 물리학계에는 아인슈타인이나 봄과 같은 근본 이론에 대한 탐구를 회의적으로 바라보는 시각이 팽배해 있었다. 더욱이 버클리에서 '사회 변혁에 관심을 가진 원자물리학자'로서의 그의 이력은 매카시즘으로 대변되는 시대 분위기 속에서 격류에 휘말리게 된다.

1949년 5월부터 봄은 전시 동안의 스파이 활동 혐의로 수차례 하원의 반미활동 조사위원회HCUA에 출석한다. 그는 수정헌법 5조의 진술거부권을 근거로 과거의 공산주의 활동에 대해 침묵하지만, 같은 해 12월 프린스턴 연구실에서 국회 모욕죄로 체포된다. 지금 생각하면 왜 다른 이들도 아닌 물리학자들이 봄과 비슷한 혐의로 수사를 받았는지 의아스럽게 생각될 수도 있다. 하지만 당시에는 소련의 핵실험 성공으로 인한 핵전쟁과 인류 멸망의 공포가 대중의 의식 속에 살아 있었으며, 이것이 빨갱이 공포와 맞물려 엉뚱하게도 그 책임이 물리학자에게 돌려지곤 했다. 오펜하이머, 페르미, 보어와 같은 일급의 물리학자들이 소련에 원폭 디자인과 구조를 넘겨주었다는 전적으로 무근거한 혐의가 정치적 설득력을 가지고 논의되었다. 봄 자신은 무혐의로 풀려났음에도 불구하고 프린스턴은 이러한 명백히 정치적 이유에서 봄을 재임용에서 탈락시키고 미국 내 다른 대학에서의 임용도 어렵게 만든다. 아인슈타인의 추천으로 브라질로 건너간 그는 여권마저 압수당한 채 망명객이 되고 만다. 이후 이스라엘과 유럽을 전전하던 끝에 결국 1961년 영국에 정착한다. 여기까지의 일련의 과정은 한 과학자의 신념과 정치적 권위와의 충돌이라는 점에서 20세기의 '갈릴레오 사건'이라 할 만하다.

이 시절을 회상하며 봄은 다음과 같이 말한다. "내겐 단 하나의 억누를 수 없는 감정이 남아 있습니다. 그것은 폭력, 나를 포함한 수많은 사람들을 망가뜨린 폭력에 대한 증오입니다. 내가 될 수도 있었던 것에 비하면 지금 나 자신은 망가졌다고 생각됩니다." 봄 자신은 분명 공산주의자가 아니었음에도 불구하고 이를 시인하는 '전향'을 택함으로써 혐의를 벗고 다시 미국으로 돌아가기를 원하지 않았다. 공산주의가 인류가 당면한 문제의 해결책이라고 볼 수는 없지만 동시대 지식인들을 공산주의에 눈돌리게 한 문제들은 수십 년이 지난 지금도 엄연히 실재하며 더욱더 절실하게 해답을 요구하고 있다. 세기 전반 마르크시즘의 세례를 받은 과학자들처럼 봄에게도 과학 연구는 합리적 사회 변혁을 위한 정치적 활동이기도 했다. 이러한 모든 점에서 봄의 도덕-정치 의식은 물리학도로서 거의 동일한 이력을 거친 파인만과 굉장히 대조적이다. 당대 현안에 대해 무심했던 후자가 주류 물리학계의 가장 훌륭한 연구자이자 교사로 알려진 반면 우리가 봄에 대해 아는 것은 무엇인가? 오히려 그러한 문제에 대한 무관심을 과학자로서의 덕목으로 내세우고 있지 않은가?

이러한 삶의 소용돌이 속에서도 봄의 창조적 사유는 빛을 발했다. 1952년 그는 '숨은 변수 이론'이라고 하는 양자역학에 대한 새로운 해석을 내놓는다. 보어의 관점을 충실히 계승한 51년 책과는 달리 그의 52년 해석은 양자 세계에 대한 기존의 이해를 뒤집었으며, 이후 모든 대안 해석의 원형이 된다. 하지만 그의 해석이 처음 나왔을 때 물리학자들은 그를 매도하기 급급했다. '유치한 일탈 행위'(오펜하이머)라거나 '물리적 판타지'(아인슈타인)이라는 비난에서부터 '불순한 형이상학'(하이젠베르크), '시간 낭비'(와인버그)에 이르기까지 봄의 이론을 둘러싼 오해는 끊이지 않는다. 폰 노이만은 한때 교회와 같이 조직된 양자물리학에서 보어를 교황에 비유한 적이 있는데(자신은 추기경 정도?) 이제 봄은 그러한 체제의 실질적인 '배교자'가 된 것이다.

하지만 주류 물리학계의 뿌리 깊은 반감에도 불구하고 봄의 이론은 살아남아 활발한 연구 분야로 자리매김했다. 이는 주로 90년대부터 봄 역학 Bohmian Mechanics이라는 이름 아래 유럽의 물리학자들과 미국 러트거스대의 골드슈타인이 협력한 결과이다. 반면 봄 자신의 관점은 사후 하일리와의 공저로 출판된 『미분리된 우주 The Undivided Universe』(1993)에서 찾을 수 있다.

하지만 우리의 관심을 끄는 것은 양자역학과 관련된 전문적인 문제보다도 그것의 넓은 철학적 의미일 것이다. 실제로 봄 자신도 과학 이론은 세계관의 문제와 관련되며, 따라서 새로운 세계관을 수립하지 않으면 자신의 대안 이론 또한 미래가 없음을 일찍부터 인지하고 있었다. 이러한 초창기 고민은 그의 57년작 『현대 물리에서 인과와 우연 Causality and Chance in Modern Physics』과 본 책이 잘 반영하고 있다.

봄의 생애에서 빼놓을 수 없는 중요한 측면은 그가 과학자이면서도 여러 분야 사람들과 대화를 멈추지 않았다는 점이다. 1960년 봄의 위 책을 읽은 미국인 예술가이자 이론가인 비더만 Charles Biederman은 봄과 10년의 기간 동안 4,000쪽에 이르는 서신을 주고받는다. 미네소타와 영국이라는 대륙을 가로지르는 이 서신 속에는 '예술과 과학'이라는 흔한 이야기뿐만 아니라 결정론, 자유, 창조성, 진리, 실재 등 온갖 주제들이 철학적 엄밀성을 갖추고 논의되는 20세기 철학의 보고이다(정작 철학자들은 관심이 없다).

봄은 특정 종교를 믿지 않았지만 인류 문제의 해결에서 인간의 의식이나 영성이 차지하는 위치를 인식하고 있었다. 이러한 관심에 결정적인 기폭제를 마련해 준 이가 크리슈나무르티이다. 크리슈나무르티와의 대화와 공동 작업은 '신비주의'에 빠졌다는 오해에도 불구하고 이후 25년간 지속되었으며 봄의 삶에서 새로운 지향점이 되었다. 이제 그는 더 이상 상아탑 안에 머물지 않고 일반 대중을 상대로 여러 대화 그룹을 조직하거나 캘리포니아 오하이의 크리슈나무르티 그룹을 실질적으로 이끌기도 한다. 이러한 활동은 봄 사상에 대한 대중의 관심과 폭을 크게 넓혀 주었으며 크리슈나무르티와의 공저나 봄의 사후 편집되어 출판된 여러 저작에 반영되어 있다.

젊은 시절의 격동을 제외하면 봄은 사색과 연구, 그리고 대화에 평생을 바친 평온한 삶을 살았다. 그러나 그 평온은 실제로 하나의 긴 망명 생활이었으며 근대 과학의 질서를 바꿀 만한 혁명적인 작업들로 이루어졌다. 그의 전기를 쓴 피트는 봄의 마지막 순간을 다음과 같이 전한다. 죽기 며칠 전부터 봄은 동료 하일리와 평생을 매달려온 양자역학의 대안에 대한 책을 마무리하는 데 여념이 없었다(이듬해 출간된다). 1992년 10월 27일 마찬가지 모임 이후 퇴근 시간에 여느 때처럼 집에 전화를 해 출발을 알린다. "왠지 못 견딜 것 같아. 지금 무언가의 끝에 서 있는 것 같네." 한 시간 뒤 택시로 집 가까이 온 봄은 지갑을 꺼낸다. 하지만 잠시 뒤 택시 문을 열었을 때 지갑은 땅에 떨어졌고 봄은 택시 안에 쓰러져 있었다. 20세기의 불운했던 물리학자는 그렇게 세상을 떠났고 이제 그의 저술만이 우리가 탐구할 수 있는 유산으로 남아 있다.

2025년 4월
역자 이정민

David Joseph Bohm

봄의 생애에 대해 더 자세히 알고 싶다면 다음을 보면 된다. David F. Peat, Infinite Potential: The Life and Times of David Bohm(Addison-Wesley, 1997). 최근에는 봄의 삶과 작업을 냉전이라는 시대 분위기와 관련시켜 이해하려는 연구도 활발히 이루어지고 있다. Russell Olwell, "Physical isolation and marginalization in physics: David Bohm's cold war exile", Isis 90(1999), 738-756; Alexei Kojevnikov, "David Bohm and collective movement", Historical studies in the physical and biological sciences 33:1(2002), 161-192. Olival Freire Jr. "Science and exile: David Bohm, the cold war, and a new interpretation of quantum mechanics", Historical studies in the physical and biological sciences 36:1 (2005), 1-34.

들어가며

이 책은 지난 20년 동안 내 사상이 발전해 온 길을 보여주는 논문 모음이다('감사의 말'을 보라). 먼저 책에서 논의할 주요 문제와 이들 사이의 관계를 짧게 소개하려 한다.

내 과학·철학 저술 활동에서 주된 관심은 실재의 본질, 특히 의식의 본질을 하나의 전체로 이해하는 일이었다. 전체는 결코 고정되거나 완결되지 않고 끊임없이 움직이고 펼쳐지는 과정이다. 돌이켜 보면 어렸을 때도 나는 "운동의 본질은 무엇인가"라는 신비한 수수께끼에 빠져 있었다. 보통 사람들이 무언가를 생각할 때는 그것을 정지된 이미지 혹은 정지된 일련의 이미지로 이해한다. 하지만 실제로 운동을 관찰하면 결코 끊기거나 나뉘지 않는 흐름을 느낀다. 이 흐름을 생각 속에 고정시킨 이미지는 달리는 차를 찍은 스틸 사진과 비슷하다. 철학자들은 이미 오래 전부터 이 문제를 제논의 역설로 제기했지만 아직 만족스러운 답을 얻지 못했다.

여기에 덧붙여 사고와 실재는 무슨 관계인가라는 질문이 있다. 주의 깊게 살펴보면 사고 또한 움직이는 과정에 있다. 다시 말해 일반적 물질 운동과 별 다르지 않은 흐름을 '의식의 흐름'에서도 느낄 수 있다. 그렇다면 사고 또한 실재의 한 부분이 아닐까? 그렇다면 실재 안에서 한 부분이 다른 부분을 '안다'는 말은 무엇을 뜻하며 어느 정도까지 알 수 있을까? 사고의 내용은 실재가 추상적이고 단순화된 스냅 사진에 불과할까? 나아가서 실제 경험에서 느끼는 움직임을 제대로 파악할 수 있을까?

운동이 무엇인지 곰곰이 생각하면, 사고나 사고 대상들의 전체 wholeness, totality라는 문제와 반드시 만나게 된다. 서양 전통에는, 생각하는 이(자아)가 생각의 대상인 실재와 따로 떨어져 독립되어 있다는 생각이 강하게 박혀 있다(서양은 이를 당연하게 여기지만, 동양은 언어에서나 철학에서 이를 부정하는 경향이 있다. 물론 일상 생활에서는 그러한 생각이 서양만큼 널리 배어 있다). 하지만 앞서 살펴본 운동 경험과 사고를 담당하는 뇌의 본질과 기능에 대한 현대 과학 지식에 따르면, 사고와 사고 대상은 명확히 구분하기 힘들다. 여기서 우리는 어려운 문제에 직면한다. 어떻게 끊임없이 흐르는 실제 사태를 하나의 전체로 그것도 사고(의식)와 우리가 경험하는 외부 실재를 포함하는 전체로 생각할 수 있을까?

이는 당연히 우리의 '세계관'에 대해 생각해보게 한다. 세계관에는 실재의 본질에 대한 관념과 우주 전체 질서에 대한 관념인 '우주론'

이 포함된다. 세계관에 대한 문제를 고려할 때는 우주론과 실재의 본질에 대한 관념 안에 의식에 대한 설명이 일관되게 자리해야 한다. 반대로 의식의 개념에도 '실재 전체'가 의식의 내용물이 된다는 이해가 들어 있어야 한다. 그렇게 하면 두 관념이 짝을 이루어 실재와 의식 사이 관계를 이해할 수 있을 것이다.

이런 질문들은 매우 거창한 문제로 어떻게 해도 완벽히 풀기는 쉽지 않다. 그렇더라도 이 문제의 해결책들을 꾸준히 탐구하는 일은 중요하다. 물론 이러한 탐구는 근대과학이 걸어온 길을 거스르는 일이다. 곧 지금까지 과학은 어느 정도 이론에 기초한 자세하고 구체적인 예측을 지향해 왔고 언젠가는 실제로 활용될 여지가 있었다. 그렇다면 내가 왜 그토록 강력하게 전반적인 흐름을 거슬러 가려는지 어떤 설명이 필요하겠다.

이런 뿌리 깊고 심오한 문제들은 사실 그 자체만으로 흥미롭지만 우선 이와 관련해 인간의 의식이 조각나는 문제를 주목해 1장에서 논할 것이다. 우리 사이에 널리 퍼진 (인종, 국가, 가족, 직업 등으로) '사람들을 구분하는 습관'은 인류가 추구하는 공동선만이 아니라 인류의 생존까지 방해한다. 이러한 구분은 '사물'이 원래부터 더 작은 구성 요소로 나뉘고 쪼개졌다고 보는 우리의 생각에서 시작됐다. 각 부분이 원래부터 따로 떨어져 홀로 존재한다고 여기는 것이다.

만일 자기 자신도 이런 식으로 본다면 저도 모르게 '자아ego'의 욕구를 다른 사람들의 욕구로부터 보호하려 들 것이다. 혹은 자신을 특정 집단과 동일시한다면 그 집단을 변호하려 들 것이다. 인류 전체를 하나의 실재로 여기고 인류의 욕구가 우선이라는 생각은 하지 못하는 것이다. 혹은 인류를 생각한다 해도 사람들은 자신을 자연과 분리해 생각한다. 나는 여기서 전체를 생각하는 방식(세계관)이 우리 정신 질서에 매우 중요하다고 생각한다. 전체가 독립된 조각으로 이루어졌다면 그 사람의 정신도 조각나고 만다. 반면 모든 것을 일관되고 조화롭게, 경계나 분할 없는 (모든 경계는 '분할'이나 '분열'을 뜻한다) 전체 안에 아우를 수 있다면, 정신 또한 비슷하게 작동하며 이로부터 전체를 염두에 둔 질서 있는 행동이 나올 것이다.

앞서 언급했듯 여기서 중요한 요소가 세계관만 있는 것은 아니다. 감정이나 신체 활동, 인간 관계, 사회 조직과 같은 여러 다른 요소에도 눈을 돌려야 한다. 하지만 지금은 일관된 세계관이 없기 때문인지, 그러한 문제가 인간 정신이나 사회에 얼마나 중요한지를 아예 잊곤 한다. 그 시대에 맞는 적절한 세계관은 개인과 사회를 조화롭게 하는 데 꼭 필요한 요소이다.

1장에서는 조각내지 않는 세계관이 과학에도 필요함을 보인다. 세계를 독립된 부분들로 쪼개는 현재의 방식은 현대 물리학에 잘 맞지 않는다. 나뉘지 않은 전체로서의 우주 개념이 상대성 이론이나 양자론 모두에서 실재를 더욱 체계적으로 다룰 수 있게 해준다.

2장에서는 언어가 사고를 어떻게 조각내는지 논할 것이다. 현대어의 주어-동사-목적어 구조는, 모든 행동이 독립된 주체에서 일어나 독립된 대상으로 향하거나 자기 자신에게 되돌아온다는 인상을 준다. 이처럼 널리 퍼진 언어 구조는 우리 삶에서 존재 전체를 조각내며, 조각들이 원래부터 고정되었다고 생각하게 만든다. 따라서 나는 명사보다 동사가 기본인 새로운 언어 형식을 시험해볼 것이다. 그러한 형식은 명확한 구분이나 단절 없이 흐르고 서로 하나가 되는 일련의 행동을 내용으로 표현한다. 그럴 때 언어는 형식과 내용 모두에서 존재가 하나의 전체로 끊어짐 없이 흐르듯 움직이는 방식과 일치하게 된다.

이는 흔히 생각하는 유형의 새로운 언어가 아니라 기존 언어를 새롭게 쓰는 방식으로 흐름양식rheomode(흐르는 양식)이라고 한다. 이 양식은 언어 실험을 위해 개발된 것으로 실제 의사소통을 위한 새로운 말하기 방식이 아니라 일상어의 조각내기 기능을 보이기 위한 하나의 방편이다.

3장에서는 같은 질문을 다른 맥락에서 검토한다. 먼저 실재를 어떻게 하면 거대한 움직임이나 과정 속의 형태로 바라볼 수 있는지 논하고, 어떻게 인간 지식도 마찬가지로 볼지 묻는다. 이로써 의식과 실재가 조각나지 않는 세계관을 향한 길이 열린다. 이 문제를 자세히 파고들면 세계관 자체가 사고의 움직임이라는 생각에 이른다. 사고의 움직임은 생각에서 흘러나온 활동 전체가 그 자체만으로 조화롭고 실재 전체와도 조화를 이룬다는 의미에서 살아 있다. 그러한 조화는 세계관 자체가 끊임없이 발전하고 진화하여 모든 존재의 바탕인 거대한 과정에 편입될 때 비로소 가능하다.

다음 세 장은 보다 전문적이며 수학적이다. 그렇다고 복잡한 수학적 이해가 필요한 것은 아니기에 비전문가도 충분히 이해할 수 있다.

그러나 수학을 따라갈 수 있다면 더 많은 내용을 알 수 있을 것이다.

4장은 양자론에서 말하는 숨은 변수를 다룬다. 양자론은 현대 물리학에서 물질과 운동에 대한 법칙을 이해하는 데 가장 중요한 이론이다. 따라서 전체 세계관을 만들려면 언제나 양자론을 진지하게 고려해야 한다.

하지만 현행 양자론은 전체 세계관을 만들려는 시도에 걸림돌이 되고 있다. 현재 양자론에는 모든 물질의 구조 아래 있는 '실재'에 대한 일관된 개념이 없다. 입자 개념에 기초한 기존 세계관을 따르면 (전자와 같은) '입자'는 파동처럼 움직일 수 있다. 하지만 불연속적으로 움직일 수도 있으며 개별 입자가 실제로 어떻게 움직이는지에 관한 법칙도 없다. 다만 그러한 입자 집단에 대해 통계적 예측만을 할 수 있다. 반대로 우주를 연속된 장으로 보는 세계관에 따르면, 이러한 장 또한 입자처럼 불연속적이며 입자 관점과 마찬가지로 실제 움직임은 결정되지 않는다.

따라서 물리 법칙이 다루는 '실재'가 과연 무엇인지 생각하면, 분열의 수렁에 빠지고 극심한 혼란에 직면한다. 현대 물리학자들은 실재의 본성에 대한 우리의 전체적인 견해는 그리 중요하지 않다는 태도를 취하며 이 문제를 회피한다. 곧 물리 이론에서 중요한 것은 수식을 세워 입자 집단의 행동을 예측하고 통제하는 일이라고 생각한다. 그리고 그런 목표는 단지 실용적이고 기술적인 활용만이 아닌 현대 물리학 거의 모든 연구의 목표가 되어, 인간의 모든 지식은 예측과 통제에 관한 것이 되어 버렸다.

이런 태도는 시대정신과 통하는 면이 있지만, 그런 식으로 전체적 세계관을 포기하면 안 된다고 생각한다. 만일 그렇게 전체적 세계관을 포기하면 당장 손에 가지고 있는 (보통 알맞지 않은) 세계관들만이 남는다. 사실 물리학자들은 예측과 통제를 위한 계산만을 위한 연구는 하지 않는다. 그들에게는 실재의 본질에 대한 어떤 생각, 예를 들어 "우주를 구성하는 요소는 입자이다"와 같은 생각에서 나온 이미지가 필요하나, 이 이미지가 지금은 매우 뒤죽박죽인 상태이다(예를 들어 입자는 불연속하게 움직이는 동시에 파동이다). 이러한 예는 아무리 조각나고 혼란스러울지라도 어떤 개념이 필요하다는 것을 여실히 보여준다.

정신이 매순간 바르고 질서 있게 작동하려면 형식 논리나 수식만으로 이해해서는 부족하다. 직관에 따른 이미지나 느낌, 시와 같은 언어를 써서 이해해야 한다(아마 이것이 '좌뇌'와 '우뇌'의 균형을 가리키는 말일지 모른다). 이러한 사고방식은 새로운 생각과 이론을 위한 풍부한 원천이며, 인간의 정신이 조화롭게 기능하도록 하고, 이러한 정신 상태일 때 사회도 안정되고 질서도 잡힌다. 앞으로 여러 차례 강조하겠지만, 이를 위해서는 실재에 대한 우리 개념도 끊임없이 발전해야 한다.

4장에서는 양자론에서 이룬 수학적 예측의 기저인 실재에 대한 견해를 발전시켜 나갈 것이다. 나의 이러한 시도를 물리학자들은 잘못 이해하고 있는 것 같다. 마치 어떤 세계관이 있다면 그것을 자연의 본질에 관한 수용된 최종 개념으로 보는 듯하다. 내 생각은 처음부터 달랐다. 우주론과 실재의 본질에 대한 우리 관념은 꾸준히 발전하는 '과정'에 있으며, 더 나은 관념을 위해서는 지금까지 존재한 것들을 수정하고 보완하며 앞으로 나아가야 한다고 생각한다. 4장은 양자론의 실재 개념을 설명할 때 발생하는 심각한 문제들을 논하며, 숨은 변수를 들어 이들 문제를 어떻게 해결할지 방향을 찾아본다.

5-1장에서는 같은 문제를 다르게 접근한다. 여기서는 우리의 질서 관념에 대한 탐구를 수행한다. 전체로서의 질서는 우리 자신과 우리가 하는 모든 일(언어, 사고, 느낌, 감각, 신체 활동, 예술, 실용 따위)에 걸쳐 있기 때문에 쉽게 규정할 수 없다. 하지만 수세기 동안 물리학의 기본 질서는 데카르트의 직교좌표였다(상대론은 이를 곡선좌표로 확장했다). 이 세월 동안 물리학은 놀랄 만큼 발전했고 참신한 생각들이 여럿 나왔지만 이 질서 자체는 거의 변하지 않고 그대로 자리 잡고 있다.

데카르트 질서는 세계를 따로 떨어진 부분들(입자 또는 장 요소)로 분석하는 일에 유용하다. 하지만 5-1장에서 질서 개념의 본질을 더 깊게 파고들면, 데카르트 질서가 상대론이나 양자론 모두에서 심각한 모순과 혼동을 일으킴을 알게 된다. 상대론과 양자론에서 사건들의 실제 상태는 독립된 부분으로 조각나지 않은 '우주 전체'이기 때문이다. 그럼에도 상대론과 양자론은 보다 세밀한 질서 개념에서 많은 차이를 보인다. 예를 들어 상대론에서 운동은 연속적이며 원인과 결과가 뚜렷하지만 양자역학에서 운동은 불연속적이며 그 인과 관계가 불분명하다. 또한 각각은 나름대로 고정되고 조각난 존재방식을 따른다(상대론은 신호로 이어지는 분리된 사건을, 양자역학은 확정된 양자 상태를). 따라서 이러한 기본 가정을 버리면서 옛 이론에 중요한 특징을 온전한 실재 전체에서 뽑아낸 형태로 살려낼 필요가 있다.

5-2장에서는 나뉘지 않은 전체인 우주에 적합한 '질서' 개념을 탐구한다.

이것이 바로 '내포 질서implicate order' 또는 '접힌 질서enfolded order'이다. 접힌 질서 관점에서 바라보면 여러 요소들 사이의 의존이나 독립을 결정하는 요소는 시공간이 아니다. 오히려 요소들 사이에 아주 다른 관계가 성립할 수 있으며 '일상 시공'이나 '분리된 물질 입자'는 더 깊숙한 질서에서 뽑아낸 개념이다. 일상적 개념은 실제로 '외연 질서explicate order' 또는 '펼친 질서unfolded order'에서 나타나며, 이 질서는 모든 내포 질서 전체에 포함된 특수한 질서이다.

5-2장에서는 내포 질서를 개괄하고 부록에서는 수식을 다룬다. 마지막 6장은 내포 질서 개념을 의식과 관련해 조금 더 높은 수준에서 (여전히 비전문가용으로) 논한다. 이어 우리 시대에 맞는 우주론과 실재 개념 개발이라는 중요한 문제를 어떻게 해결할지 몇 가지 방향을 제시한다.

마지막으로 각 장의 논의 전개에서 실제로 그 주제가 어떻게 펼쳐졌는지 알 수 있기를 기대한다. 그러면 이 책의 형식은 그 내용이 말하고 있는 한 예가 될 수 있기 때문이다.

1장

전체와 조각내기

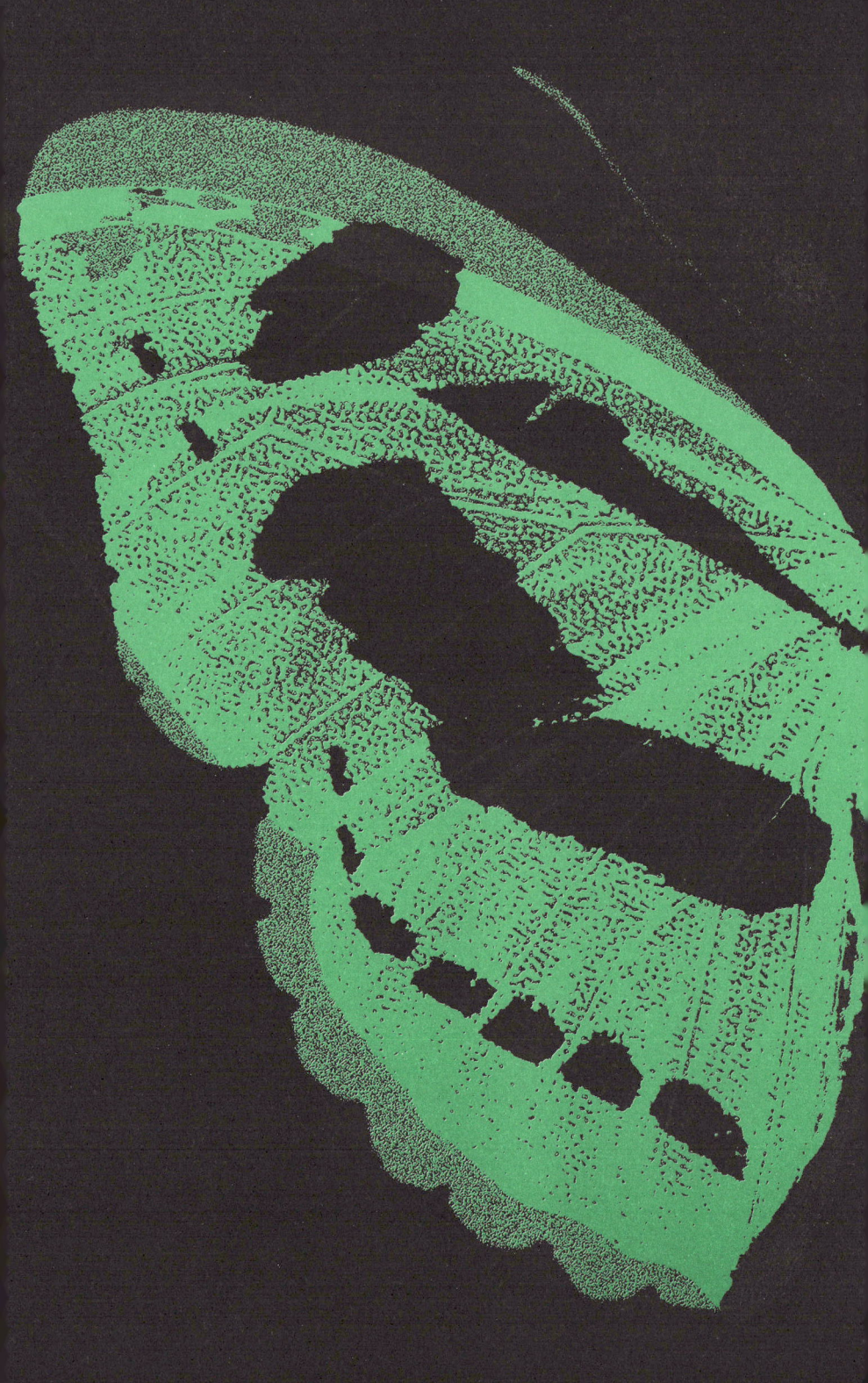

이 장 제목은 '전체와 조각내기'이다. 조각내는 습관이 개인과 사회에 널리 퍼져 있는 오늘날, 이 문제를 생각해보는 일은 특히 중요하다고 할 수 있다. 조각내기는 정신을 크게 어지럽히며 끊임없이 문제를 만든다. 또 명쾌한 인식을 방해해 그러한 문제를 더욱 풀기 어렵게 한다.

사람들은 예술, 과학, 기술, 그리고 인간사 전체를 여러 전문 분야로 나누고, 이들이 원래 그렇게 분리되어 있다고 생각한다. 또한 이러한 상태를 불만스럽게 여겨 만든 학제간 연구도, 여러 분야를 통합하려는 원래 의도와 달리 또 다른 조각을 더하는 데 그쳤다. 우리 사회도 독립 국가나 서로 다른 종교, 정치, 경제, 인종 집단으로 쪼개진 채 발전했다. 이에 따라 자연 환경도 여러 집단이 서로 나눠 갖는 분리된 조각 모음들처럼 보인다. 마찬가지로 사람들은 자신의 다른 욕망, 목적, 야망, 충성심, 기타 심성에 따라 서로 충돌하는 부분으로 너무나 많이 나뉘어져 어느 정도 신경증은 감수해야 하며, 조각난 상태라는 정상적인 선을 넘어서려는 사람들은 편집증, 분열증, 정신 이상 등으로 분류된다.

이렇게 모든 조각이 분리되어 있다는 생각은 분명 환상인데도 이러한 환상이 끝없는 충돌과 혼란을 낳고 있다. 실제로 세상이 조각으로 분리되었다고 생각하며 살아가는 것이, 오늘날 긴급한 위기 상황들이 점점 더 증가하는 이유이기도 하다. 잘 아는 대로 이러한 생활 방식은 공해를 일으키고 자연의 균형을 파괴하고, 인구 과밀 현상과 전 세계에 걸친 정치, 경제의 혼란을 낳으며, 사람들의 심신 건강에도 좋지 않은 환경을 만들었다. 사회 곳곳에서 나타나 사람의 힘으로 통제나 파악이 불가능한 거대한 힘 앞에 개인의 무기력함과 절망감은 늘어만 가고 있다.

물론 문제를 다룰 수 있는 크기로 축소하기 위해 어느 정도 사물을 나누고 분리해 생각하는 일은 충분히 필요하고 적절하다. 실용 기술과 관련된 일에서까지 실재 전체를 한꺼번에 다루려고 한다면 거기에 압도당하고 말 것이다. 따라서 분야별 연구 개발이나 분업은 어떤 면에서는 중요한 진전이었다. 이보다 훨씬 전에는 인간이 자연과 같지 않다는 깨달음도 매우 중요한 일보였다. 이로 인해 인간은 스스로 사고하게 되었고, 처음에는 상상 속에서 나중에는 실제로도 당장 주어진 자연의 한계를 넘을 수 있었다.

하지만 자신을 환경에서 떼어내어 생각하고 사물을 나누고 쪼개는 사고방식으로 다방면에서 유해하고 나쁜 결과들이 생겨나기 시작했다. 사람들이 자기가 무엇을 하는지도 모르고 분할 방식을 맞지 않는 영역까지 확장하여 적용했기 때문이다. 원래 분할이란 주로 실용 기술이나 기능 영역에서 편리하고 유용하게 사용할 수 있는 '사물에 대한 사고방식'이다(다양한 작물을 심기 위해 토지를 분할하듯). 하지만 이런 사고방식을 자기 자신이나 전체 세계에 확대 적용하면서 자아관·세계관 분할을 그저 편리한 도구로 보지 않고, 자신과 세계가 실제로도 그렇게 조각났다고 믿고 경험하기 시작한 것이다. 이렇게 조각난 자아관·세계관에 따르면 자신과 세계를 쪼개는 식으로 행동하게 되며 마침내 모든 일이 마치 자기 사고방식과 척척 맞는 듯 보일지 모른다. 이로써 조각난 자아관·세계관을 입증한 듯 보이지만 실제로 조각을 낸 장본인은 바로 그런 사고방식에 따라 행동하는 자신임을 잊은 것이다. 그리고는 조각들이 자기 의지나 소망과는 상관없는 원래 독립된 존재라고 여긴다.

아득한 옛날부터 조각나 보이는 상태를 깨달은 사람들은 인간과 자연 또는 인간과 인간이 쪼개지기 전에 '황금시대'가 있었다는 신화를 지어내기도 했다. 사실 이들은 언제나 정신, 육체, 사회, 개인 차원에서 전체성을 희구해왔다.

여기서 '건강health'이 '전체whole'를 뜻하는 앵글로색슨어 '할레hale'에서 왔다는 사실은 시사하는 바가 크다. '건강하다'는 것은 '전체'를 뜻하며 이것은 ('완전함'을 의미하는) 히브리어 '샬렘shalem'과도 같은 말인 것 같다. 마찬가지로 '신성함holy'이라는 단어 또한 '전체whole'와 그 뿌리가 같다. 이 말은 "가치 있는 삶이란 전체성 또는 온전함이 함께 해야한다"는 뜻이다. 하지만 사람들은 여전히 조각난 삶을 살고 있다. 당연히 우리는 왜 그렇게 되었는지에 대해 주의 깊고 진지하게 생각해 보아야 한다.

이 장에서는 우리의 사고방식이 어떻게 삶을 조각내고 온전한 전체를 향한 강한 충동을 억누르는지 살펴본다. 논의에 살을 붙이고자 현대 과학 연구에 대해 얘기할 텐데 이는 내가 그나마 잘 아는 분야이다. 물론 논의하는 문제에 담긴 전체적인 의미도 염두에 둘 것이다.

우선 과학 연구부터 차후 더 넓은 맥락까지 '조각내기'라는 사고가 "세계를 있는 그대로 기술한다"라고 보는 널리 퍼진 습관에서 생겨남에 주목할 것이다. 있는 그대로 기술한다는 습관 때문에 우리는 사고와 대상이 직접 대응하는 것처럼 생각한다. 우리의 사고에 차이와 구별이 가득 자리 잡고 있기 때문에 그런 습관은 분할을 실제로 구별하게 만드는 것이다. 그러면서 세계가 실제로도 조각났다고 보고 느끼게 된 것이다.

하지만 '사고'와 사고 대상인 '실재' 사이에는 단순한 대응 관계를 넘어서 훨씬 복잡한 무언가가 존재한다. 과학 연구에서 바라보면 우리의 사고는 주로 이론으로 이루어져 있다. '이론theory'이라는 단어는 '보다' 또는 '구경거리가 되다'를 뜻하는 그리스어 '테오리아theoria'에서 왔으며 '극장theatre'과 뿌리가 같다. 이론이란 무엇보다 세계를 바라보는 하나의 방식인 '통찰 방식'이지 세계가 어떻다는 지식 또는 앎의 방식이 아니다.

고대에는 천상에 존재하는 물질과 지상에 존재하는 물질이 근본부터 다르며, 지상 물질은 낙하하고 달과 같은 천체는 하늘 위에 머무는 상태가 자연스럽다는 이론이 있었다. 하지만 근대에 들어와 과학자들은 지상과 천상 물질 사이에는 애초에 차이가 없다는 주장을 펼쳤다. 이는 달과 같은 천체도 낙하한다는 의미지만 꽤 오랜 시간 동안 사람들은 이 사실을 알아채지 못했다. 여기서 뉴턴이 번뜩이는 통찰을 발휘하여 달도 사과처럼 낙하하며 실제로 모든 물질이 낙하함을 밝혀냈다. 여기서 모든 물질이, 중심인 물질(지구, 해, 행성 따위)을 향해 낙하한다는 만유인력 이론이 등장하였다. 이는 하늘을 바라보는 새로운 방식이 되었고 그 뒤로는 더 이상 천상과 지상의 물질이 원래 다르다는 고대의 관념으로 행성 운동을 해석하지 않았다. 오히려 천상과 지상에서 물질이 여러 중심을 향해 낙하하는 '속도'의 관점에서 이들의 운동을 바라보기 시작했다. 이런 방식으로 설명할 수 없는 천체 운동은 우리가 아직 모르는 행성이 천체를 잡아 당기기 때문이라고 이해하고 실제로 그런 경우에 해당하는 새 행성을 발견하기도 했다(이로써 만유인력을 입증했다).[1]

뉴턴의 통찰 방식은 수많은 세기 동안 대단히 잘 작동했지만 (이전 고대 그리스식 통찰처럼) 새로운 영역에서 불명확한 결과를 보였다. 여기서 또다시 새로운 통찰 방식인 '상대성 이론'과 '양자론'이 출현했다. 이는 뉴턴 이론과 아주 다른 세계상을 보여주었다(물론 제한된 영역에서 뉴턴 이론은 여전히 유효하다). 만일 '이론'이 실제 그대로에 대해 참인 지식이라면 뉴턴 이론은 1900년 경까지 참이다가 어느 날 갑자기 거짓이 되고 상대론과 양자론이 참이 되었다는 결론이 나온다. 물론 이론을 참거짓이 아닌, 제한된 영역 안에서만 분명하게 성립하는 통찰 방식이라고 하면 이러한 모순된 결론은 나오지 않는다. 이 말은 이론과 가설이 똑같지 않다는 뜻이다. 어원을 따져 보면 '가설hypothesis'은 '추정supposition', 곧 추론할 때 임시로 기대는 아래 놓인² 생각을 뜻하며, 가설의 진위는 실험으로 결정된다. 하지만 (알다시피) 실재 전체에 대한 가설이 참인지 거짓인지 결정해 줄 완벽한 실험은 있을 수 없다. 오히려 (톨레미의 주전원이나 상대론과 양자론이 나오기 직전 뉴턴 역학이 실패했던 것처럼) 과거 이론으로 새 영역을 이해하려 들면 그 이론은 점점 불확실해진다. 왜 새 영역에는 과거의 이론을 적용할 수 없는지 자세히 조사하면 대개 새로운 통찰 방식에 이를 수 있다.

따라서 과거 이론이 어떤 시점부터 거짓이라기보다 새로운 통찰이 끊임없이 생겨나 어느 때까지 명확하다 점점 불확실해진다고 생각하면 이해하기 쉬울 것이다. 이 과정에서 (절대 진리에 상응하는) 최종 통찰 방식이 있다거나 또는 이에 점점 더 다가간다고 간주할 만한 이유는 없다. 오히려 문제의 성격상 새로운 통찰 방식들이 끝없이 펼쳐진다(그러나 뉴턴 이론을 흡수한 상대론처럼 새 이론은 과거 이론에서 중요한 특징을 단순화시킨 형태로 흡수한다). 앞서 말했듯 이론들은 사물에 대해 절대적으로 참인 (또는 참에 점점 다가가는) 지식이 아니라 세계 전체를 바라보는 여러 방식(세계관)으로 생각해야 한다.

어떤 이론을 바탕으로 세계를 바라보면, 사실에 대해 우리가 얻는 지식은 그 이론에 맞추어 재단된다. 예를 들어 고대에는 행성 운동을 톨레미 주전원(원 위에 걸친 작은 원)으로 기술했다. 뉴턴 시대에는 같은 사실을 행성이 여러 중심을 향해 낙하하는 속도를 분석하여 그 궤도를 정확히 결정함으로써 기술했다. 이후에는 같은 사실을 상대론(아인슈타인 시공간 개념)에 따라 이해했고, 더 나중에는 (대개 통계 사실만 다루는) 양자론이 매우 다른 종류의 사실을 밝혀냈다. 예전에는 생물종이 고정되었다고 보았지만, 현대 생물학은 진화론에 입각해 이를 기술한다.

지각이나 행동에서 얻어진 사실을 지식으로 조직하려면 '이론'을 통해 이해해야 한다. 실제로 우리 경험 전체가 이런 식으로 틀이 잡힌다. 칸트가 이야기한 대로 모든 경험은 사유 범주인 시간, 공간, 물질, 실체, 인과, 우연, 필연, 보편, 특수 따위에 대한 사고방식을 기준으로 조직된다. 이 범주야말로 모든 사물을 바라보고 이해하는 일반적인 방식이며 따라서 일종의 이론이라고 할 수 있다(물론 이 수준의 이론은 인간 진화의 초기 단계에 만들어진 것이다).

명료한 지각과 사고를 위해서는 우리의 사고방식에 숨어 있거나 혹은 두드러진 이론을 빌려 이해하는 일이 (확실하든 혼란스럽든) 우리 경험에 어떤 영향을 주는지 알아야 한다. 이를 위해 나는 지식이란 이와 분리된 경험에 대한 것이 아니며 지식과 경험이 단일한 과정이라는 점을 강조하고 싶다. 이 단일한 과정을 경험-지식이라고 하자

(붙임표는 단일한 전체 움직임에서 서로 떼어낼 수 없는 관계를 의미한다).

항상 변화하는 통찰 방식인 '이론'이 우리 경험의 틀을 만든다는 사실을 깨닫지 못하면 우리의 시야는 좁아질 것이다. 이를 다음과 같이 말할 수 있다. 자연에 대한 경험은 사람에 대한 경험과 아주 비슷하다. 만일 우리가 타인이라는 '적'에 맞서 자기 자신을 방어해야 한다는 고정된 '이론'에 따라 타인을 대한다면 그 또한 나를 비슷하게 대할 것이며, 이러한 경험에서 우리 이론은 마치 증명된 듯이 보인다. 자연 역시 접근하는 이론에 따라 다르게 반응한다. 고대에는 역병을 피할 수 없다고 생각했기에 병의 확산을 방조하는 쪽으로 행동했다. 하지만 근대과학을 알게 된 인간은 역병을 퍼뜨리는 지저분한 생활 방식을 버렸고, 이제 역병은 피할 수 있는 병이 되었다.

이론적 통찰로는 기존 한계 너머의 새로운 사실을 밝히지 못할 수 있다. 그것은 이론이 실재에 대한 참인 지식이라는 믿음 때문이다.(이대로라면 이론은 절대 변하지 않아도 된다). 분명 근대적 사고방식은 고대와 많이 다르지만 둘에는 중요한 공통점이 있다. 그것은 근대와 고대 모두 그들의 이론이 '실재 그 자체'에 대해 참인 지식이라는 관념에 사로잡혀 있다는 것이다. 따라서 당시의 이론을 통해 지각한 형태나 모습을 (우리 생각이나 관점과는 무관한) 실재라고 혼동한다. 이런 판단은 심각한 문제를 야기한다. 이로 인해 우리는 자연, 사회, 개인을 고정된 좁은 틀(사고) 안에서 바라보며 이런 제한된 틀을 경험 속에서 계속 확인하는 것이다.

좁은 틀을 확인하는 일은 특히 조각내기 문제와 관련해 중요하다.

앞서 이야기한 대로 모든 이론적 통찰은 나름대로 본질이라고 생각하는 차이와 구분을 끌어들인다(예를 들어 고대에는 천상과 지상 물질을 구분했고 뉴턴 이론은 물체가 낙하하는 중심을 구분했다). 이런 차이와 구분을 단지 관점 차이로 여기고 지각을 돕는 수단이라고 보면 그것이 분리된 대상이나 실체를 지칭하지는 않을 것이다.

반대로 이론이 "실재를 있는 그대로 직접 기술한다"고 여긴다면, 차이와 구분은 실제 분할로 이어지고 이론에 등장하는 용어를 독립된 실재로 여기며 종국에는 세계가 실제로 조각나 있다는 환상에 이를 수 있다. 다시 말해 이론에 대해 이런 태도를 갖는 것 자체가 세계를 조각내는 일이다.

이 점은 강조할 만하다. 예를 들어 어떤 이는 "도시, 종교, 정치 체제가 조각나고 전쟁, 폭력, 동족상잔과 같은 충돌이 발생하는 것이 현실이며, 전체성은 우리가 추구해야 할 이상일 뿐이다"라고 단언할지 모른다. 하지만 그것을 말하려는 게 아니다. 여기서 나는 전체성이야말로 현실이며 조각난 현실은 조각의 환상에 사로잡힌 인간의 행동에 대해 전체가 반응한 결과임을 밝히고자 한다. 다시 말해 전체가 현실이기 때문에 조각내는 행동은 반드시 조각난 현실을 낳는다. 따라서 우리에게 필요한 것은 조각내는 사고 습관을 깨닫고 주의를 기울여 이를 그만두는 일이다. 그러면 실재에 대한 접근 방식이 전체가 될 수 있고 그 반응 역시 전체가 될 것이다.

이를 위해서는 사고 활동을 원래 모습대로, 곧 통찰 방식(바라보는 방식)으로 봐야지 '실재를 그대로 베낀 것'으로 보면 안 된다.

분명 서로 다른 통찰 방식이 얼마든지 있을 수 있다. 이때 사고를 통합하려 하거나 통일성을 강요하면 안 된다. 그렇게 강요하는 관점 자체가 또 다른 조각이기 때문이다. 오히려 다양한 사고방식 모두를, 단일한 실재를 다르게 바라보는 방식으로 각각이 명확하게 잘 들어맞는 영역이 있다고 인정해야 한다. 이론은 사실 어떤 대상을 바라보는 특정 관점이라 할 수 있다. 관점들 하나하나는 대상의 어떤 한 측면을 보여주지 대상 전체를 드러내지는 않는다. 대상 전체는 어느 한 관점으로 이해될 수 없으며 이 모든 관점에 비친 단일한 실재라고 함축적으로만 파악할 수 있다. 만일 우리가 이론을 일종의 관점으로 마음 깊이 이해한다면 실재를 분리된 조각으로 보고 행동하는 습관에 빠지는 일은 없을 것이다. 반면 이론이 "실재를 있는 그대로 기술한다"고 여긴다면 사고나 상상 속에서 실재란 조각들의 집합 정도로 보일 것이다.

지금까지 '이론'이 하는 일을 알아보았다. 여기서 특히 우리들의 자아관·세계관을 표방하는 이론에 주목할 필요가 있다. 이런 세계관에서 실재의 본질, 사고와 실재 사이의 관계에 대한 우리들의 생각이 알게 모르게 많이 만들어지기 때문이다. 이 점에서 물리 이론들은 중요한 역할을 하는데, 그것은 물리학이 모든 것을 이루는 물질의 보편성과 함께 물질 운동 기술에 필요한 시공의 본질을 다루는 학문이기 때문이다.

예를 들어 2,000여년 전 데모크리토스가 발표한 원자론을 생각해보자. 한 마디로 말해 이 이론은 세계가 진공 속을 움직이는 원자들로 이루어졌다고 본다. 거시 물체의 모습이나 성질이 계속 바뀌는 것은 원자들이 움직이면서 그 배치가 바뀌기 때문이다. 이런 견해는 전체성을 이해하는 중요한 방식이라고 할 수 있다. 세계 전체의 매우 다양한 모습을 전체에 퍼진 진공 속 요소들의 움직임으로 이해할 수 있기 때문이다. 하지만 이후 발전된 원자론은 실재를 조각내는 주원인이 되었다. 원자론이 통찰이나 관점이 아닌 하나의 절대 진리가 되면서 실재 전체도 기계처럼 작동하는 '원자 벽돌 조각'으로 이루어졌다고 본 것이다.

어떤 물리 이론이든 간에 이를 절대 진리로 받아들이는 순간, 물리 세계에 대한 생각은 굳어지고 조각내기가 진행된다. 특히 원자론은 그 내용 때문에 조각내기를 부추기기 쉽다. 다시 말해 자연 세계와 뇌, 신경계, 정신을 포함하여 인간까지도 분리된 원자 집단의 구조와 기능으로 완벽하게 이해할 수 있다고 보는 내용 때문이다. 원자론이 실험이나 일상 경험에서 입증된다는 사실은 이 개념이 참이자 보편 진리라는 증거로 제시되었다. 이로써 거의 모든 과학이 실재를 조각내는 방법 아래 놓이게 되었다.

하지만 (보통 이론이 그러하듯) 원자론을 실험으로 입증하는 데는 한계가 있다. 실제로 양자론이나 상대론이 다루는 영역에서 원자론은 말썽을 일으킨다. 원자론이 이전 이론과 달랐던 만큼, 원자론과 다른 새로운 통찰 방식이 필요한 것이다.

예를 들어 양자론에서 원자와 같은 입자를 추적하며 자세히 기술하려는 노력은 별 의미가 없다(5-1장 참조). 원자 경로와 같은 개념은 그 적용 범위가 제한적이다. 원자를 자세히 기술하려면, 이를 입자만이 아닌 파동으로 보아야 한다. 원자의 모습은 관측기구를 포함하는 전체 환경에 따라 달라지는 어렴풋한 구름 정도로 생각할 수 있다. 따라서 관측자와 관측 대상을 분명하게 구분하기 힘들다(반면 원자론에서는 이 둘을 분리된 원자 집단으로 구분한다). 오히려 관측자와 관측 대상은 실재 전체에서 서로 겹치고 합쳐지는 부분들로 나누거나 쪼갤 수 없다.

상대론도 비슷한 세계관을 제시한다(5-1장 참조). 상대론에서는 빛보다 빠른 신호는 없다고 하는데, 여기서 강체rigid body 개념은 무너진다. 하지만 이 개념은 고전 원자론에 필수적이다. 원자론에서 우주를 구성하는 궁극 요소인 작은 요소는 자체로 단단히 결합되어 있어야 쪼갤 수 없기 때문이다. 따라서 상대론에서는 세계가 기본 요소 또는 벽돌 조각으로 이루어진다는 생각을 버려야 한다. 대신에 세계를 사건이나 과정의 흐름으로 바라봐야 한다. 따라서 상대론에서는 아래 그림의 A와 B처럼 입자 대신 세계통world tube을 생각해볼 수 있다.

세계통은 움직이는 구조의 무한히 복잡한 과정을 나타내며, 이러

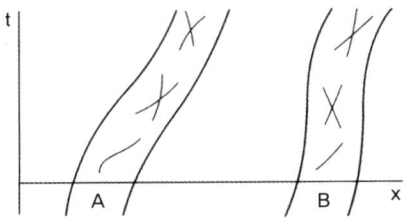

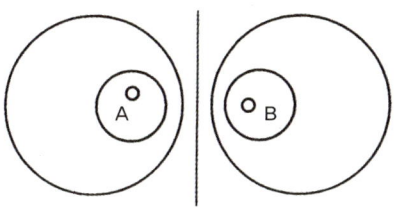

한 움직임은 통의 경계 안에 몰려 있다. 하지만 통 밖에도 각 입자에서 공간으로 뻗어나온 장이 있고 다른 입자에서 나온 장과 합쳐진다.

이것이 무엇을 뜻하는지에 대한 생생한 이미지로, 흐르는 시냇물에서 소용돌이치는 물결 형태를 떠올려 보자. 위 그림에서 두 소용돌이는 A와 B를 중심으로 움직이는 유체 흐름의 안정된 패턴에 해당한다. 두 소용돌이는 추상물로 우리들의 사고방식 때문에 두드러져 보일 뿐이다. 실제로 이러한 두 형태는 흐르는 시냇물에서 서로 합쳐지고 하나가 되기에 분명히 구분하거나 독립된 존재로 보기는 어렵다.

상대론에서는 원자 같은 입자를 "인간의 두뇌와 신경계, 인간이 실험실에서 제작해 쓰는 관측기구를 포함한 모든 물질을 구성한다"라는 시각으로 바라보아야 한다. 이처럼 상대론과 양자론이 문제에 접근하는 방식은 다르지만, 세계를 '미분리된 전체undivided whole'로 본다는 점에서 일치한다. 이는 관측자나 기구를 포함하는 우주 모든 부분이 전체 안에서 하나가 된다는 뜻이다. 이 전체에서 보면, 원자론은 단순하고 추상적인 사고방식으로 특정 맥락에서만 타당하다고 할 수 있다.

이 새로운 통찰 방식을 '흐름 속 미분리된 전체'라고 부르자. 이 관점에서 흐름이란 어떻게 보면 흐름 속에서 형성되고 흩어지는 듯 보이는 것들보다 먼저이다. 이것이 무슨 뜻인지 의식 흐름을 예로 설명하겠다. 의식 흐름은 정확히 규정되지 않지만 규정된 형태의 사고나 관념보다 분명 먼저 일어났다. 흐름 속에서 사고나 관념은 시냇물 속의 물결이나 소용돌이처럼 생기고 흩어지기를 반복한다. 시냇물이 흐르는 모습처럼 어떤 생각은 되살아나 한동안 일정하게 지속되며 어떤 생각은 곧바로 사라진다.

여기서 제안하는 새로운 이해 방식에 따르면 모든 물질에는 이런 성질이 있다. 분명히 규정되지 않는 전체 흐름이라도 은연중에 분명히 규정된 (안정되거나 불안정한) 형태나 모습을 통해 그 존재를 짐작할 수 있다. 이러한 흐름 속에서 마음과 물질은 분리된 실체가 아니다. 오히려 이들은 끊어지지 않는 움직임 전체의 서로 다른 측면이다. 이렇게 전체가 여러 측면으로 나뉘지 않는다고 보면 현재 원자론처럼 모든 것을 철저히 조각내는 일을 막을 수 있다. 물론 원자론이 통찰 방식으로 적합한 부분도 어느 정도 이해할 수 있다. 흐름 전체는 나눌 수 없다 해도 거기서 뽑아낸 다양한 모습들에는 어느 정도로 자율성과 안정성이 주어진다. 이는 흐름에 대한 일반 법칙 덕분에 주어진다. 하지만 그러한 자율성과 안정성에는 한계가 있음을 감안해야 한다.

따라서 특정 맥락에서 복잡한 것들을 단순하게 하는 여러 통찰 방식을 채택할 수 있다. 잠시 한정된 목적을 위해 마치 사물이 자율적이고 안정되며 서로 분리된다고 생각해볼 수 있다. 하지만 우리 자신이나 세계 전체를 이렇게 보는 함정에 빠져서는 안 된다. 실재가 정말로 조각났다는 환상 속에서 세계를 조각내는 일은 절대 안 된다.

지금까지 논한 관점의 핵심은 몇몇 고대 그리스인들이 품었던 생각과 아주 비슷하다. 특히 아리스토텔레스의 원인 개념이 그렇다. 아리스토텔레스는 네 가지 원인(사원인)을 구분했다.

질료인 Material

작용인 Efficient

형상인 Formal

목적인 Final

이 구분을 이해하기 쉬운 예로 나무나 동물과 같은 생명체가 있다. '질료인'은 사물을 이루는 바탕으로 다른 모든 원인은 질료인 위에 작용한다. 식물에서 질료인은 그 식물을 이루는 흙, 공기, 물, 햇빛이다. '작용인'은 사물 바깥에 있는 어떤 작용으로 전체 과정을 일으키는 시발점이다. 나무를 예로 들면 씨를 심는 일이 작용인이다.

여기서 '형상인'이 무엇을 뜻하는지 이해하는 일이 아주 중요하다. 현대어에서 '형식 formal'은 그리 중요하지 않은 겉모습을 가리킨다 ('정장 formal dress'이나 '격식 formality'처럼). 하지만 고대 그리스 철학에서 '형상 form'이라는 단어는 내적 형성 활동을 뜻하며, 사물이 자라고 여러 형태로 발전, 분화하는 원인을 의미한다. 예를 들어 떡갈나무에서 형상인은 내부 수액의 움직임, 세포 증식, 가지와 잎의 분절처럼 그 종에만 있고 다른 나무와는 차이를 보이는 특징이다. 이를 '형성원인formative cause'이라고 부르도록 하자. 이것은 그저 밖에서 부과한 형식이 아니라 '사물의 바탕을 이루는 질서 있고 조직된 내부의 움직임'이다.

형성원인은 그 목적이나 결과물이 분명히 드러나지는 않지만 반드시 어딘가에 존재한다. 예를 들어 도토리가 떡갈나무가 되는 과정에서의 내부 움직임은 그 결과물인 떡갈나무를 끌어들이지 않으면 설명할 수 없다. 따라서 형성원인은 언제나 '목적인'을 끌어들인다.

우리는 목적인을 마음속에서 의도한 설계design로 이해하기도 한다(이것은 신이 거대한 설계에 따라 우주를 창조했다는 데까지 이른다). 설계는 특수한 의미의 목적인이다. 예를 들어 사람들은 자주 어떤 목적을 가지고 행동하는데 실제로는 원래 계획과 다른 일, 다시 말해 그 행동에 숨어 있었으나 미처 의식하지 못한 일이 벌어진다.

고대에는 형성원인 개념이 생명과 우주 전체와 똑같이 마음에 있다고 보았다. 실제로 아리스토텔레스는 우주가 하나의 유기체이고 그 안의 여러 부분은 전체와의 관계 속에서 생장하고 발달하면서 그에 걸맞은 위치와 기능을 갖추게 되었다고 생각했다. 이러한 관점에서 마음의 형성원인을 현대적으로 이해하기 위해 의식 흐름을 살펴보자. 의식 흐름에서는 먼저 여러 가지 생각의 형태를 식별할 수 있다. 이 생각들은 습관이나 조건에 따른 연상 작용을 통해 마치 기계처럼 굴러간다. 분명 그런 연상에 따른 변화는 사고의 구조 밖에서 작용인과 같은 일을 한다. 하지만 무엇에 대한 '이유'를 안다는 것은 이런 식의 기계적 활동이 아니다. 오히려 각 부분이 전체에 동화되어

서로가 (신체 기관처럼) 내부에서 연결된다는 사실을 이해하는 것이다. 이성 활동[3]은 이미 알려진 이유를 그저 연상하고 반복하는 일이 아닌 마음으로 지각하는 일이며 어떻게 보면 예술적 지각과 비슷하다. 그러한 예로 다양한 요소를 처음 접해 어리둥절해 하다가, 갑자기 번쩍하며 이들 요소가 전체 안에서 어떻게 연결되는지 깨닫게 되는 때가 있다(만유인력을 깨달은 뉴턴처럼). 그런 지각 작용은 자세히 분석하거나 설명할 수 없고, 대신 마음 속에서 일어나는 '형성 활동'으로 보아야 한다. 어떤 개념들로 이루어진 구조는 이러한 활동의 산물로, 이 산물이 연상 작용에서 생긴 일련의 작용인들에 의해 연결된다. 앞서 지적처럼 이렇게 보면 형성 활동은 마음에서만큼 자연에서도 중요하며 자연의 산물 또한 작용인들로 연결된 것이다.

형성원인이라는 개념은 흐름 속 미분리된 전체라는 시각과 관련이 있으며 이는 현대 물리, 특히 상대론과 양자론의 발전을 보면 알 수 있다. 어느 정도 자율적이고 안정된 개별 구조(예를 들면 원자 입자)는 영원히 독립된 존재가 아니라 전체 속 흐름에서 만들어져 결국 이 흐름 속으로 흩어질 산물로 이해해야 한다. 그 자체가 어떻게 만들어져 유지되는가 하는 점은 그것이 전체에서 차지하는 위치와 기능에 달렸다. 현대 물리는 어떤 점에서 형성원인이나 목적인 개념으로 자연을 바라보는데 이는 예전에 자연을 바라보던 방식과 유사하다.

한편 오늘날 물리학자들이 하는 일 대부분에서 형성원인이나 목적인 개념은 별 의미가 없다. 그들에게 자연 법칙이란 우주를 이루는 궁극적인 요소들 사이에 작용하는 작용인(예를 들어 기본 입자 사이에 작용하는)만으로 자체 완결된 체계이다. 이런 관점이라면 물질 요소는 전체 과정에서 만들어지지 않고 신체 기관들처럼 전체에서 차지하는 위치나 기능에 맞게 (전체 안의 목적에 맞게) 적응하지도 못할 것이다. 오히려 물질 요소가 기계 부속처럼 따로 존재하고 성질이 고정되었다고 생각한다.

현대 물리학은 미분리된 전체인 흐름 속 형성 활동을 중시하는 관점을 거부한다. 물리학자 대다수가 상대론이나 양자론에서 그런 관점의 필요성을 무시하거나 거의 깨닫지 못하고 있다. 그들은 이것을 주로 수학 형식에만 등장하는 특징으로 여기고 사물의 진정한 모습을 나타낸다고 생각하지 않는다. 물리학에 상상력을 불어넣고 이론을 피부에 와닿게 하는 비형식 언어나 사고방식의 경우도 다르지 않다. 대다수 물리학자는 옛날 원자론자들처럼 우주 만물이 기본 구성 요소인 소립자로 만들어진다고 굳게 믿는 가운데 말하고 생각한다. 생물학 같은 다른 과학 분야에서 이런 확신은 더 강하다. 이들은 현대 물리학이 이룬 혁명에 대해 아는 것이 거의 없다. 현대 분자생물학자는 DNA 분자 구조나 기능에 대한 연구를 확장하면 생명이나 마음 전체도 언젠가 결국 기계처럼 이해할 수 있다고 믿는다. 심리학에서도 비슷한 경향이 두드러진다. 생명이나 정신 연구에서 목격되는 이런 경향은 매우 당혹스럽다. 미분리된 흐름 속에 작용하는 형성원인이 가장 쉽게 목격되는 이 분야에서 실재를 조각내는 원자론에 대한 믿음이 가장 강한 것이다.

이처럼 과학에는 조각내는 자아관·세계관에 따라 생각하고 지각하는 경향이 강하다. 물론 이런 경향은 오랜 세월에 걸쳐 우리 사회 전반에 퍼진 큰 움직임의 일부이지만 과학 연구에서 나온 사고방식이나 관점들이 다시 조각내기를 부추기기도 한다. 과학은 세계 전체가 조각난 원자 벽돌 모음에 지나지 않는다는 그림과 함께 이런 관점이 불가피하다는 실험 증거를 제시한다. 이에 사람들은 조각남을 모든 것의 실제 사태로 여기고 다른 시각은 불가능하다고 예단하여 반대되는 증거는 찾으려 하지도 않는다. 오히려 (현대 물리학에서처럼) 반대 입장이 나오더라도 의미를 축소하거나 아예 무시해 버린다. 나아가 현대 사회, 그리고 현행 과학 교육은 조각내는 자아관·세계관에 치우쳐 (어느 정도는 의식적으로 보통은 은연중에) 이를 전파하는 지경이다.

조각내는 자아관·세계관에 따르면, 우리는 자신과 세계를 자기 사고방식대로 조각내는 일밖에 하지 못한다. 조각내기는 세계에 대한 분리나 분석을 타당한 영역으로 확장하려는 시도이지만 진정 나눌 수 없는 것을 나누려고 애쓰는 것이다. 조각내기의 다음 단계는 실제로 합칠 수 없는 것을 합치려는 시도이다. 이것은 사회에서 (정치 입장, 경제 수준, 종교 등으로) 사람들을 무리 짓는 일에서 특히 선명하게 드러난다. 이 무리 짓기 때문에 구성원들은 자신이 나머지 세상과 다르며 구분된다고 느낀다. 하지만 실제로 구성원들은 전체와 연결되어 있는 존재이기 때문에 집단으로 나누기는 실패하게 마련이다. 한 집단 안에서도 구성원 나름대로 각기 전체와 다르게 연결되어, 언젠가 이 차이는 자신과 다른 구성원의 차이로 드러난다. 이렇게 사람들이 사회에서 자신들을 떼어내 어떤 집단을 중심으로 뭉치려할 때마다 그 집단은 내부 갈등을 겪고 결국에는 와해되고 만다. 마찬가지로 실용 기술과 관련된 일에서 자연을 조각내려 하면 비슷한 모순과 부조화가 발생한다. 같은 문제가 자신을 사회에서 떼내려는 개인에게도 발생한다. 개인 스스로가, 인간과 자연이, 그리고 사람들끼리 진정으로 하나가 되려면 전체로서 온전한 실재를 결코 조각내지 말아야 할 것이다.

조각내는 사고방식이나 관점, 행위는 분명 인생사 전체에 영향을 미친다. 얄궂게도 조각내기야말로 경계나 제한 없이, 우리 삶 전체에 걸쳐 일어나는 유일한 무엇인 듯하다. 조각내는 습관은 매우 뿌리 깊이 자리하고 있으며, 그렇기 때문에 나눌 수 없는 하나를 나누거나 서로 다른 것들을 같게 보려 하는 일이 발생한다.

따라서 조각내기는 '다름'과 '같음(또는 하나임)'을 혼동하여 발생하는 문제이다. 인생에서 이러한 구분은 명확히 해야 한다. 무엇이 같고 무엇이 다른지를 혼동하면 모든 것을 혼동하게 된다. 조각내는 사고방식으로 인해 개인과 사회에 생긴 (정치, 경제, 생태, 정신 등 광범위한 영역에 걸친) 위기도 결코 우연이라고 단정할 수 없다. 조각내는 사고방식은 무질서하고 무의미한 충돌만을 끝없이 일으키며 어떠한 노력도 반대되거나 엇갈려 버리게 만들어 소모전이 돼 버린다. 따라서 우리 삶 전체에 파고든 뿌리 깊은 혼란을 해소하는 일이 무엇보다 중요하고 시급하다. 만일 당신이 같은 것을 다르게 보고 다른 것들을 같게 보는 정신 혼란에 빠져 있다면 사회, 정치, 경제적 노력이 모두 무슨 소용이 있겠는가? 그런 노력은 아무리 해도 별 효과가 없고 자칫 잘못하면 화를 부를 수도 있다.

그렇다고 통합이나 통일을 한답시고 무조건 자아관·세계관에 어떤 고정된 '전체론'과 같은 원리를 덧붙여서는 안 될 것이다. 어떤 자아관·세계관이든지 '고정된 것'은 이론을 통찰 방법이나 관점이 아닌 '사물 그대로에 대해 항상 참인 지식'으로 본다는 뜻이다. 따라서 좋건 싫건 간에 다른 이론처럼 전체론에도 있을 수밖에 없는 구분을 분할로 잘못 보고 그렇게 구분된 것들이 따로 존재한다고 여기는 상황이 발생할 수 있다(또한 이렇게 구분되지 않으면 무조건 같다고 취급한다).

이론은 '실재 그대로에 대한 기술'이 아닌 늘 변화하는 통찰 방식임을 고려해 이를 진지하게 다뤄야 한다. 이론은 함축된 실재를 드러내지만 실재 전체를 말로 규정하기는 어렵다. 이 장에서 지금 하는 말 역시 같은 주의를 기울여야 한다. 여기서 하는 말들이 '전체와 조각내기에 대해 항상 참인 지식'이라고 생각해서는 안 된다. 오히려 이 또한 문제를 새롭게 바라보기 위한 '하나의 이론'이다. 이러한 통찰이 분명한지 아닌지 그 한계는 어디까지인지에 대한 판단은 당신의 몫이다.

그렇다면 널리 퍼진 조각내기를 끝내려면 무엇을 해야 할까? 이러한 질문은 얼핏 보면 그럴 듯해 보이지만 자세히 살펴보면 제대로된 질문인지부터 의문스럽다. 이 질문에는 잘못된 가정이 숨어 있다.

예를 들어 어떤 기술적인 문제를 풀기 위해 고민한다고 하자. 이때 답은 모르고 시작해도 답을 찾거나 아니면 다른 이가 찾은 답을 알아

볼 만큼 우리 정신은 깨어 있어야 한다. 하지만 우리 사고방식 전체가 조각내는 습관에 빠져 있다면 문제가 있다. 조각내기는 한 마디로 무엇이 같고 다른지를 저도 모르게 혼동하는 습관이기 때문이다. 따라서 조각내기에 대해 무엇을 할까 고민하는 바로 그 행동에서도 이런 습관은 지속되며 그 결과 조각내기는 더 심해질 것이다.

이를 빠져나갈 길이 전혀 없는 것은 아니다. 하지만 손쉬운 답을 찾으면서 사고를 조각내는 습관을 지속하기보다, 잠시 생각하기를 멈추어야 한다. 전체와 조각내기 문제는 매우 미묘하고 어려운 문제로, 과학에서 근본적으로 새로운 발견을 하는 일보다 더 까다롭다. 조각내기를 어떻게 끝낼까 묻고 몇 분 안에 답을 찾기를 바라는 것은 아인슈타인 이론과 같은 새로운 이론을 어떻게 만들지 묻고 공식이나 실험 방법과 같은 절차를 그대로 따르면 된다고 하는 것보다 더 어리석은 발상이다.

이러한 질문에서 미묘하면서도 까다로운 점은 바로 사고 내용과 사고 과정 사이의 관계가 의미하는 바를 명확히 밝히는 일이다. 조각내기가 생기게 된 주된 까닭도 사고 과정과 사고 내용이 충분히 분리, 독립되어 있다는 가정에 있다. 우리들은 이 가정에 기대어 사고 내용이 맞는지 틀린지, 이치에 맞는지 맞지 않는지, 조각났는지 전체인지를 올바로 판단해줄 명확하고 질서 있는 이성적 사고가 진행된다고 믿는다. 하지만 자아관·세계관과 관련한 조각내기는 사고 내용뿐만 아니라 그렇게 사고하는 활동 전체인 사고 과정에도 들어 있다. 실제로 내용과 과정은 둘로 나뉘어 따로 존재하는 것이 아니라 단일한 전체 운동의 양면이다. 따라서 조각난 내용과 조각내는 과정은 함께 없애야 한다.

여기서 사고 과정과 내용이 하나라는 것은 상대론 및 양자론과 관련하여 논의되는 관측자와 관측된 대상이 하나라는 말과 흡사하다. 이런 성질의 문제를 제대로 보려면 사고 과정과 과정에서 나온 사고 내용을 분리하려는 생각에 (자기도 모르게) 빠져서는 안 된다. 그러한 분리를 받아들이면 조각나는 사고 과정은 그대로 둔 채 조각난 내용만 작용인을 써서 없애려는 환상에 사로잡히고 만다. 우리가 할 일은 어떻게든 조각내기의 형성원인을 파악하는 일이다. 그래야 내용과 실제 과정을 전체 속에서 함께 그릴 수 있다.

여기서 우리는 시냇물에서 생기는 난류 소용돌이를 떠올려 보도록 한다. 소용돌이의 구조와 분포는 소용돌이 운동에 대한 기술이라 할 수 있는데 이는 (소용돌이 구조 전체를 만들어 내고, 유지하며, 결국 흩어뜨리는) 시냇물 흐름의 형성 활동과 분리할 수 없다. 따라서 시냇물의 형성 활동을 바꾸지 않고 소용돌이를 제거하려는 것은 명백한 모순이다. 전체 운동의 중요성을 올바로 이해하면 그런 쓸데없는 시도는 하지 않을 것이다. 오히려 전체 상황을 주의 깊게 살피면 무엇이 난류 소용돌이를 없애는 데 적절한 행동인지 찾을 수 있을 것이다. 마찬가지로 실제 사고 과정과 이 과정에서 나온 사고 내용이 정말로 하나라는 사실을 파악하면 사고 운동 전체를 이해할 수 있는 통찰력이 생길 것이다. 그러면 전체에 맞는 행동을 찾아내 매순간 삶을 조각내는 난류 운동을 없앨 수 있을 것이다.

물론 그런 학습과 발견에는 상당한 주의와 많은 노력이 필요하다. 우리는 과학, 경제, 사회, 정치와 같은 광범위한 영역에서 전체를 찾을 준비를 마쳤다. 하지만 이러한 노력이 사고 과정에 대한 통찰을 마련하는 데까지 이르지는 못했다. 다른 모든 일의 가치도 여기에 일의 가치가 달려 있는 만큼 무엇보다 조각내는 사고 과정에 따르는 극도의 위험을 깨달아야 한다. 그렇게 한다면 조각내기라는 거대한 문제에 맞서 사고 작용을 탐구할 힘과 절실함이 생겨날 것이다.

부록 | 전체에 대한 동서양의 통찰 방식 비교 [4]

문명이 탄생했을 당시의 사람들은 세계를 조각내지 않고 전체로 보았다. 동양(특히 인도)에는 그러한 세계관이 살아 있다. 철학과 종교 모두 전체를 강조하고 세계를 부분으로 분석하는 일이 쓸모없다고 본다. 그렇다면 우리는 왜 조각내는 서양식 접근법을 버리고 동양식 사고를 받아들이지 않는가? 동양식 사고에는 분할과 조각내기를 거부하는 자아관·세계관도 있고, 사고 과정이나 내용을 조각내지 않는 맑고 부드러운 정신 상태로 이끄는 명상법도 있지 않은가?

이 질문에 답하려면 먼저 동서양의 척도 meaure 개념(관념)을 살펴야 한다. 서양에서 말하는 척도는 일찍부터 자아관·세계관과 그런 가치관에 기초한 생활 방식을 결정하는 데 매우 중요했다. 서양의 관념들은 대부분 (로마인들을 거쳐) 고대 그리스인들 사이에서 생겨났는데, 그들은 모든 일에서 적절한 척도를 지키는 것이 좋은 삶에 꼭 필요하다고 보았다(예를 들어 그리스 비극에서는 인간의 고통을 적절한 한 도를 넘어선 결과로 그린다). 이 점에서 지금의 척도는 근대에 와서 생긴 의미로 대상을 외부 기준이나 단위와 비교하는 일이 아니다. 오히려 이러한 비교 과정으로 인해 만물의 핵심인 '내부 척도'가 밖으로 드러난다. 무엇이 적절한 선을 넘어서면 옳고 그름에 대한 외부 규칙을 어기기도 하지만 무엇보다 안으로 조화나 온전함을 잃고 조각나게 마련이다. 이런 사고방식을 이해하기 위해 관련 단어의 옛 뜻을 생각해보자. '치료'를 뜻하는 라틴어 '메데리 mederi'('의학 medicine'이 여기서 생김)는 '측정 measure'에서 왔다. 이는 몸이 건강하려면 몸의 모든 부분과 작용에 적절한 내부 척도가 있어야 한다는 말이다. 고대인들이 중요한 덕목으로 본 '절제 moderation'라는 말도 같은 뿌리에서 나왔다. 그렇다면 절제도 사회 활동이나 개인 행동에서 적절한 내부 척도를 지킨 결과이다. 같은 뿌리에서 나온 단어인 '명상 meditation'도 전체 사고 과정을 이리저리 재어 본다는 뜻으로 이로써 내적 정신 활동에 균형과 절도가 잡힌다. 따라서 서양에서는 몸과 마음, 사회 전체에서 사물 속 척도를 인식하는 일이 건강하고 행복하며 조화로운 삶에 이르는 중요한 열쇠였다.

척도는 분명히 '비례 ratio'나 '비율 proportion'로 상세히 표현할 수 있다. '비례 ratio'는 라틴어로 '이성 reason'이 여기서 생겨났다. 고대인들이 생각하는 이성은 사물의 본성과 내밀하게 관련된 비율 또는 비례 전체에 대한 통찰이다(어떤 바깥의 기준이나 단위에 대한 비교만을 의미하지는 않는다). 물론 이 비례가 단지 숫자로 나타내는 비율만을 뜻하지 않는다(물론 그러한 비율도 포함한다). 비례는 성질에 대한 보편적인 비율 또는 관계를 뜻한다. 예를 들어 뉴턴이 만유인력을 깨달았을 때, 그가 안 것을 이렇게 표현할 수 있다. 사과가 낙하하듯 달도 낙하하며 실제로 모든 물체는 낙하한다. 그러한 비례를 좀 더 분명히 나타내면 다음과 같이 쓸 수 있다.

$$A:B::C:D::E:F$$

여기서 A와 B는 연속되는 순간에서 사과의 위치이며, C와 D는 달의 위치, 그리고 E와 F는 다른 어떤 대상의 위치를 나타낸다.

어떤 사태에 대한 이론적 이유^{reason}도 바로 이러한 비례 개념에서 찾을 수 있다. 우리 사고의 여러 측면들이 연결되어 있듯이 그 사고의 대상들 역시 연결되어 있다는 뜻이다. 그렇다면 어떤 사물의 이유 또는 비율은 그것이 만들어지고 유지되고 결국 흩어지는 과정이나 구조에 있는 내적 비례 전체를 뜻한다. 이렇게 보면 그러한 비례에 대한 이해가 곧 그 사물의 가장 내밀한 모습에 대한 이해인 것이다.

따라서 척도는 만물의 본질에 대한 통찰이다. 그러한 통찰에서 명료한 지각이 나오고 이로써 행동에는 질서가, 삶에는 조화가 생긴다. 이와 관련하여 음악이나 시각 예술에서 고대 그리스인들이 본 척도 관념을 생각하면 좋겠다. 그들은 음악에서 척도(리듬이나 소리의 적절한 강약, 조성 등)를 아는 일은 조화를 이해하는 열쇠라고 보았다. 시각 예술에서도 올바른 척도가 전체에 걸친 어울림과 아름다움의 핵심이라고 보았다(황금비를 생각해 보자). 여기에서 알 수 있듯이 척도 개념은 외부 기준과 비교하는 일을 뛰어넘어 감각이나 마음을 통해 지각하는 내부 비율 또는 비례를 가리킨다.

물론 시간이 흘러 초기의 척도 관념도 원래의 (깊은) 뜻을 잃고 점차 조잡하고 틀에 박힌 개념으로 변했다. 아마도 척도 관념이 점점 더 일상 관습처럼 되었기 때문일 것이다. 여기에 외부 단위를 놓고 측정할 때 드러난 외적 겉모습, 심신 건강이나 사회 질서와 관련된 내적 의미에서도 그렇다. 사람들은 그런 척도 관념을 선배들이나 교사들이 알려준 대로 기계처럼 학습했고, 그들이 배운 비례나 비율의 깊은 뜻을 내면에서 느끼거나 창의적으로 이해하려 들지 않았다. 이렇게 척도는 점차 외부에서 부과된 규칙으로 변모했고, 이를 배운 이들은 자신이 관련된 모든 곳에 물리적, 사회적, 정신적으로 해당 척도를 주입했다. 따라서 척도는 하나의 통찰 방식이 아닌 '실재 그대로의 절대 진리'로 나타난다. 인간은 이 사실을 알고 있었고 척도의 기원은 신화에서처럼 신이 강제한 명령으로 설명했다. 그러므로 이 사실을 의심하는 일은 위험하고 악하다고 여겼다. 이처럼 알지 못하는 사이 척도 관념은 무의식적 습관의 영역으로 떨어졌다. 따라서 이러한 생각과 함께 지각한 형태는 (그러한 생각과 상관없이) 눈 앞에 펼쳐진 객관적 실재가 되고 만다.

이미 고대 그리스에도 이러한 과정은 상당히 진척되었다. 그리하여 이를 깨달은 사람들은 척도 관념을 문제 삼기 시작했다. 예를 들어 프로타고라스는 '인간이 만물의 척도'라고 하여, 척도는 인간 밖에 있는 분리된 실재가 아님을 강조했다. 하지만 모든 것을 피상적으로만 보던 많은 이들은 프로타고라스의 말도 대수롭지 않게 여겼고 척도는 개인 나름의 변덕스런 선택이나 기호 문제라고 결론지었다. 그러면서 척도가 통찰 양식이자 우리가 사는 현실과 일치해야 비로소 명료한 지각과 조화로운 행동에 이른다는 사실을 간과하고 말았다. 반면 이러한 통찰은 진지하고 겸허하게 진리와 사실을 앞세우고, 개인의 가호나 욕망을 뒤로 해야 얻을 수 있다.

척도를 고정된 대상으로 보려는 경향은 현대까지 이어져, 척도라고 하면 주로 무엇을 외부 기준과 비교하는 과정을 의미하게 되었다. 물론 그 원뜻은 (예술이나 수학 같은) 일부 영역에서 살아있지만 중요하게 취급되지 않는다.

반면 동양에서는 척도 관념이 별다른 일을 하지 못했다. 오히려 동양 철학에서는 무량함 the immeasurable(이성을 통해 이름짓거나 설명하거나 이해하지 못하는)을 으뜸가는 실재로 본다. 예를 들어 (서양 언어와 같은 인도·유럽 어족인) 산스크리트어에는 음악과 관련해, 척도를 뜻하는 단어 '마트라 matra'가 있다. 이는 분명 그리스어 '메트론 metron'과 가깝다. 하지만 같은 뿌리에서 나온 단어 '마야 maya'는 '환상'을 뜻한다. 이 사실은 대단히 중요하다. 서양 사회에서 척도가 뜻하는 전부는 실재의 본성이거나 적어도 거기에 이르는 열쇠이다. 반면 동양에서는 척도가 거짓이고 속임수라고 여기는 면이 있다. 이렇게 보면 보통 지각이나 이성으로 알 수 있는 형태, 비율이나 비례의 전체 구조와 질서는 모두 진정한 실재를 가리는 장막이요, 실재는 감각으로 지각하거나 말하고 생각하기도 힘든 존재라고 할 수 있다.

척도에 대한 서로 다른 태도는 두 사회가 다르게 발전할 수밖에 없었던 방식이다. 서양 사회는 주로 (척도에 의존하는) 과학기술을 발전시키는 데 힘을 쏟았고 동양에서는 (결국 무량함을 지향하는) 종교와 철학을 중시하는 쪽으로 발전해 왔다.

이 문제를 주의 깊게 생각하면 어떤 점에서는 무량함을 으뜸가는 실재로 본 동양이 맞았음을 알 수 있다. 이미 지적한 대로 척도는 인간이 만들어낸 통찰 방식이다. 인간에 우선하며 인간을 넘어선 실재는 그러한 통찰에 좌우될 리 없다. 반면 척도가 인간에 우선하며 인간과 무관하다고 보면 통찰을 객관화시켜 고정되고 변할 수 없게 만들며 결국 이 장에서 말한 조각내기와 전반적인 혼란을 불러온다.

이미 고대에 무량함을 실재로 생각한 현명한 이들은 척도 또한 실재의 부속 측면, 그러나 여전히 중요한 측면에 대한 통찰임을 알 만큼 현명했을 것으로 짐작된다. 이들도 (그리스인들처럼) 척도에 대한 통찰이 우리 삶을 질서 있고 조화롭게 한다고 생각했을 테고 어쩌면 척도가 으뜸이 아님을 알고 있었을 것이다.

그들은 척도를 실재의 본질로 보는 것이야말로 환상이라고 말했을 것이다. 하지만 이 말도 옛 가르침대로 따라 배우면, 그 뜻이 일상 습관에 묻히기 쉽다. 그렇게 되면 척도의 깊은 의미는 사라지고 "척도는 환상이다"를 읊조리기 시작한다. 이렇게 기존 가르침에 담긴 통찰을 자기 나름대로 창의적으로 이해하기보다 순응하는 틀에 박힌 학습 결과, 동서양 모두에서 진정한 통찰은 거짓과 오해로 변질되는 결과를 낳았다.

물론 동서양이 분리되기 전에 존재했을지도 모르는 전체 상태로 돌아갈 수는 없다(그런 상태에 대해 잘 알지도 못하지만). 그보다 우리 스스로 전체성이 뜻하는 바를 새롭게 익히고 찾아내야 한다. 물론 동서양의 가르침을 인지해야겠지만 이를 그대로 흉내 내는 것은 큰 의미가 없다. 전체와 조각내기에 대한 새로운 통찰은 새로운 과학적 발견을 하거나 위대한 예술작품을 만드는 것보다 훨씬 어려운 일이기 때문이다. 아인슈타인만큼 창조적인 지성은 그의 생각을 흉내 내는 사람도, 이를 새롭게 응용하는 사람도 아니다. 아인슈타인에게서 배울 것을 배우고 나름대로 무언가를 해 나가는 사람, 아인슈타인 업적에서 타당한 측면은 받아들이되 이를 넘어 전혀 새롭게 나아가는 사람이 창조적 지성이라는 이름에 걸맞다. 우리가 동서양 전체에서 전해 내려온 위대한 지혜를 놓고 할 일은 이를 흡수하여 지금 우리 삶에 맞는 새로운 깨달음으로 나아가는 일이다.

여기서 다양한 형태의 명상 기법이 무엇을 할 수 있을지 분명히 해야 한다. 명상은 무량함, 즉 자신과 실재 전체가 분리되지 않는 마음 상태에 이르기 위한 방법(지식과 이성에 따른 행동)으로 볼 수 있다. 하지만 그런 생각에는 분명 모순이 있다. 바로 무량함이 무엇이든 그것은 인간의 지식과 이성으로 정의된 한계 안으로 끌어들일 수 없다는 점이다.

물론 어떤 특수한 상황에서 그러한 방법을 제대로 이해하고 주의해서 사용하면 통찰에 이를 수도 있다. 그러나 그 가능성은 매우 희

박하다. 과학에서 아주 새로운 발견을 하거나 예술에서 위대한 작품을 만드는 방법을 공식화한다는 생각 자체가 모순이다. 이것은 본질이 다른 어떤 이의 도움 없이 이루어지는 창조 행위이기 때문이다. 이런 자유로운 행위가 어찌 다른 사람의 지식에 의존할 수 있겠는가? 예술이나 과학에서 창조성을 가르치는 방법이 없을 텐데 무량함을 발견하는 방법은 그보다 더 희귀하지 않을까?

실제로 무량함에 곧바로 닿을 수 있는 확실한 방법은 없다. 그것은 마음으로 이해하거나 손이나 도구로 획득할 수 있는 범위를 훨씬 넘어선다. 다만 우리는 척도 영역 전체를 분명하고 질서 있게 하기 위한 세심한 주의와 창조적 노력을 기울일 수 있다. 물론 외부 단위처럼 겉으로 드러난 척도만이 아니라 건강한 몸, 절제 있는 행동, 그리고 생각의 척도를 깨닫는 명상과 같은 내부 척도가 특히 중요하다. 살펴본 대로 자신과 세계가 조각나 있다는 환상은 적절한 척도를 넘을 때 생겨나며, 사고의 산물을 독립된 실재로 착각하게 만든다. 이런 환상을 버리려면 세계 전체뿐 아니라 사고가 어떻게 돌아가는지 알아야 한다. 이는 삶 전체, 몸과 마음을 감각과 정신 모두를 통해 창조적으로 지각한다는 뜻으로 명상의 참뜻도 바로 이것이라 할 수 있다.

조각내기는 기계처럼 틀에 박힌 사고방식에 따라 자아관·세계관이 고정되면서 생긴다. 하지만 '실재'는 그렇게 고정된 척도 관념에 담길 내용을 넘어서기 때문에 고정된 통찰은 더 이상 맞지 않고 온갖 것들이 불분명하게 뒤섞인 상태에 이른다. 반대로 척도 영역 전체를 고정된 한계나 장벽 없이 새롭고 창조적인 통찰에 개방시키면, 전체 세계관은 더 이상 고정되지 않는다. 이로써 조각내기는 끝나고 척도 영역 전체는 조화를 이룰 수 있다. 척도 영역 전체에 대한 이러한 창조적인 통찰은 무량한 행위다. 통찰은 척도 영역에 이미 담긴 생각이 아닌 척도 영역에서 일어나는 모든 일의 형성원인을 포함하는 무량함에서 나와야 한다. 이때 무량하지 않은 척도$_{\text{the measurable}}$와 무량함은 조화를 이루고, 실제로 둘은 단일한 미분리된 전체를 보는 서로 다른 방식임을 깨달을 수 있다.

  그러한 조화가 꽃필 때, 전체성의 의미를 깨달을 수 있고 나아가 삶의 매순간 이러한 깨달음이 진실임을 알게 된다.

  인도의 사상가 크리슈나무르티가 생생히 설파한 대로[5] 이를 위해서는 척도 전체를 탐구하는데 온갖 창조적 노력을 기울여야 한다. 이는 매우 힘들고 어려운 작업일 테지만 모든 것이 여기 달려 있는 만큼 우리 모두 진지하고 주의 깊게 생각해볼 가치가 있다.

2장

흐름양식
| 언어와 사고로 하는 실험 |[1]

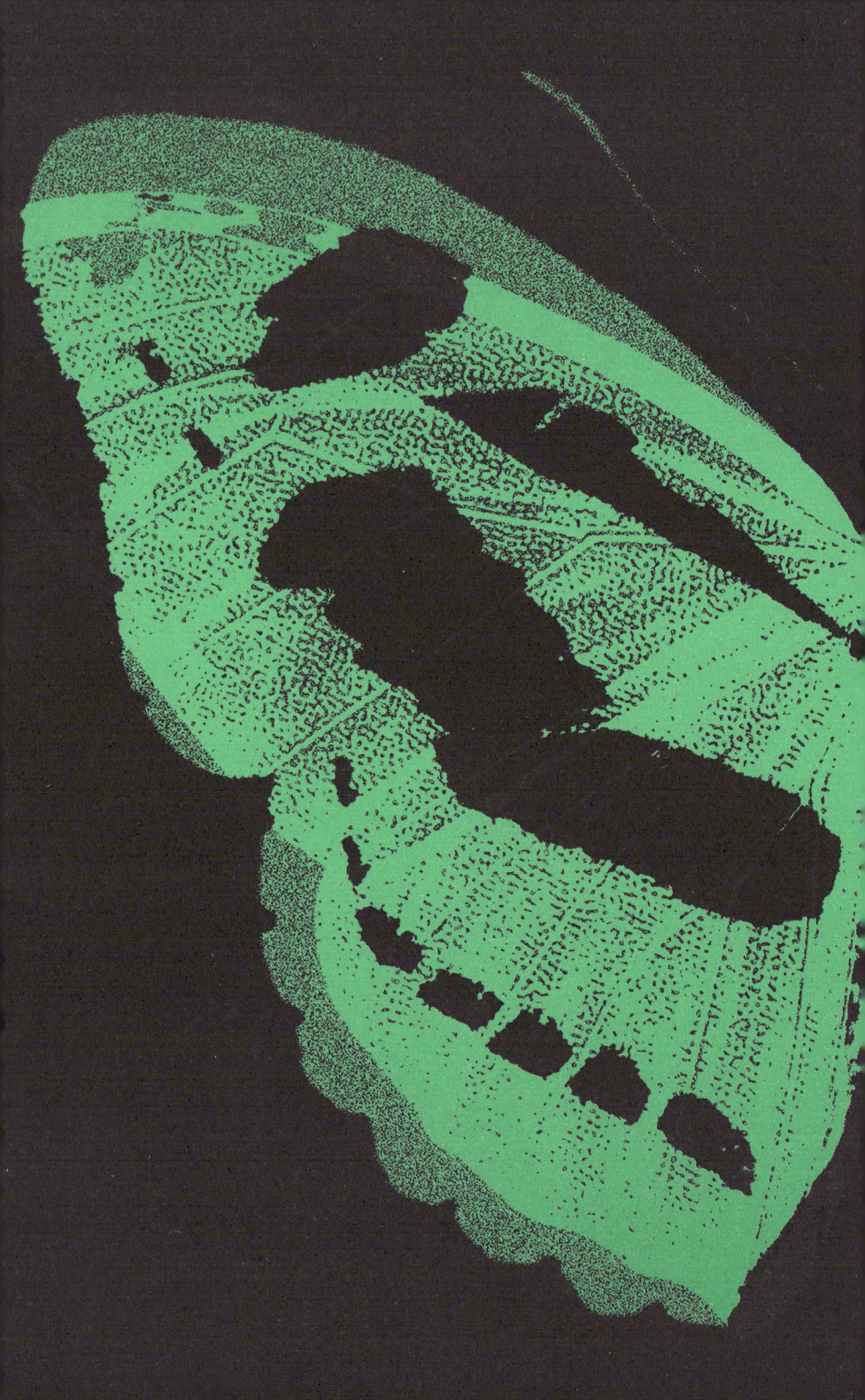

1. 서론

1장에서는 사고가 조각나 있고 이는 사고를 "세계는 무엇인가"에 대한 상이나 모형으로 받아들이기 때문에 생긴다고 했다. 사고의 분할을 너무 강조한 나머지 이를 그저 서술이나 분석을 위한 도구가 아니라 마치 '있는 것 모두'에 실제로 퍼진 독립된 분열 구조로 생각하는 것이다. 그러한 생각 때문에 생긴 완벽한 혼란은 삶 전체로 퍼져 개인이나 사회 문제를 해결하기 어렵게 만든다. 따라서 이런 혼란을 없애는 일이 시급하고 이를 위해 사고 내용과 실제 사고 과정이 하나임에 주의해야 한다.

이 장에서는 주로 언어 구조가 어떻게 사고를 조각내는지 알아보겠다. 언어는 이런 경향을 낳는 하나의 요소일 뿐이지만 사고나 의사소통에서, 그리고 인간 사회 조직에서 매우 중요한 요소임에 틀림없다.

물론 여러 집단이나 시대에 쓰인 언어의 현재와 과거를 살펴볼 수 있겠지만, 이 장에서는 일상 언어 구조를 바꿔 보는 실험을 하려 한다. 이러한 실험의 목표는 현재 언어 구조에 대한 명확한 대안을 마련하겠다는 게 아니라 언어 기능을 바꾸면서 무슨 일이 생기는지 살펴보는 것이다. 그러면 언어가 어떻게 조각내기에 한몫 하는지 깨달을 수 있을지도 모른다. 실제로 우리가 습관(넓게 보면 언어 사용도 습관이다)에 따라 어떻게 행동하는지 알려면 시험을 해보는 방법이 가장 좋다. 자신도 모르게 익숙해진 행동을 바꿔 보고 거기에 우리가 어떻게 반응하는지 꼼꼼히 살펴보는 것이다. 이 장에서는 언어(와 사고)로 하는 끝없는 실험에 첫발을 내디디려 한다. 그런 실험은 이제 개인이나 사회에서 일상적인 활동이 되어야 한다(지난 몇 세기에 걸쳐 자연과 인간 자신에 대해 한 실험처럼). 이때 언어는 (이와 관련된 사고와 함께) 특정 기능 영역의 하나로 얼마든지 실험으로 탐구할 수 있다.

2. 언어에 대한 탐구

과학 연구에서 중요한 단계는 올바른 질문을 던지는 일이다. 실제로 모든 질문에는 가정이 존재하는데 대개의 경우 숨어 있게 마련이다. 만일 이런 가정이 애매하거나 잘못되었다면 그 질문 자체가 성립하지 않고 여기에 답을 찾으려는 시도 역시 무의미한 일이 된다. 따라서 과학 연구에서는 질문이 올바른지 꼭 따져봐야 한다. 사실 과학이나 여타 분야에서 남다른 발견이란 보통 해묵은 질문을 따져보는 데서 나오곤 한다. 이로써 옛 질문이 부적합함을 깨닫고 다시 새로운 질문을 던질 수 있는 것이다. 이것이 어려운 까닭은 질문 속 가정들이 워낙 우리 생각 깊숙이 숨겨져 있기 때문이다(가령 아인슈타인은 당대 물리학의 핵심 전제였던 시공간과 물질 입자에 대한 질문이 모호하다는 사실을 깨달았다. 그는 이 전제를 포기하면서 전혀 새로운 물리 개념을 펼칠 수 있었다).

그렇다면 언어(와 사고)에 대한 탐구에서 어떤 질문을 던져야 할까? 먼저 조각내기라는 사실에서 시작하자. 우선 일상 언어 가운데 조각내기를 유지하고 퍼뜨리며, 이를 반영하는 어떤 특징이 있는지 질문해볼 수 있다. 얼핏 생각해봐도 현대 (영어) 문법과 구문에는 공통된 구조가 있다. 바로 문장의 주어-동사-목적어 구조가 그것이다. 이 구조는 모든 행동이 분리된 존재인 주어에서 일어난다는 뜻이다. 동사가 타동사라면 이 행동은 공간을 두고 분리된 다른 존재인 목적어에 전달된다(동사가 '그가 움직인다'와 같은 자동사라면 주어는 여전히 분리되어 있지만 그 행동은 주어의 성질이거나 주어 자신에게 되돌아온다. 곧 '그가 움직인다'는 "그가 자신을 움직인다"를 의미한다고 할 수 있다).

이처럼 널리 퍼진 문법 구조는 삶 전체에서 사물을 조각내고 그러한 조각들이 원래 고정되어 결코 변하지 않는다는 생각을 만든다. 이러한 견해를 끝까지 밀고 가면, 기존 과학처럼 모든 것이 고정된 기본 입자로 이루어졌다고 보는 세계관에 이르고 만다.

주어-동사-목적어 구조와 그 세계관은 일상 회화에도 곧잘 등장한다. 하지만 조금만 살펴보면 이것이 잘못된 생각이라는 사실을 알 수 있다. 예를 들어 '비가 온다^{It is raining}'라는 영어 문장을 생각해 보자. 이 문장에서 '강우^{the raining}를 하고 있는 강우자^{the rainer}'인 '그것^{it}'은 어디에 있는가? 분명 "비가 내리고 있다^{Rain is going on}"고 말하는 쪽이 더 정확하다. 마찬가지로 "기본 입자 하나가 다른 입자에 작용한다"고 보통 말하지만 1장에서 지적한 대로 각 입자는 우주 전체에 있는 거의 불변하는 움직임만 뽑아낸 것이다. 따라서 "기본 입자는 서로에게 기대어 진행되는 운동이며 나중에는 겹치고 합쳐진다"라고 말하는 편이 낫다. 거시 세계에서도 마찬가지이다. 곧 "관찰자가 대상을 본다"고 말하는 대신 보통 '인간'과 '그가 보는 대상'이라고 하는 추상물들이 나뉘지 않고 운동하며 관측이 진행된다고 해야 한다.

문장 구조의 전체 의미를 이렇게 본다면 또 다른 의문이 생긴다. 바로 구문이나 문법 형식을 바꿔 명사 대신 동사를 기본으로 말할 수 있지 않을까? 이는 앞서 지적한 조각내기를 끝내는 데 도움이 될지 모른다. 동사는 행동과 움직임을 말하는데, 이들은 명확히 나뉘거나 끊기지 않고 서로 흐르고 합쳐진다. 또 그러한 움직임 자체도 거의 항상 변하고 있기 때문에 고정된 모습도 없고 분리된 실체로 볼 조각들도 없다. 이런 식의 언어에 대한 접근은 1장에서 논의한 세계관과 일치한다. 곧 운동이 근본 개념이고 정적이고 분리된 듯한 사물은 거의 불변 상태로 이어지는 움직임이다(소용돌이를 떠올려 보라).

그런데 히브리어 같은 일부 고대어에서는 이러한 의미의 동사가 기본이 된다. 곧 히브리어 거의 모든 단어의 뿌리는 동사 형태로, 이를 접두어나 접미어 따위로 변화시켜 부사, 형용사, 명사를 얻는다. 반면 현대 히브리어는 그 용법이 영어와 비슷해 비록 형식 문법에서는 동사를 뿌리로 모든 단어를 만들지만 그 실제 의미에서는 명사가 바탕이다.

우리는 여기에서 동사가 바탕을 이루는 구조를 탐구하며 이를 진지하게 받아들일 필요가 있다. 말로만 동사를 기본으로 삼고 실제로 조각난 대상을 기본으로 생각한다면 무의미한 연구가 될 것이다. 탐구 과정에서 말과 행동이 따로 움직이는 것은 하나의 혼란 상태로, 조각내기를 멈추기보다 더욱 부추길 뿐이다.

하지만 어느 날 갑자기 사유 구조가 완전히 다른 새 언어를 고안한다는 것도 비현실적이다. 대신에 새로운 언어법 mode을 한번 시험해 볼 수 있다. 영어에는 직설법, 가정법, 명령법 같은 형식 mood이 있고 영어를 잘하면 이것을 굳이 고르지 않아도 필요할 때 쓰게 된다. 마찬가지로 이제 우리가 시험해볼 양식에서는 움직임을 사고의 기본이라 보고 명사 대신 동사가 기본이 되는 언어 구조를 생각해 보겠다. 이런 양식을 만들어 한동안 쓰다 보면 쓰는 요령이 생겨 의식하지 않고도 쓸 수 있을 것이다.

이러한 양식을 말하기 쉽게 흐름양식 rheomode이라고 부르자 '레오 rheo'는 그리스어로 '흐른다'는 뜻이다. 무엇보다 흐름양식은 언어 사용에 대한 실험으로 지금처럼 조각내기가 쉽지 않은 새 언어 구조를 만드는 일과 관계 있다. 따라서 세계관을 형성하고 이를 더 정확한 철학 관념으로 표현하는 데 언어가 어떤 일을 하는지에 초점을 맞추겠다. 1장에서는 세계관과 이에 대한 표현(자연, 사회, 자신, 언어와 같은 모든 일에 대한 결론을 암암리에 포함)이 삶의 모든 측면을 조각내고 이를 유지한다고 했다. 따라서 처음에는 흐름양식을 시험 삼아 적용해 보는 방법밖에 없다. 이것이 가능하려면 언어와 사고가 실제로 어떤 일을 하는지 주의 깊게 살펴야 하고 그저 내용만 보아서는 안 된다.

아무튼 여기에서는 세계관의 포괄적 의미와 관련해 흐름양식을 논하려 한다. 이러한 문제는 주로 철학이나 심리학, 예술, 과학, 수학, 특히 사고와 언어 연구에서 다루고 있다. 물론 이 질문을 현재 언어 구조를 가지고 전개해 나갈 수도 있다. 현대어의 구조는 주어-동사-목적어의 조각난 형태가 두드러지지만, 여러 다양하고 복잡한 형태가 암묵적이고 함축적으로 쓰이기도 한다(다른 여러 예술 양식에서). 하지만 주어-동사-목적어가 기본인 형태에서는 사고가 계속 조각나기 쉬우며, 이는 언어의 다른 특성들을 잘 활용해 피하는 데에도 한계가 있다. 기본 구조로 인해 자기도 모르게 (특히 세계관과 관련된 폭넓은 문제에서) 빠져들기 때문이다. 이것을 언어의 주어-동사-목적어 형태를 따라 사물들을 잘못 나누어서 비롯된 문제로만 보기는 어렵다. 오히려 일상 생활에서 말의 내용에만 집중하고 언어의 상징 기능에는 주의를 기울이지 않았기 때문이기도 하다. 조각내기는 바로 여기서 시작된다. 상징 기능은 일반적인 사고나 언어 양식만으로는 그 기능에 제대로 집중하기 힘들기 때문에, 사고나 언어와 무관한 실제 사태처럼 보인다. 그러면서 언어 구조에 담긴 분할도 실제로 있는 조각처럼 보인다.

그렇게 조각내면서 지각하기 시작하면 사고와 언어 기능에 충분히 주의하고 있다는 착각에 빠지고 만다. 그리고 앞서 말한 그런 심각한 문제 같은 것은 실제로 없다고 섣불리 결론내릴 수도 있다. 예를 들어 물리학에서 자연 세계의 운행을, 사회학에서는 인간 세계를, 심리학에서는 정신 세계를 탐구하듯 언어 기능은 언어학에서 다룰 일이라고 생각할 수도 있다. 그런 생각이 맞으려면 이 모든 분야가 실제로 명확히 나뉘어 그 성격이 고정되거나 천천히 변해서 각 분야에서 얻은 결과를 관련된 모든 상황에 적용할 수 있어야 한다. 하지만 앞서 강조했듯, 폭넓은 범주의 문제는 이렇게 분리해서 바라보면 안 된다. 언어 기능에 대한 탐구나 다른 어떤 탐구를 할 때라도 사용 중인 언어(와 사고)에 매순간 주의를 기울여야 하며, 언어를 하나의 탐구 분야로 따로 떼어내어 아주 천천히 변하는 (또는 아예 고정된) 대상으로 보면 안 된다.

흐름양식을 개발할 때 언어가 작용하는 바로 그 순간의 기능에 특히 주의해야 할 필요가 있다. 이렇게 하면 세계관과 관련된 폭넓은 문제를 좀 더 일관되게 생각할 수 있을 뿐 아니라 일상 언어의 쓰임을 더욱 잘 이해해 일상 양식 또한 일관되게 사용할 수 있을 것이다.

3. 흐름양식의 형태

이제 흐름양식을 어떤 형태로 표현하면 좋을지 자세히 알아보자. 첫 번째 단계로 복잡하고 다양한 일상 회화 구조에서 사고와 언어의 실제 기능에 주목하게 만드는 요소가 조금이나마 존재하는지 물을 수 있다. 이 질문을 파고들면 그런 요소가 존재함을 알 수 있다. 현대 영어에서 가장 두드러진 예는 '관련 있다relevant'는 말의 사용(혹은 남용)이다(사람들은 무엇이 중요하다고 느끼고 이에 주의를 환기하고자 머뭇거릴 때 흔히 이 말을 쓴다).

영단어 '관련 있다'는 '렐리베이트relevate'에서 왔다. 지금은 쓰이지 않지만 원래 '끌어올린다'는 뜻이다('엘리베이트elevate'처럼). 말하자면 '렐리베이트'는 '주목을 끌다'를 뜻하며 이렇게 끌어올린 내용은 두드러져 보인다. 이 내용이 우리가 관심 있는 맥락과 일치할 때, 곧 그것이 그 맥락과 관계 있을 때는 이 내용이 '관련 있다'고 말하고 일치하지 않으면 '관련 없다irrelevant'고 말한다.

예를 들어 관련 없는 말에서 생긴 익살로 가득 찬 웃음을 자아내는 루이스 캐롤의 작품을 생각해 보자. 그가 쓴 『거울 나라의 앨리스 Through the Looking Glass』에서 미친 모자Mad Hatter와 3월 토끼March Hare의 대화 중 "최상급 버터를 발랐는데도 시계가 안 가네."라는 문장이 있다. 이것은 버터 품질과 시계가 간다는 서로 아무 관련 없는 생각(물론 시계 구조와는 전혀 맞지 않는 생각)을 나열하여 오히려 눈길을 끈다.

우리가 무언가 '관련 있다'고 말할 때 사고와 언어는 '실재'로 취급되며 그것이 지시하는 맥락과 같은 수준에 놓인다. 그리고 그 말을 하는 순간에 사고와 언어의 전체 기능을 그 맥락과 비교해 둘이 서로 잘 맞는지 보게 된다. 따라서 어떤 진술의 관련 여부를 파악하는 일은 그것의 진위를 가리는 일과 비슷한 매우 고등한 지각 활동이다. 어떻게 보면 관련 여부를 아는 문제는 진위 문제보다 앞선다. 진술이 참인지 거짓인지 물으려면 먼저 그것이 관련 있다는 가정을 해야 하기 때문이다(따라서 관련 없는 진술의 진위를 판별하는 일은 혼동의 한 형태이다). 물론 더 넓게 보면 관련 여부를 아는 일도 진리를 깨닫는 일에 포함된다.

관련 여부를 파악하는 일은 어떤 규칙에 따른 기법이나 방법으로 환원되지 않는다. 오히려 이것은 창조적 시각과 숙련된 기술이 필요하는 점에서 기예art와 비슷하다(장인의 작업처럼).

따라서 관련 있고 없음을 구분하는 과정은 축적된 지식으로 다뤄져서는 안 된다(예를 들어 어떤 진술은 관련을 지니고 다른 진술은 그렇지 않다고 말하는 식으로). 오히려 관련 있거나 없다는 말은 그렇게 말하는 순간에 인식한 바를 전달하며 그 순간에만 존재하는 맥락을 나타낸다. 맥락이 바뀌면 처음에 관련 있던 진술도 그렇지 않게 되기도 하고 그 반대의 경우도 존재한다. 또한 어떤 진술이 관련 있는지 없는지 이 둘이 가능한 전부인지도 말할 수 없다. 따라서 많은 경우 전체 맥락 때문에라도 어떤 진술이 관련 있는지 없는지는 분명히 파악하기 어려운 실정이다. 이를 판단하기 위해서는 더 많은 정보를 알아야 한다. 내가 다루고자 하는 유동flux 상태가 필요하다. 관련 있고 없음을 말할 때 우리는 서로 반대되는 개념 간에 '구분'을 고정불변한 무언가가 아니라 늘 변화하는 어떤 것으로 이해해야 한다. 이런 인식이 이루어질 때 그 순간에 주목을 끈 내용과 이것이 가리키는 맥락의 연관성을 우리는 파악할 수 있는 것이다.

관련 있고 없음의 문제를 지금까지는 명사를 기본으로 하는 언어 구조를 이용하여 설명했다('이 생각은 관련 있다'는 말처럼). 그런 구조는 사실 관련 있고 없음 사이에 고정불변의 구분을 함축한다. 따라서 이 같은 언어 형태는 계속해서 조각내는 습관을 부추기며, 언어 형태가 가리키는 맥락이 전체임을 보여주는 요소를 써도 마찬가지이다.

앞서 말한 대로 사고를 조각내는 습관은 언어를 지금보다 자유롭게 구사한다거나 구어나 시어를 써서 극복할 수도 있다. 이는 관련 있고 없음의 차이가 유동적이라고 말하는 것이다. 그렇다면 관련성 문제를 흐름양식에 적용하여 더 쉽고 일관되게 논의할 수 없을까? 앞서 말한 대로 흐름 양식은 명사 대신 동사를 기본으로 하기 때문에 고정불변의 구분 따위가 없어지지 않을까?

이에 답하기 위해 형용사 '관련 있는'이 동사 '렐리베이트'에서 비롯했고, 이 동사는 결국 '리베이트levate'에서 왔음을 기억하자. 흐름 양식을 만들어 가는 첫 단계로 동사 '리베이트'를 생각해 보자. '리베이트'는 "어떠한 내용에도 자연스럽게 제한 없이 주목하는 행위로, 이 내용이 더 넓은 맥락과 맞는가 안 맞는가와 같은 질문, 그리고 이 동사가 촉발한 주목 끌기 기능에도 주목한다." 이는 의미라고 하는 것이 어떤 범위 안에 고정되지 않고 그 폭과 깊이에 제한이 없다는 뜻이다.

여기서 동사 '리리베이트re-levate'를 도입한다. 이것은 "사고와 언어가 지시하는 특정 맥락에서 어떤 내용에 다시 주목한다"는 뜻이다. 여기서 접두어 리re는 '다시'라는 의미로 '다음 기회'를 뜻한다. 이는 시간과 유사성을 포함한다(물론 차이의 관념도 내포한다. 각 기회들끼리는 서로 비슷하고 차이도 나므로).

앞서 지적 대로 이후 이렇게 다시 주목 끈 내용이 관측 맥락과 맞는지 아닌지를 보는 지각 행위가 있어야 한다. 만일 맞는다고 밝혀지면 "다시 주목 끄는 것이 관련 있다to re-levate is re-levant(영어 원문에서는 붙임표 (-)가 중요하며 여기서 발음을 잠시 멈춰야 한다)." 물론 틀리다고 밝혀지면 "다시 주목 끄는 것이 관련 없다"고 말한다.

이렇게 동사 어근에서 형용사를 만들어 보았다. 명사도 이렇게 만들 수 있는데 이때 명사는 분리된 대상이 아니라 동사가 말하는 특정 활동을 계속하는 상태를 뜻한다. 따라서 명사 '다시 주목 끌기re-levation'는 '어떤 내용에 계속 주목하는 상태'를 말한다.

하지만 관련 없는 무언가에 다시 주목한다면 이는 '무관한 주목 끌기irre-levation'이다. 무관한 주목 끌기는 제대로 주목하지 않는다는 뜻이다. 어떤 내용이 관련 없으면 이는 얼마 가지 않아 폐기되게 마련이다. 만일 그렇게 되지 않는다면 주의하지 않은 것이다. 따라서 무관한 주목 끌기는 제대로 주목하지 않는다는 사실에 주목해야 한다는 뜻이기도 하다. 그렇게 주목하지 않음에 주목하는 행동이 무관한 주목 끌기를 끝낸다.

끝으로 명사형 '주목 끌기levation'를 소개한다. 이는 일반적이고 자연스런 주목 행위 전체를 나타낸다(반면 동사 '주목 끌다'는 자연스런 주목 행위가 한 번만 일어남을 뜻한다는 점에서 주목 끌기와 다르다).

동사를 뿌리로 하여 만든 언어를 쓰면 더 이상 언어 형태로 인해 '관련 있음'을 고정된 성질처럼 생각하지 않게 되고 관련성의 의미를 조각내지 않고도 '관련 있음'이 뜻하는 바를 논할 수 있다. 더욱이 동사 '주목 끌다'를 쓸 때처럼 동사의 의미와 실제로 기능을 확고히 구분하지 않아도 된다. 곧 '주목 끌다'는 어떠한 제한이 없는 내용에 주목하려는 생각에 관심을 가지고 그런 내용에 주목하는 활동을 말한다. 따라서 이렇게 연상된 생각은 구체적인 지각 없이 이루어지는 추상물이 아니다. 오히려 단어에 걸맞은 어떤 일이 실제로 진행되며 단어를 쓰는 순간에 우리는 그 뜻과 진행되고 있는 일이 서로 맞는지 지각할 수 있다. 이로써 우리는 사고 내용과 그 실제 기능을 하나로 보고 느낄 수 있으며 이제 조각내기를 뿌리 뽑는다는 말이 무슨 뜻인지 이해하게 되었다.

이렇게 언어 형태를 만드는 일은 일반화할 수 있고 어떤 동사도 어근이 될 수 있다. 흐름양식은 바로 동사를 이렇게 쓰는 방식이다.

다른 예로 라틴어 동사 '위데레videre'를 보자. 위데레는 '보다'는 뜻을 가지며 영어 '비디오video'에서처럼 쓰인다. 여기서 동사 어근 '비데이트vidate'를 도입한다. 이것은 눈으로 보는 것만이 아닌 이해 행위까지 포함한 모든 인식 행위를 가리키는 말이다. 이해 행위 또한 감각 지각, 지능, 느낌 따위가 더해진 전체에 대한 인식이다(영어에서 '이해하다understand'와 '보다see'를 곧잘 바꿔 쓰듯). 따라서 동사 '비데이트'는 어떤 지각 행위에도 주목한다는 뜻이다. 이는 '보이는 것'이 '존재하는 것'과 맞는지 안 맞는지를 지각하는 행위와 단어의 주목하기 기능을 지각하는 행위를 포함한다. 따라서 '주목 끌다'와 마찬가지로 단어 내용(의미)과 그것이 하는 전체 기능 사이에 구분이 없다.

이제 동사 '리비데이트re-vidate'를 생각해 보자. 이는 단어나 사고가 나타내는 내용을 다시 지각한다는 뜻이다. 이 내용이 관련 맥락에 맞아 보이면 "다시 지각하면 지각에 맞다to re-vidate is re-vidant"고 말한다. 물론 맞지 않는다면 "다시 지각하면 지각에 맞지 않는다"라는 의미일 것이다. ('지각에 맞지 않음'은 일상 언어로 오해 혹은 착각이다).

그렇다면 '다시 지각하기re-vidation'는 어떤 내용을 계속 지각하는 상태이며 '무관한 지각하기irre-vidation'는 어떤 내용에 대한 착각이나 망상에 사로잡혀 있는 상태이다. '무관한 지각하기'는 ('무관한 주목 끌기'처럼) 부주의를 뜻하며 이런 부주의에 주목하면 '무관한 지각하기'를 멈추게 된다.

마지막으로 명사 '지각하기vidation'는 자연스런 지각 행위 전체를 뜻한다. 분명 지각하기를 주목 끌기와 명확히 구분해서는 안 된다. 지각하기 위해서는 내용에 주목해야 하고, 주목하려면 내용을 지각해야 한다. 따라서 주목 끌기와 지각하기라는 두 운동은 서로 뒤섞이고 합쳐진다. 각 단어는 전체 운동에서 두드러진 어떤 측면을 강조할 (다시 끌어올릴) 뿐이다. 흐름양식으로 볼 때 다른 동사들의 뿌리 역시 모두 매한가지일 것이다. 어떤 뿌리도 다른 모두를 내포하며 다른 모두로 변해간다. 따라서 흐름양식은 어떤 전체성을 드러내며, 이것이 보통의 언어 사용방식과 다른 점이라 하겠다(물론 이때도 전체성은 잠재해 있다. 일상 언어도 운동을 기본으로 하면, 어떤 운동도 다른 운동으로 변해가며, 서로 뒤섞이고 합쳐진다).

이제 동사 '디바이드^{divide}'를 살펴보자. 이는 '위데레^{videre}'와 '분리'를 뜻하는 접두어 '디^{di}'를 합친 것이다. 따라서 '디바이드'는 '나누어 보다'를 뜻한다.²

여기서 동사 '디비데이트$^{di\text{-}vidate}$'³가 나온다. 이 단어는 사물을 어떻게든 나누어 보는 자연스런 행위에 주목한다는 뜻이다. 지각 내용이 '실제 사태'에 부합하는지 보고, 단어의 주목하기 기능에 어떤 분할이 있는지도 살핀다. 이 단어 '디비에이트'를 생각해 보며 '비에이트'와 분명히 다름을 알 수 있다. 곧 '디비데이트'는 나뉜 '내용(또는 의미)'과, 이 단어가 묘사하고자 하는 나누는 '기능' 모두를 뜻한다.

이제 동사 '리디비데이트$^{re\text{-}dividate}$'를 생각해 보자. 이는 말이나 생각 속에서 어떤 내용을 분리나 분할로 다시 지각한다는 뜻이다. 다시 지각한 내용이 지시하는 맥락과 일치하면 "다시 나누어 보면 나뉜다$^{to\ re\text{-}dividate\ is\ re\text{-}dividant}$"고 할 수 있다. 만일 이 의미가 맥락과 맞지 않는다면 "다시 나누어 보면 나뉘지 않는다"고 할 수 있다.

여기서 '다시 나누어 보기$^{re\text{-}dividation}$'는 어떤 내용을 계속해서 분리나 분할로 바라보는 상태를 뜻한다. 반면 '무관한 나누어 보기$^{irre\text{-}dividation}$'는 일상 언어로 하면 그런 분리가 관련 없는 곳에서 계속

분리를 보는 상태이다.

'무관한 나누어 보기'는 실제로 조각내기와 거의 유사하다. 따라서 조각내기는 좋을 것이 없다. 사물을 나누어 보고 또 나누어 보는 것이 맞지 않는 맥락에서 이를 계속 고집하는 행위이기 때문이다. '무관한 나누어 보기'를 끝도 없이 계속한다면 이는 부주의하다고 할 수밖에 없다. 따라서 이런 부주의에 주의를 기울이는 행위 자체로 '무관한 나누어 보기'를 해결할 수 있다.

마지막으로 명사 '나누어 보기^{dividation}'는 사물을 자유롭게 나누어 보는 행위 전체를 뜻한다. 앞서 지적대로 '나누어 보기'라는 말의 주목하기 기능에는 분할이 있다. 그래서 '나누어 보기'는 지각하기와 다르다. 하지만 이 차이는 좁은 맥락에서만 생기기에 이를 단어의 뜻과 기능 사이의 조각남이나 실제 분열로 여기면 안 된다. 오히려 단어의 모습에서 알 수 있듯 '나누어 보기^{dividation}'는 '지각하기^{vidation}' 가운데 하나로 지각하기의 특수한 경우이다. '나누어 보기'와 '지각하기'라는 두 단어는 자신이 가진 뜻과 기능이 서로 뒤섞이고 합쳐진다. 결국 분할이란 이 전체를 좀 더 분명하고 자세히 기술하는 데 편리한 수단일 뿐 실제 사태를 조각내는 일이 아니라는 점을 명심해야 한다.

분할에서 단일한 지각으로 나아가려면 '질서'가 있어야 한다(이 개념은 5-1장에서 자세히 논한다). 예를 들어 자는 눈금으로 나뉘는데 분할은 '단순한 순차 질서'를 마음속에 그리기 위한 수단에 불과하다. 어떤 대상을 자로 재면 그 대상에 관한 일을 이해하고 전달하기가 편해진다.

단순한 순차 질서 개념을 자와 눈금으로 표현하면 건축 공사나 여행이나 공간 운동 그 밖의 일상 생활이나 과학 활동에 도움이 된다. 물론 더 복잡한 운동에는 더 복잡한 질서가 있을 테고 이 질서는 복잡한 분할과 사고 범주로 나타내야 할 것이다. 곧 생명체가 생장하고 발달하고 진화하는 운동이나 교향곡의 전체 흐름, 삶을 이루는 활동 등이 그것들이다. 이들은 분명 다르게 기술해야 하며 단순한 순차 질서로 환원하여 기술할 수 없다.

이 모든 질서 너머에 주목하는 활동에도 질서가 있다. 주목할 때 질서와 관측된 대상의 질서가 일치해야 보이는 것들을 놓치지 않을 것이다. 예를 들어 교향곡을 듣는데 시계가 똑딱거리는 순차 질서에 주목한다고 하자. 그러면 교향곡의 진정한 의미를 이루는 미묘한 질서에 귀 기울이기 힘들다. 따라서 제대로 지각하고 이해하려면 주목할 때 질서를 관측되는 질서에 맞도록 유연하게 바꿀 수 있어야 한다.

따라서 사고와 언어에서 편의상 마련된 분할의 진정한 의미를 이해하려면 질서 개념이 매우 중요하다. 이 개념을 흐름양식으로 논의하기 위해 동사 뿌리 '오디네이트 ordinate'를 도입하자. 이는 질서 있게 하는 어떤 행위에도 주목한다는 뜻이다. 이는 어떤 특정 질서가 관측 맥락에 맞는지 보기 위한 질서나, 주목하기 기능 자체에서 생기는 질서도 포함한다. 따라서 '오디네이트'는 "질서에 대해 생각한다"는 뜻이 아니라 질서 있게 하는 행위 그 자체이며 이때 질서에 대한 자기 생각에도 주목한다. 여기서 다시 한번 단어의 의미와 기능이 하나라는 흐름양식의 중요한 특징을 알 수 있다.

그렇다면 "다시 질서 있게 하다$^{re\text{-}ordinate}$"는 말과 생각으로 어떤 질서를 재조명하는 일이다. 질서가 논의하는 맥락에서 관측한 질서와 맞아 떨어지면 "다시 질서 있게 하면 질서 있다"고 할 수 있다. 만약 그렇지 않으면 "다시 질서 있게 하면 질서 없다"고 할 수 있다(예를 들어 선형 격자를 미로처럼 얽힌 골목길에 적용하려 할 때).

명사 '다시 질서 있게 하기$^{re\text{-}ordination}$'는 어떤 질서에 계속 주목하는 상태를 뜻한다. 질서 없는 맥락에서 다시 질서 있게 하기를 고집하는 상태는 '무관한 질서 있게 하기'라고 할 수 있다. 다른 모든 동사처럼 '무관한 질서 있게 하기'는 부주의에서 생겨나며 이런 부주의에 주의하면 끝나게 된다.

마지막으로 명사 '질서 있게 하기^{ordination}'는 자유롭게 질서를 부여하는 행위 전체를 뜻한다. 분명히 '질서 있게 하기'란 주목 끌기, 지각하기, 나누어 보기를 내포하고 결국 이 셋도 '질서 있게 하기'를 포함한다. 따라서 어떤 내용의 관련성을 알려면 이 내용을 인지할 만큼의 질서가 요청된다. 그리고 사교의 분할이나 범주도 알맞게 설정해야 한다.

이제까지 흐름양식이 어떻게 쓰이는지 충분히 설명했다. 여기서 흐름양식 전체 구조를 이제까지 쓴 단어를 나열하여 정리해 보면 좋겠다.

주목 끌다, 다시 주목 끌다, 관련 있는, 관련 없는, 주목 끌기, 다시 주목 끌기, 무관한 주목 끌기.

지각하다, 다시 지각하다, 지각에 맞는, 지각에 맞지 않는, 지각하기, 다시 지각하기, 무관한 지각하기.

나누어 보다, 다시 나누어 보다, 나뉜, 나뉘지 않은, 나누어 보기, 다시 나누어 보기, 무관한 나누어 보기.

질서 있게 하다, 다시 질서 있게 하다, 질서 있는, 질서 없는, 질서 있게 하기, 다시 질서 있게 하기, 무관한 질서 있게 하기.[4]

흐름양식은 무엇보다 새로운 문법 구조(즉 동사를 새롭게 쓴 구조)임을 알아두자. 하지만 더 새로운 것은 구문이 이미 정해졌다고 봤던 단어 배치뿐만 아니라 새 단어를 만드는 체계적 규칙까지 확장했다는 점이다.

물론 거의 모든 언어에서 그렇게 단어를 만든다. 예를 들어 영단어 '관련 있는relevant'은 '끌어올리다levate'라는 뿌리에 앞말 '리re', '에이트ate' 대신 끝말 '안트ant'를 붙여 만든다. 하지만 이러한 구성은 단어 사이 관계를 표현하기 위한 노력의 우연한 산물이다. 어쨌든 한번 단어를 만들고 나면 이러한 사실을 잊고 보통 단어 하나하나를 '기본 단위'로 간주한다. 그리고 단어를 원래 만든 방식이 현재 그 단어의 뜻과 아무 관련이 없다고 생각한다. 하지만 흐름양식에서 단어 구성은 우연의 산물이 아니라 새로운 언어 양식에 필수적인 활동이다. 곧 원래의 단어 구성이 계속 눈에 들어오는데, 이는 그 뜻이 원래 구성 방식에 달려있기 때문이다.

여기서 우리는 언어와 과학의 발전을 비교할 필요가 있다. 1장에서 본 대로 오늘날 과학계에 널리 퍼진 세계관에 따르면 모든 것은 어떤 기본 입자 단위가 결합해 이루어진다. 이러한 태도는 일상 언어에 대한 태도와 일치한다. 곧 단어를 '기본 단위'로 보고 이를 결합해 무엇이든 말할 수 있다고 믿는 태도를 말한다.

물론 새 단어를 도입하여 일상 언어를 풍부하게 할 수 있다(물리학에서 새로운 기본 입자를 도입하듯). 하지만 흐름양식에서는 한 걸음 더 나아가 단어 만들기가 구, 문장, 단락 만들기와 별반 다르지 않다고 본다. 곧 단어에 대한 '원자론'을 포기한 우리의 관점은 입자를 전체 운동의 추상물로 보는 장이론field theory과 비슷하다. 언어 또한 나뉘지 않고 움직이는 장으로 소리, 의미, 주의 끌기, 감정이나 근육 반응과 관련 있다고 말할 수 있다. 그런데 현대 사회는 단어들 사이의 분리를 지나치게 강조한다. 사실 한 단어를 이루는 부분들의 관계는 단어들끼리 관계와 거의 같다고 말할 수 있다. 따라서 단어는 나눌 수 없는 의미 원자가 아니라 언어라는 전체운동에서 표점marker에 지나지 않으며 절, 문장, 단락, 단락 체계만큼이나 근본적이지 않다(단어 요소에 주목하는 일은 분석이 아니라 의미를 자유롭게 흐르게 하는 방편이다).

단어를 다르게 보는 일이 무슨 의미인지 언어를 질서로 생각하면 분명해진다. 다시 말해 언어는 질서에 주목하기 위한 수단일 뿐 아니라 소리, 단어, 단어의 구조, 어감, 몸짓으로 된 질서의 일종이다. 분명 말로 전달하려는 뜻은 언어라는 질서에 따라 달라진다. 이 질서는 시계나 줄자처럼 단순한 순차 질서가 아니라 교향곡에 담긴 질서와 비슷하다. 곧 부분들의 움직임을 전체와의 관계 속에서 이해해야 한다. 앞서 지적한 대로 한 단어 안에서 소리가 이루는 질서는 전체가 의미하는 바와 분리되지 않는다. 따라서 이 질서를 체계적으로 이용한 문법이나 구문 규칙을 제대로 만들면 의사소통이나 사고를 위한 언어를 다양하고 풍부하게 할 수 있다.

4. 흐름양식에서 참과 사실

일상 언어 양식에서 참truth은 명사로 한 번에 다 알 수 있거나 아니면 점점 더 알아가는 무엇을 뜻한다. 그도 아니면 참거짓을 문장 성질로 보기도 한다. 하지만 앞서 말했듯 참거짓은 관련 있고 없음과 같이, 매순간 고등한 지각 행위로만 알 수 있다. 따라서 어떤 진술 내용이 참인지 거짓인지 알려면 이 내용이 진술이나 행동, 몸짓(지시 같은)에 드러난 넓은 맥락과 어울리는지 살펴봐야 한다. 하지만 '있는 모두'를 말하는 세계관에 대한 진술이라면 그것이 가리키는 뚜렷한 맥락이 없다. 따라서 진리가 하는 기능에 초점을 맞춰서 실재 전체에 대한 우리 관념을 자유롭게 바꿀 수 있어야 한다. 그래야 기존 관념의 적용 한계를 넘어 새로운 경험에 계속 적응할 수 있다(이에 대한 자세한 논의는 3장과 6장을 보라).

그런데 일상 언어 양식은 참거짓을 논하는 데 전혀 맞지 않다. 이 양식에서 참은 고정된 조각으로 보이기 쉽기 때문이다. 따라서 흐름양식에 대한 시험으로, 이것이 진리 문제를 얼마나 일관되게 논의할 수 있는지 알아보자.

먼저 '진리'를 뜻하는 라틴어 '베루스verus'에서 시작하자. 여기서 동사 뿌리 '베레이트verrate'가 나온다('r'을 두 개 사용한 것은 나중에 생길 어떤 혼란을 피하려고 썼다). 이 단어는 이전 논의처럼 진리를 알려는 어떤 행위에도 주목한다는 말이다. 또한 이러한 앎이 실제로 진리를 인식할 때 일어나는 일과 일치하는지, 단어 자체의 주목하기 기능이 참인지도 알아야 한다. 따라서 '베레이트'는 진리가 의미하는 바에 주의해 이를 인식하는 일이다.

그렇다면 '리베레이트re-verrate'는 어떤 맥락에서 말이나 생각으로 특정 진리에 다시 주목한다는 뜻이다. 이것이 그 맥락과 일치하면 "다시 참을 알면 참되다to re-verrate is re-verrant"고 하고 일치하지 않으면 "다시 참을 알면 참되지 않다"고 한다(곧 진리를 적정 한계 너머로 확장하면 더 이상 참이 아니다).

이렇게 하면 우리는 진리 문제를 본래 고정된 조각으로 여기지 않을 수 있다. 오히려 '참을 알기verration'는, 그것이 특정 맥락에서 '다시 참을 알기re-verration' 또는 '무관한 참을 알기irre-verration'로 이어진다('무관한 참을 알기'는 한계를 넘어선 진리에 대한 고집으로, 역사와 삶 전체에서 착각이나 망상을 일으키는 근원이다). '참을 알기'를 흐름으로 보면 주목 끌기, 지각하기, 나누어 보기, 질서 있게 하기, 그리고 앞으로 흐름양식에서 나올 다른 모든 움직임과 뒤섞이고 합쳐진다.

일상 양식으로 진리를 논할 때는 사실fact이 무슨 뜻인지 생각해봐야 한다. 예를 들어 '이것은 사실이다'라고 하면 그 내용이 참이라는 뜻이다. 하지만 영단어 '사실'은 원래 ('제품manufacture'처럼) '만들어진다'는 뜻이다. 이 뜻이 중요한 이유는 어찌 보면 우리가 실제로 '사실'을 만들기 때문이다. 사실은 관측 맥락이나 직접 지각 또는 지각하는 틀인 사고에 따라 달라진다. 그리고 어떤 결론을 시험하고 적용하기 위해 무엇을 하는지에 따라서도 달라질 수 있다.

이제 흐름양식으로 하던 실험을 이어서 '사실'이 무슨 뜻인지 생각해 보자. 먼저 동사 뿌리 '사실을 만들다factate'를 도입한다. 이는 어떤 일이건 이를 만들거나 실행하는 인간 의식 활동에 자유롭게 제한 없이 주목한다는 뜻이다.[5] (물론 주목하기 기능 자체를 만들고, 실행하는 일에도 주목한다). 그렇다면 "다시 사실을 만들다re-factate"는 특정 맥락에서 말이나 생각으로 무엇을 '만들거나', '실행하는' 활동에 다시 주목한다는 뜻이다. 만일 이 활동이 그 맥락에 맞으면 (곧 하는 일이 '잘되면') "다시 사실을 만들면 다시 사실이 된다to re-factate is re-factant"고 하고 만일 그렇지 않으면 "다시 사실을 만들면 다시 사실이 되지 않는다."고 한다.

어떤 진술이 참 또는 거짓이라는 말의 일반적인 의미는, 단어 "다시 사실이 된다"와 "다시 사실이 되지 않는다"의 의미에 거의 다 들어 있다. 따라서 참된 생각을 실제로 써먹으면 일이 '잘되고' 거짓된 생각으로 하는 일은 '잘되지 않는다.'

물론 '잘되는 일'이라고 모조리 진리는 아니다. 살펴본 대로 진리는 우리 의식에 바탕을 둔 기능 활동을 훨씬 넘어선 전체운동이다.

따라서 "다시 사실을 만들면 다시 사실이 된다"라는 말이 어느 면에서는 맞지만 이는 진리가 뜻하는 일부일 뿐이다. 실제로 이 말은 '사실'이 뜻하는 전부도 아니다. 사실 확립은 우리 앞이 사실된다고 곧 원래 계획한 일이 잘된다고 끝날 일이 아니다. 이에 더해 이후 관측과 경험으로 사실을 계속 시험해야 한다. 시험의 주목적은 원하는 결과를 얻어내기보다 사실이 시험을 견뎌내는지 보기 위한 것이다. 특히 관련 맥락이 전과 같은 관측 맥락뿐만 아니라 새로운 관측 맥락에서도 이를 견뎌내는지 살펴봐야 한다. 과학에서 그러한 시험은 실험인데 이는 재현할 수 있어야 하고 같은 맥락에서 의미 있는 다른 실험과 비교 검토해도 같은 결과가 나와야 한다. 넓게 보아 경험 전체도 우리가 주의하기만 하면 하나의 시험이 될 수 있다.

그렇다면 '이것이 사실이다'라고 할 때 사실은 여러 가지 시험을 견뎌낼 수 있다는 뜻이다. 따라서 사실은 확립된다. 곧 한번 안정되면 이전과 비슷한 관측에도 무너지거나 무효가 되기 어렵다. 물론 이러한 안정에도 한계가 있는 것이 사실은 원래 방식이나 새로운 방식으로 끊임없이 시험되기 때문이다. 따라서 사실은 관측, 실험, 경험으로 다듬어지고 수정되며 죄다 바뀌기도 한다. 하지만 '진짜 사실'이 되려면 적어도 어떤 맥락에서나 어느 기간 동안 변함없이 들어맞아야 한다.

사실의 이런 측면을 흐름양식으로 논하기 위해, 먼저 영단어 '일정한constant'을 보자. 이 단어는 지금은 쓰지 않는 동사 '콘스타테constate'에서 출발했으며 '확립하다', '확인하다', '확증하다'라는 뜻이 있다. 이러한 뜻은 라틴어 뿌리 '콘스타레^{constare}'에서 더 분명하다. '스타레^{stare}'는 '서다', '콘 con'은 '함께'라는 뜻이다. 따라서 시험하는 활동은, 사실을 '콘스타테(확립)'하는 일이고 그러면 사실은 일관된 모습으로 '확고히 함께 선다.' 이로써 사실은 어느 정도까지 시험을 견뎌낼 수 있고 따라서 어떤 한계 안에서 사실은 일정하다.

실제로 이와 아주 가까운 '콘스타터^{constater}'라는 말이 프랑스어에 있는데 그 뜻도 앞서 본 것과 거의 같다. 어떻게 보면 이 단어가 '콘스타테'보다 그 뜻을 더 잘 전달한다. '콘스타터'는 라틴어 '콘스타레'의 과거분사형 '콘스타트'에서 나왔기 때문이다. 곧 그 원래 뜻은 '함께 섰다'로 이미 만들어진 사실과 잘 맞는다.

이 문제를 흐름양식으로 논하려면 동사 뿌리 '일정하게 하다^{constatate}'를 끌어들인다. 이 말은 "어떤 활동이나 움직임이 어떻게 일치하면서 안정되는가 하는 점에 자유롭게 제한 없이 주목한다"는 뜻이다. 또한 이렇게 사실을 함께 세워 확립하는 활동과 바로 이 단어로 언어 기능에 대한 사실을 확립하는 활동을 포함한다.

그렇다면 '다시 일정하게 하다$^{re\text{-}constatate}$'는 어떤 맥락에서 말이나 생각으로 이러한 활동이나 움직임에 다시 주목한다는 뜻이다. 만일 그것이 논의하는 맥락과 맞아 보이면 "다시 일정하게 하면 다시 일정하다$^{to\ re\text{-}constatate\ is\ to\ re\text{-}constatant}$"고 하고 그렇지 않으면 (곧 이전에 확립된 사실이 이후 관측이나 경험을 견뎌내지 못하면) "다시 일정하게 하면 다시 일정하지 않다"고 해야 한다.

그렇다면 명사형 '다시 일정하게 하기$^{re\text{-}constation}$'는 어떤 맥락에서 어느 정도 일정하게 계속해서 '함께 서 있는' 활동이나 운동 상태를 뜻한다. 이것은 우리가 사실을 확립하려는 활동이거나 안정된 모습으로 확립된 다른 운동일 수도 있다. 따라서 '다시 일정하게 하기'는 무엇보다 관측이나 실험으로 '사실이 아직 서 있다'고 계속 확인한다는 뜻이다. 아니면 관측과 실험을 포함하거나 넘어선 '아직' 서 있는 운동 상태(일의 상태)일 수도 있다. 그도 아니면 어떤 사람이 다시 일정하게 한다고 말하고 state-ment 다른 사람이 이를 받아 또 다시 일정하게 하는 언어 활동일 수도 있다. 일상 언어로 쉽게 말해 '다시 일정하게 하기'는 확립된 사실이거나 그 사실이 보여주는 운동이나 일의 실제 상태, 사실에 대한 언어 진술이다. 여기서는 지각이나 실험 행위, 지각 대상이나 실험 대상이 하는 행위, 그리고 관측과 행동을 말로 전달하는 행위가 날카롭게 구분되지 않는다. 이 모두는 미분리된 운동 전체의 서로 다른 측면으로 그 기능이나 내용이 서로 밀접히 관련된다(따라서 우리 마음속 정신 활동과 마음 밖의 일은 조각나지 않는다).

이렇듯 흐름양식은 우리 세계관과 잘 맞는다. 겉보기에 고정된 사물은 미분리된 운동에서 이끌어낸 잘 변하지 않는 측면이다. 더 나아가 그러한 사물에 대한 사실조차 추상적이다. 이러한 전체운동에서 일정한 측면으로 인식되는 사실은 계속 '함께 서 있고' 따라서 말로 전달하기 쉽다.

5. 흐름양식이 내포하는 전체 세계관

(앞서 지적한 대로) 흐름양식에 따르면 관측된 사실이 원래부터 고정되었다고 말할 수 없다. 여기서 흐름양식이 어떤 세계관을 담고 있음을 짐작할 수 있다. 실제로 모든 언어 형식에는 어떤 중심이 되는 세계관이 뒤따른다. 이는 언어 사용자의 생각이나 지각에 영향을 주기도 한다. 따라서 어떤 언어의 중심인 세계관과 반대되는 생각을 표현하기는 매우 어렵다. 그래서 어떤 언어 형식을 탐구할 때 내용과 기능 모두에서 그 세계관에 주의해야 한다.

앞서 지적대로 일상적인 언어 양식이 좋지 않은 이유 가운데 하나는 이로 인해 제한된 세계관을 깨닫기 힘들다는 점이다. 세계관 문제는 단지 '자기 나름의 철학'과 관계가 있고 언어 내용이나 기능과는 관계가 없다고 흔히들 생각한다. 나아가 우리 삶에서 실재 전체를 경험하는 일과도 관계가 없다고 한다. 일상 언어 때문인지 사람들은 세계관이 각자 기호나 선택에 달린 (그리 중요하지 않은) 문제라고 생각한다. 이런 생각이라면 일상 언어 양식에 퍼진 조각난 세계관이 하는 일에 주의를 기울이기 힘들다. 그리고 보통 말하거나 생각할 때처럼 이러한 조각을 실재에 투영하여 (앞서 논한 대로), 이를 마치 '정말 존재하는' 조각으로 착각하게 된다. 따라서 우리는 각 언어 형식에 담긴 세계관에 유의해야 한다. 또한 이 세계관이 한계 너머로 확장되어 실제 관측이나 경험과 어긋나는 때를 주의해야 한다

이 장에서는 흐름양식에 담긴 세계관이 1장에서 말한 내용과 같다

는 사실을 밝혔다. 곧 모든 것이 나뉘지 않는 전체운동으로 사물 하나하나는 전체운동에서 이끌어낸 잘 변하지 않는 측면이다. 따라서 흐름양식에는 보통 언어 구조와 매우 다른 세계관이 있다. 그런 새로운 언어 양식을 생각하여 쓰임을 살펴보기만 해도 일상 언어 구조 때문에 우리가 조각난 세계관을 억지로 받아들였다는 사실을 알 수 있을 것이다. 물론 실제 언어에서 흐름양식을 도입하는 게 좋을지 지금은 말할 수 없지만, 언젠가는 도움을 줄 것이다.

3장

과정으로 본 실재와 지식

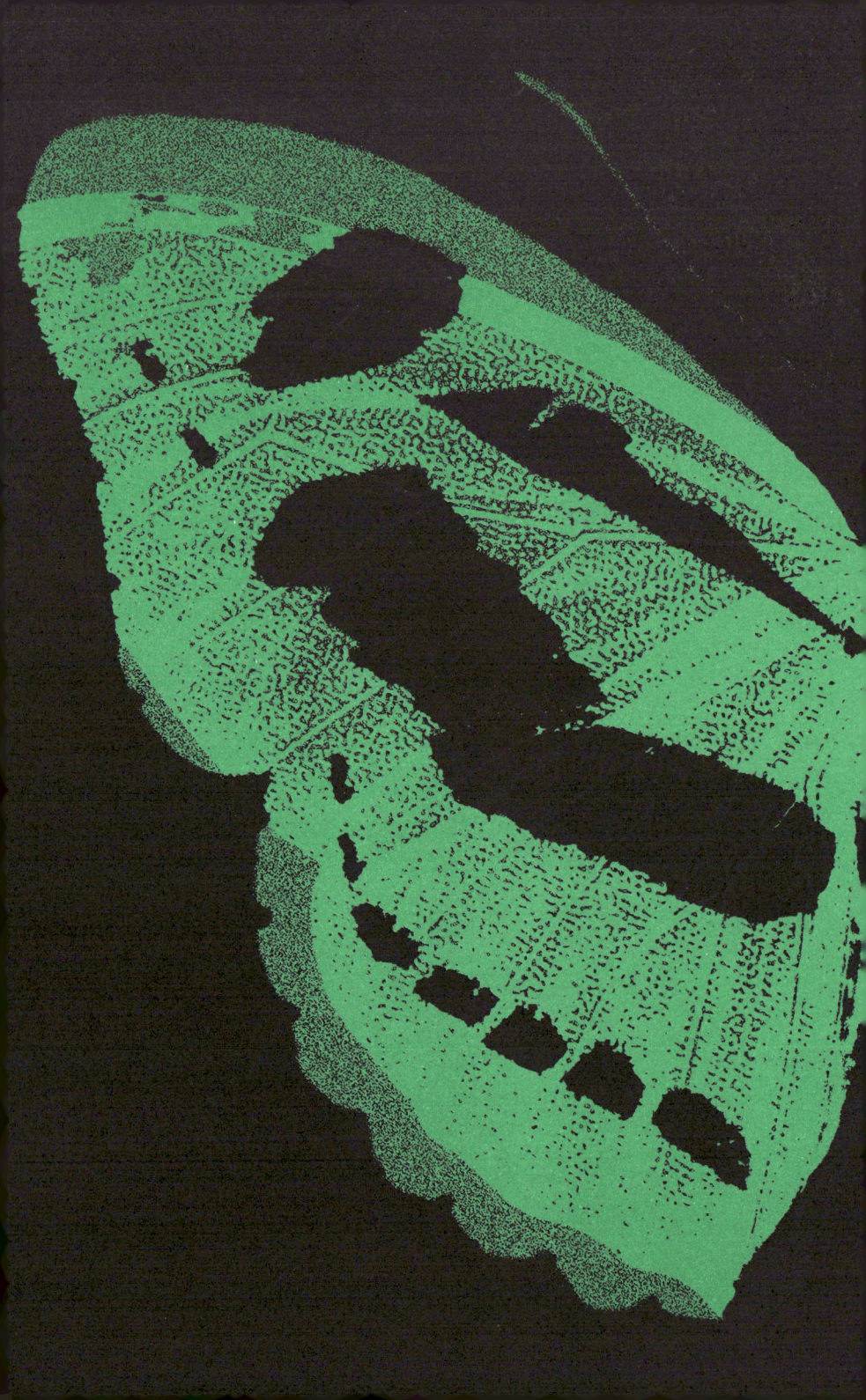

1. 서론

　실재를 과정으로 이해하려는 생각은 매우 오래되었으며 적어도 "만물은 흐른다"고 한 헤라클레이토스가 살던 시대까지 거슬러 올라간다. 현대에 와서 이러한 생각을 폭넓고 짜임새 있게 펼친 이는 화이트헤드이다.[1] 이 장에서는 이러한 관점에서 실재와 지식 사이의 관계를 논한다. 내 논의의 시작은 분명 화이트헤드의 견해와 비슷하지만 그것이 의미하는 바는 매우 다르다. '과정' 개념의 본질을 한 마디로 하면, 모든 것이 변화할 뿐만 아니라 모든 것이 흐름이다.
　'있는 것'은 그것이 되어가는 과정이며 모든 물체, 사건, 대상, 조건, 구조 따위는 이러한 과정에서 이끌어낸 모습들이다.

과정 개념은 시냇물의 흐름을 떠올리면 이해하기 쉽다. 냇물의 흐름에서 내용물은 한번도 같지 않다. 곧 소용돌이, 물결, 물보라 모습이 계속해서 바뀐다. 이들은 그 모습 그대로 남아 있지 않는다. 오히려 흐름에서 딸려 나온 이들은 전체 과정에서 생기고 사라진다. 이렇게 스쳐가는 형태는 어느 정도만 따로 움직일 뿐 독립된 궁극적 실체가 아니다(이러한 생각에 대한 논의는 1장 참조).

물론 현대 물리학에서는 실제 시냇물(물)도 원자로 구성되며 원자 또한 전자, 양성자, 중성자와 같은 '기본 입자'로 이루어져 있다고 본다. 한동안 이 기본 입자가 실재 전체를 이루는 궁극 실체이며, 시냇물 같은 흐름도 상호작용하는 입자들이 공간 속을 운동하면서 생긴다고 생각했다. 하지만 그러한 기본 입자조차 생성과 소멸, 변환되는 현상이 밝혀졌다. 따라서 이들 또한 궁극적인 실체일 수 없고 다만 더 깊은 수준에서 유도된 어느 정도까지만 일정한 형태임을 알 수 있다.

물론 이런 깊은 수준의 운동도 더 미세한 입자로 쪼갤 수 있고, 이것이야말로 실재 전체를 이루는 궁극 실체라고 추측할 수도 있다. 하지만 여기서 말하는 모든 것이 흐름이라는 생각은 이러한 추측이 틀렸다고 말한다. 오히려 기술할 수 있는 모든 사건, 대상, 존재자는 미지의, 확정되지 않은 흐름 전체에서 이끌어낸 추상물이다. 물리법칙이 아무리 많이 밝혀져도 이 법칙들이 다루는 대상은 그러한 추상물이며 이들은 단지 어느 정도로만 독립되어 움직인다. 따라서 궁극 실체를 알기만 하면 대상이나 사건의 모든 성질을 설명할 수 있다는 식으로 생각하면 안 된다. 오히려 언제라도 새로운 성질이 나올 수 있으며 이것은 결국 미지의 흐름 전체에 바탕을 둔다고 볼 수 있다.

과정 개념에 따른 실재의 본질을 논했으므로 이제 이 개념이 지식과 어떤 관계에 있는지 생각해 보자. 앞의 논의와 일관되려면 지식 또한 과정이며 단일한 흐름 전체에서 이끌어낸 추상물이라야 한다. 실재와 실재에 대한 지식 모두가 이러한 흐름에 기초한다. 물론 그러한 개념을 곧바로 언어로 표현할 수도 있겠지만, 실제로 지식을 과정이 아닌 처음부터 고정된 진리로 보는 습관에서 벗어나기는 힘들다(곧 지식이 늘 변하면서도 축적된다고 말하면, 이는 발견해야 할 영원한 진리가 있다는 뜻이다). 실제로 지식에 ('만물은 흐른다'와 같이) 절대 변하지 않는 요소가 있다고 하면 이는 지식 영역에서 영원한 무언가를 설정하는 일이다. 하지만 정말로 만물이 흐른다면 어떠한 지식도 만들어지는 과정에 있는 추상물이며 지식에 절대 변하지 않는 요소란 없다.

이러한 모순에서 벗어나 실재뿐만 아니라 모든 지식이 흐름에 기초한다고 볼 수 있을까? 아니면 어떤 지식(예를 들어 과정이 무엇인지에 대한 지식)은 과정이나 흐름 밖에 있는 절대 진리로 보아야 할까? 이 장에서는 이러한 질문에 답하려 한다.

2. 사고와 슬기

우리가 지식을 과정으로 이해하려면, 먼저 모든 지식이 사고 thought 안에서 생성되고 표현되며 전달과 변형을 겪고 적용된다는 점을 유넘해야 한다. 사고를 '생성되는 운동'으로 보면 (어느 정도 분명한 상이나 관념에 담긴 내용만이 아닌) 이는 분명 '과정'으로 지식은 실제로 그 안에 있다(서론에서 논의했다).

그렇다면 사고 과정이란 무엇인가? 본디 사고는 삶의 매순간 기억이 활발히 반응하는 것이다. 이는 두뇌 활동과 정서나 감각, 근육이나 신체 반응을 포함한다. 이 모두는 분리되지 않는 과정상의 여러 측면으로 만약 따로 떼어낸다면 조각내기와 혼동이 생긴다. 곧 이 모두는 기억이 여러 상황에 반응하는 과정으로 다시 기억에 더해져 다음 사고를 조절한다.

가장 처음 생겨난 '사고'는 쾌락과 고통에 대한 기억으로 여기에는 대상이나 상황이 불러일으키는 시각, 청각, 후각 이미지도 남아 있다. 우리는 보통 이미지에 대한 기억과 느낌에 대한 기억이 다르다고 생각하는 문화가 있다. 하지만 기억은 이미지와 느낌을 합쳐야 온전한 의미를 갖는다. 그래야 (사고 내용 및 신체 반응과 합쳐져) 기억이 좋고 나쁜지, 바람직한지 아닌지 판단할 수 있다.

사고를 기억 반응으로 간주하면 그 작동 방식은 무엇보다 기계와 같다. 곧 이전부터 기억에 있던 구조가 반복되거나, 이러한 기억들이 조합되어 다른 사고, 개념, 범주가 생기는 것이다. 이러한 조합에는 기억 속에 있는 요소들이 우연히 결합하면서 생기는 새로움이 있겠지만 이 또한 기계처럼 움직인다(만화경 속에 나타나는 새로운 조합처럼).

기계처럼 돌아가는 생각은 이를 일으킨 실제 상황과 관련 있거나 일치해야 할 본래 이유는 없다. 특정 사고가 상황과 관계 있거나 일치하는지 확인하려면 사고가 기계처럼 작동하지 않는 능력이 필요한데 이 능력을 나는 슬기intelligence라고 부르겠다. 슬기는 새 질서나 구조를 지각할 수 있으며, 이는 이미 알고 있는 기억을 그저 바꾸기만 하면 해결되는 일이 아니다. 예를 들어 복잡한 문제로 한동안 고민을 하다가 문제에 대한 원래 사고방식 전체가 쓸모가 없고 대신 모든 요소를 새 질서나 구조에 짜맞출 수 있는 다른 방식이 갑자기 떠올랐다고 하자. 그러한 깨달음은 사고 과정이라기보다 '지각 행위'이며 (비슷한 개념을 1장에서 논했다) 물론 이는 나중에 사고로 표현할 수 있다. 이 행위는 '마음속 지각'으로 동일함과 차이, 분리와 연결, 필연과 우연, 원인과 결과 같은 질서나 관계를 깨닫는 일이다.

지금까지 우리는 기계처럼 조건에 따른 기억 반응 전체를 가리켜 사고라고 하고 이를 생생하고 조건 없는 반응인 슬기(슬기로운 지각)와 구분했다. 그렇다면 "어떻게 조건 없는 반응이 생겨날 수 있을까?" 이러한 거창한 질문을 여기서 충분히 논하기는 어렵다. 다만 슬기에 다른 조건이 없다는 데에는 모두가 동의할 것이라 생각한다(조건이 있다면 그것이야말로 모순이다).

예를 들어 사람들의 행동이 모두 기계처럼 어떤 조건을 따른다고 해보자. 보통 이 생각은 두 가지로 나눌 수 있다. 하나는 인간이 유전자 구성의 산물이라는 견해고, 다른 하나는 인간이 환경 요인에 따라 결정된다는 견해다. 유전자 결정론을 믿는 이라면 나는 그러한 믿음이 그저 유전자의 산물은 아닌지 묻고 싶다. 다시 말해 유전자 구조 때문에 그런 말을 하게 되는가? 마찬가지로 누군가 환경 결정론을 말한다면 나는 그 말이 어떤 환경 조건 아래 내뿜는 단어는 아닌지 물을 수 있다. 분명 두 경우 모두 (유전자 더하기 환경이 인간을 결정하는 경우에도) 아니라고 답해야 한다. 그렇지 않으면 답변자 자신이 의미 있는 말을 할 수 없기 때문이다. 따라서 무슨 말을 해도 화자는 슬기로운 지각을 빌어 말하고 있으며, 이때 그러한 지각은 진리가 될 수 있다. 곧 진리는 단순히 과거에 습득된 의미나 기술이 되풀이된 결과가 아니다. 누구나가 의사소통의 수단으로 자유롭고 조건 없는 슬기를 받아들이고 있는 셈이다.

현재 사고를 물질 과정으로 볼 수 있는 증거는 매우 많다. 예를 들어 여러 분야의 관찰 결과, 사고는 뇌와 신경계에서 일어나는 전기·화학 과정 그리고 이에 따라 근육을 긴장시키는 운동과 다르지 않다고 본다. 그렇다면 슬기도 미세하긴 하지만 비슷한 물질 과정이라고 할 수 있지 않을까?

하지만 여기서 말하는 관점에서는 결코 그렇지 않다. 슬기가 조건 없는 지각 행위가 되려면 세포, 분자, 원자, 기본 입자와 같은 구조에 바탕을 두어서는 안 된다. 결국 그러한 구조에 대한 법칙을 따르는 어떤 대상도 알 수 있는 영역, 곧 기억에 저장되는 영역에 들어오기 마련이다. 따라서 그러한 대상 또한 기계처럼 작동해야 처음부터 기계처럼 작동하는 사고 과정에 흡수된다. 반면 실제 슬기 작용은 우리가 아는 법칙으로 결정하거나 조절할 수 있는 범위를 넘어선다. 따라서 슬기는 확정되지 않는 흐름에 바탕을 두어야 하며, 이것이 모든 확정된 물질 형태의 바탕이기도 하다. 따라서 슬기는 특정 분야(물리학이나 생물학)에 기초해 설명할 수 없다. 그 기원은 우리가 아는 어떤 서술 질서보다 더 깊고 내밀한 곳에 있다(하지만 확정된 물질 형태의 질서를 먼저 알아야 슬기를 알 수 있다).

그렇다면 슬기와 사고는 어떤 관계에 있는가? 간단히 말해 사고만이 홀로 작동할 때는 슬기롭다기보다 기계와 같다. 보통 관련 없고 맞지도 않는 질서를 기억에서 끄집어내 들이밀기 때문이다. 하지만 사고도 (기억만이 아닌) 슬기라는 조건 없는 지각에 반응할 수 있고 이때 어떤 생각이 관련 있고 어떤 생각이 올바른지 알 수 있다.

이를 라디오 수신기에 비교해 볼 수 있다. 수신기의 출력이 입력에 피드백될 때 수신기는 홀로 작동하며, 보통 관련 없고 무의미한 잡음만을 낸다. 하지만 수신기가 전파 신호를 받으면, 그 안에서 전류는 질서 있게 흐르고 (음파로 변형된다) 이는 신호 안의 질서와 일치한다. 곧 수신기는 자기 수준 너머에서 시작된 의미 있는 질서를 찾아 이를 자기 수준 운동으로 가져온다. 그렇다면 뇌나 신경계도 슬기로운 지각에서는 흐름 속 질서에 곧바로 반응한다고 할 수 있다. 이 미지의 흐름은 우리가 아는 어떤 구조로도 환원되지 않는다.

따라서 슬기나 물질 과정 모두 그 기원은 하나이며, 이는 결국 알려지지 않은 흐름 전체라고 할 수 있다. 어떻게 보면 흔히 정신이나 물질이라 부르는 것도 흐름에서 나온 추상물이다. 따라서 이 둘은 전체운동에서 서로 다른 정도로만 독립된 질서로 보아야 한다(이 생각은 6장에서 본격적으로 다룬다). 따라서 슬기로운 지각에 반응하는 사고를 할 때 정신과 물질 사이에 조화나 일치를 이룰 수 있다.

3. 사물과 사고

사고는 하나의 물질 과정으로, 슬기로운 지각과 함께 움직여야 보다 넓은 맥락과 관계를 맺을 수 있다. 이제 사고와 실재 사이의 관계를 탐구해 보자. 사람들은 보통 사고 내용이 실제 사물을 반영하거나, 이와 대응 관계에 있다고 믿는다. 사고는 사물의 모사나 이미지, 모방, 축도 아니면 (플라톤 식으로) 사물의 맨 안쪽 본질인 형상을 파악하는 일이라 생각한다.

이러한 견해 가운데 어떤 것이 맞는가? 아니면 질문 자체를 더 명확히 해야 하지 않을까? 왜냐하면 앞선 이야기는 실제 사물이나 실재와 사고라는 구분이 무엇인지 안다고 가정하고 있다. 그런데 이러한 개념이야말로 우리가 제대로 이해하지 못하는 것들이다(예를 들어 보다 세련된 칸트의 물자체thing in itself 개념도 실제 사물 개념과 마찬가지로 분명하지 않다).

여기서 '사물'이나 '실재'와 같은 단어의 기원이 실마리가 될지 모른다. 이러한 말의 기원에 대한 탐구는 말하자면 우리 사고 과정에 대한 고고학적 연구로 사고의 원래 모습을 추적할 수 있다. 곧 인간 사회에 대한 연구처럼 고고학이 현 상황을 더 잘 이해할 수 있는 실마리가 되기도 한다.

먼저 단어 사물thing은 '대상', '행동', '사건', '조건', '만남'을 뜻하는 몇몇 옛 영어 단어[2]로 거슬러 올라간다. 또한 '결정하다', '정착하다', '시간' 또는 '계절'을 뜻하는 단어들도 관계가 있다. 따라서 원래는 어떤 시간이나 어떤 조건에서 일어나는 무언가를 의미했을지도 모른다('조건이 되다', '결정하다'를 뜻하는 독일어인 '베딩겐bedingen'과 비교하라. 영어로는 '사물되다to bething'로 바꿀 수 있을지 모른다). 이 모든 의미는 '사물'이 어떤 조건에 의해 제한되어 잠깐 또는 오랫동안 존재하는 모습을 두루 지칭하는 말이었음을 보여준다.

그렇다면 단어 '실재reality'는 어디서 왔는가? 이는 '사물'을 뜻하는 라틴어 '레스res'에서 왔다. 실재한다는 말은 '사물'이 된다는 뜻이다. 처음에 '실재'는 '사물됨' 또는 '사물된 성질'을 총칭했다.

재미있게도 '레스'는 '생각한다'를 뜻하는 동사 '레리reri'에서 왔다. 문자 그대로 하면 '실재'는 '생각된 무엇'이다. 생각된 무엇이 사고 과정과 다르다는 얘기다. 곧 어떤 생각을 떠올리고 유지한다 해도 '실제 사물'이 이런 식으로 생겨나거나 유지되지는 않는다. 그렇다고 해서 '실제 사물'이 생각과 별개라고는 할 수 없다. 때로 생각의 제약을 받기도 한다. 물론 유심히 살펴보면 확인할 수 있듯이 실제 사물은 사고 내용보다 더 많은 것들을 포함한다. 또 우리의 생각이 늘 참일 수 없고 실제 사물은 우리 생각과 반대되는 행동이나 특성을 보일 수도 있다. 보통 이런 식으로 실제 사물이 사고와 다르다는 걸 깨닫게 된다. 그렇다면 사물과 사고 관계를 다음처럼 생각해볼 수 있다. 어떤 사물에 대해 제대로 생각하고 이에 따라 행동하면, 어느 정도 조화롭고 모순이나 혼란 없는 상황을 만들어낼 수 있을 것이다.

사물과 이에 대한 사고가 정해지거나 알려지지 않은 흐름에 기초한다면 이들을 사고가 사물을 반영하는 일방적인 대응 관계로 생각하면 안 될 것이다. 사고와 사물 모두는 전체 과정에서 이끌어낸 형태들이기 때문이다. 둘이 어떤 관계에 있는 이유도 오직 이 바탕 때문이지만, 여기에 기초해 그러한 반영/대응 관계를 이야기하기는 어렵다. 반영/대응 관계는 지식을 뜻하는 반면에 이 바탕은 지식으로 흡수할 수 있는 범위를 넘어선다.

그러면 사물과 사고의 관계는 더 잘 알 수 없다는 말인가? 물론 그렇지 않지만, 먼저 우리는 문제를 다른 각도에서 바라봐야 한다. 이러한 시각은 다음 비유에서 잘 드러난다. 벌이 다른 벌들에게 꿀이 있는 장소를 알려주려고 춤을 춘다고 하자. 이 춤이 벌들의 마음속에 꽃을 반영하고 대응 관계에 있는 지식을 만들어낸다고 보기는 어렵다. 오히려 제대로 춘 춤은 다른 벌들을 꿀이 있는 곳으로 모으려는 지령 내지는 지시이다. 이 춤은 꿀을 모으는 데 필요한 나머지 행동들과 분리되지 않는다. 벌은 그 다음 동작을 끊임없이 이어나가고 이는 금세 어우러진다. 말하자면 사고는 마음으로 추는 춤으로 지시하는 일을 하며 이것이 제대로 될 때 조화롭고 질서 있는 삶으로 이어지고 합쳐진다.

일상에서 조화나 질서가 무엇을 의미하는지는 꽤 선명하다(예를 들어 조화롭고 질서있는 공동체는 의식주와 건강한 삶의 조건을 마련해 준다). 하지만 인간은 당장 먹고사는 문제를 넘어서는 생각을 하기도 한다. 예를 들어 아주 먼 옛날부터 사람들은 사물의 기원 및 그 질서와 본질을 종교, 철학, 과학으로 이해하려고 노력했다. 이러한 생각은 있는 것 모두를 대상으로 한다고 할 수 있다(예를 들어 실재 전체의 본질을 이해하려는 노력에서). 그러한 전체에 대한 이해는 '실재 전체'를 반영하는 '사고'가 아니다. 오히려 이는 시와 같은 예술 양식으로 보아야 하며 이는 '마음으로 추는 춤(그리고 뇌와 신경계 활동)'을 거쳐 우리를 질서와 조화로 이끌 수 있다. 이 점은 앞서 서론에서도 다루었다.

그렇다면 우리에게 필요한 일은 사고와 사물 사이나 또는 사고와 '실재 전체'의 관계를 알려줄 설명이 아니다. 오히려 전체를 실제 과정으로 보는 이해가 필요하다. 진정으로 이해한다면 조화롭고 질서 있게 행동할 것이며 사고와 사고 대상은 하나로 통합되어 부분으로(사고와 사물로) 분석하는 일이 쓸모없게 될 것이다.

4. 사고와 비사고

궁극적으로 사고와 사물은 둘로 나뉠 수 없지만, 일상 경험에서는 일단 이들을 쪼개면서 시작하는 수밖에 없다. 실제 사물과 생각 속에만 존재하는 환상은 일상 생활에서 제정신을 지키기 위해서라도 구별해야만 한다.

그렇다면 이 같은 구분이 어떻게 생겼는지 생각해 보자. 잘 아는 대로[3] 어린 아이는 사고 내용과 실제 사물을 구별하는 데 종종 어려움을 겪는다(곧 자기 생각을 남에게 들킬까봐 두려워한다. 다시 말해 '가상의 위험'을 느낀다). 이렇게 처음에는 순진하게 생각해도 (자기가 '생각하고 있다'고 분명히 의식하지 않아도) 어느 단계에서는 자신의 생각을 의식한다. 곧 지각하는 '사물' 가운데 일부는 '그저 생각'이지 '사물이 아니며' (또는 아무 것도 아니며) 그 밖에 일부만이 '실재한다'고 (또는 무언가라고) 깨닫는다.

원시인도 자주 이런 경험을 했다. 사물을 다루는 범위가 넓어지고 생각이 쌓이면서 그러한 생각은 더욱 빈번하고 강렬해졌다. 그리하여 삶 전체에서 적절한 균형과 조화를 찾기 위해 전체에 대해서도 비슷하게 생각해야 한다고 느꼈다. 사실 전체에 대한 생각에서는 사고와 사물의 구분이 흐려지기 쉽다. 예를 들어 인간이 자연과 신의 힘을 생각하고 예술가들이 마법 같은 초월력이 있는 동물과 신을 사실처럼 그릴 때는 분명히 가리키는 대상이 없는 생각을 한 것이다. 그런 생각은 워낙 강렬하고 사실처럼 지속되어 심상과 실재를 더 이상 분명하게 구분하기 힘들어진다. 이 같은 경험에서 우리는 상상과 실재의 구분을 명백히 하려는 강렬한 충동을 느낀다("나는 누구인가? 내 본성은 무엇인가? 인간, 자연, 신의 진정한 관계는 무엇인가?"와 같은 질문). 인간들은 무엇이 있고 없는지를 혼동하는 상태가 계속되는 상황을 참지 못한다. 그렇게 되면 일상의 문제를 해결하기 어렵고 살아가는 의미마저 잃어버리기 때문이다.

따라서 평소에 무언가를 생각하는 과정에서 이러한 구분을 분명히 해야 한다. 하지만 어느 수준에 오르면 개별 사물과 개별 사고의 구분만으로는 모자라다고 느낀다. 오히려 이 구분을 넓게 이해할 필요가 있다. 아마도 원시인이나 어린이는 말은 못해도 사고 전체와 사고가 아닌 전체를 구분해야 한다고 깨달을지 모른다. 이를 간단히 사고와 비사고로 구분하고 더 간단히 T와 NT로 나타내자 그러한 구분

뒤에 있는 생각은 다음과 같다.

T는 NT가 아니다 (사고thought와 비사고non-thought는 다르고 서로 배타적이다).
모든 것이 T거나 NT다 (사고와 비사고는 존재하는 모든 것을 포함한다).

어떻게 보면 진정한 사고는 이 구분에서 출발한다. 이 구분 전에도 생각이 생길지 모르나 적어도 이것이 생각이라고 완전히 의식하지는 못한다. 따라서 진정한 사고는 이렇게 비사고와의 구분을 거쳐 스스로를 의식하는 사고에서 시작해야 한다.

나아가 진정한 사고란 전체를 그 내용으로 삼을 때 시작될 수 있다. 그러한 사고는 인류 의식의 깊숙한 곳에 자리하며 맨 처음에는 제대로된 질서 있는 '춤'을 위해 필요했다.

이러한 사고방식을 분명히 하려면 사고와 비사고를 가르는 특징을 찾아내야 한다. 흔히 비사고는 사물됨을 뜻하는 실재와 같게 여겨진다. 앞서 지적대로 실제 사물은 보통 우리들이 생각하는 것과 상관없이 알려진다. 실제 사물은 만질 수 있고 안정되며 쉽게 변하지 않는다. 실재 전체에 걸쳐 스스로 어떤 운동을 일으킬 수도 있다. 반면 사고는 단지 '마음을 채운 것'으로 만질 수 없고 스쳐 지나가며 쉽게 변해 생각 밖에서 어떤 운동을 일으키지 못한다. 그런데 정작 이런 사고와 비사고라는 고정된 구분은 지속하기 힘들다. 사고 또한 실제 운동으로 이를 포함하는 전체운동에 바탕을 두기 때문이다.

이미 지적한 대로 사고는 물질 과정이며 그 내용은 기억 반응 전부를 담고 있다. 이는 느낌이나 근육 반응, 신체 감각까지 포함하며, 이들은 기억 반응과 어우러져 흘러나온다. 실제로 우리 환경에서 인간이 만든 부분들 모두는 확장된 사고 과정이라 할 수 있다. 우리 주위의 모습이나 형태, 그리고 운동 질서가 사고에서 처음 생겨나 사고에 따라 활동하는 인간에 의해 환경 속으로 들어온 것이다. 반대로 환경 어디서나 자연스레 혹은 인공적으로 생긴 모습, 형태, 운동 방식이 존재한다. 그 내용은 지각으로 흘러들어 감각을 일으키고 기억 속에 흔적을 남기며 이로써 다른 생각을 낳기도 한다.

이 운동에서 원래 기억에 있던 내용은 환경을 이루는 일부분이 되고 원래 환경에 있던 전체 내용은 기억의 일부가 된다. 따라서 (앞서 지적한 대로) 이들은 단일한 전체 과정을 이루며 사고와 사물이라는 부분으로 쪼개면 의미가 없다. 이렇게 사고(기억 반응)와 전체 환경이 끊이지 않고 이어지는 과정은 아래 그림처럼 돌고 돈다(더 정확히 말하면 이러한 순환은 나선형으로 열려 있다). 이러한 순환 (나선) 운동 속에 사고가 온전히 자리하고(서로가 서로에 대해 환경인) 사람들 사이에서 일어나는 생각의 교환도 이에 포함되며 과거로도 무한정 거슬러 올라간다. 따라서 전체 사고 과정이 시작되고 끝나는 지점을 딱 잘라

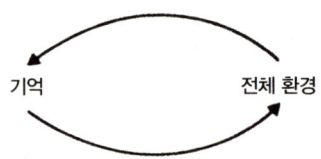

말하기 어렵다. 오히려 전체 사고 과정은 단절 없는 하나의 전체운동으로, 어떤 한 사람이나 장소, 시간, 집단에도 속하지 않는다고 봐야 한다. 기억 반응이 신경 반응이나 감각, 근육 운동과 같은 물질 과정이며, 이러한 반응이 돌고 돌면서 전체 환경과 합쳐진다고 보면 사고가 다름 아닌 비사고(T가 NT)라고 할 수 있는 것이다.

반대로 비사고 또한 사고(NT가 T)라고 할 수 있다. 따라서 '실재'도 사실은 어떤 사고 내용을 함축하는 말이다. 보통 우리말 단어는 지각할 수 있는 실제 사물을 가리킨다. 하지만 실재는 어떤 '사물'처럼 바라볼 수 있는 대상이 아니다. 곧 우리 생각과 '실재라는 사물'이 서로 일치하는지 확인하는 것은 어렵다. 단어 '실재'는 정해지거나 알려지지 않은 흐름을 가리키며 이것이 모든 사물과 사고 과정, 그리고 슬기로운 지각 활동을 이룬다고 했다. 하지만 처음의 문제는 여전히 남는다. 실재를 잘 모른다고 아니 알 수 없다면 그것이 거기 있는지 어떻게 확신할 수 있는가? 이에 대한 답은 물론 "확신할 수 없다"이다.

그렇다고 해서 '실재'가 의미 없는 단어라는 뜻은 아니다. 이미 살펴본 대로 사고라는 춤에서 정신이 오랫동안 제대로 질서 있게 돌아가려면 '춤 형태'에서 사고와 비사고(곧 실재)를 구분해야 하기 때문이다. 또한 이러한 구분은 사고가 비사고로, 비사고가 사고로 늘 변하는 과정 속에서 이루어져야 한다. 이렇게 고정되지 않는 구분을 하려면 실재를 다룰 때 우리는 자유롭고 슬기롭게 지각해야 한다. 그렇게 한다면 매순간 어떤 내용이 사고에서 생기고 어떤 내용이 이와 독립된 실재에서 생기는지 가려낼 수 있을 것이다.

그리고 '실재(그 의미는 실재 전체)'라는 말은 사고 내용에 포함시키면 안 된다. "실재는 어떤 사물이 아니고 모든 사물 전체도 아니다('실재'를 '모든 것'과 같게 취급해서는 안 된다)." '사물'은 보통 조건 달린 형태를 뜻하는데 '실재 전체'에는 조건이 없다(조건이 있으면 모순이다. '실재 전체'라는 말이 이를 제한할 수 있는 모든 조건을 포함하기 때문이다). 따라서 사고와 실재라는 고정된 구분이 전체에는 성립하지 않는다.

사고와 실재(비사고)를 원래 구분한 방식은 다음과 같다.

T는 NT가 아니다.
모든 것이 T거나 NT다.

이러한 방식은 아리스토텔레스 논리를 이루는 특징이다(물론 진정한 사고만큼 오래되었을지 모른다. 다만 아리스토텔레스는 우리가 아는 이들 가운데 처음으로 이를 간명하게 정리했다). 이것은 사물에 적합한 논리인데 이러한 논리를 따르는 생각은 어떤 조건 아래서만 해당 사물에 적용할 수 있다. 이 조건은 그 사물이 사물이기 위한 조건이다. 다시 말해 제한된 영역 안의 사물만을 포함하는 활동에서는 아리스토텔레스 논리 규칙에 따른 사고방식이 유용하다. 하지만 이러한 사물이 변하거나 새롭게 반응하면 다른 사고방식이 필요하다.

반면 '실재 전체'를 생각하면 제한된 사물이 아닌 모든 사물을 이루는 조건 없는 전체가 필요하다. 여기서는 제한된 영역이나 조건이 없기 때문에 아리스토텔레스가 내세운 규칙은 무너진다. 따라서 아리스토텔레스의 규칙에 다음을 덧붙이고자 한다.

T는 NT이다.
NT는 T이다.

모든 것이 T이고 NT이다 (이 둘은 연속적인 과정에서 흐르고 합쳐지며 결국 하나이다).
모든 것이 T도 아니고 NT도 아니다 (모든 것을 이루는 바탕은 알지 못하며 따라서 T나 NT, 다른 어떤 방식으로도 규정하지 못한다).

만일 이들을 원래 "T는 NT가 아니다. 모든 것이 T이거나 NT이다."와 합치고 T와 NT가 사물에 대한 이름이라고 하면 완벽한 자기모순이 발생한다. 하지만 이러한 원리들 전체에서 T와 NT는 사물에 대한 이름이 아니라고 봐야 한다. 오히려 이런 말들은 슬기로운 정신 지각을 돕는다고 할 수 있다. 따라서 매번 어떤 내용이 사고(기억 반응)에서 생기고 어떤 내용이 이와 독립된 실재에서 생기는지 가려내는 일이 중요하다. 그렇다고 특정 내용에 T나 NT라는 고정된 이름을 붙이기는 힘들다. 사고와 독립된 실재란 결국 알 수 없는 미지의 무엇이기 때문이다. 오히려 늘 변하는 전체와 함께 사고에서 (기억 반응처럼 알 수 있는 영역에서) 생긴 내용을 인식하면, 그렇지 않은 내용

3장 ― 과정으로 본 실재와 지식

은 사고와 독립되어 생긴다고 할 수 있다.

여기서 기억 반응에서 생긴 그 무엇도 놓치지 말고 인식하는 일이 정말 중요하다. 다시 말해 사고에서 생긴 것을 독립된 실재로 잘못 보는 '긍정' 사례는 큰 문제가 아니다. 오히려 문제는 사고에서 생긴 어떤 움직임을 놓치고 이를 자기도 모르게 비사고에서 생겼다고 보는 '부정' 사례이다. 이렇게 하면 실제로 단일한 사고 과정이 둘로 쪼개졌다고 보게 된다(물론 의식하지 못한 채). 이렇게 사고 과정을 자기도 모르게 조각내면 모든 지각도 왜곡된다.

곧 기억 반응을 이와 독립된 실재로 여긴다면, 이 '독립된 실재'에 대해 처음보다 관련이 덜한 생각이 피드백된다. 이러한 생각은 더욱 관련 없는 기억 반응을 만들어 내고 이것이 '독립된 실재'에 더해지는 과정이 반복되면서 이를 벗어나기란 매우 힘들어진다. 결국 이러한 피드백(앞서 사고를 라디오 수신기에 비유하며 말한 피드백)은 정신 활동 전체를 혼란에 빠트리기 쉽다.

5. 과정으로 본 지식

감각에 닿는 사물을 다루는 일상 경험에서 슬기로운 지각이 함께 하면 사고에서 생겨난 부분 전체를 분명히 가려낼 수 있다(또한 이로써 사고와 독립된 부분 전체도). 반면에 전체를 대상으로 분명히 사고하기는 훨씬 어렵다. 때로 이런 생각은 매우 강렬하게 이어져 실재에 대해 깊은 인상을 남기는데, 그런 생각을 확인할 수 있는 감각에 닿는 '사물'이 없기 때문에 전체를 대상으로 사고하기는 어려운 것이다. 따라서 실제 사고 과정에 주의하지 않으면, 제한된 기억 반응으로 밀려나기 쉽다. 그러면 기억 반응이 그저 자기 생각이자 '실재 전체'에 대한 관점임을 놓치게 된다. 따라서 그런 생각이 사고와 관련 없이 생기며 그 내용이 정말로 실재 전체라는 착각에 저절로 빠지게 된다.

그런 다음 모든 곳에서 자기 생각에 따른 전체 질서는 변하지 않으며, 이것이 일어나거나 생각할 수 있는 전부라고 확신하게 된다. 이는 '실재 전체'에 대한 지식이 고정되어, 마찬가지로 고정된 실재 전체를 반영하고 나타낸다는 뜻이다. 그러한 태도는 분명한 지각을 위한 자유로운 정신 활동을 가로막기 쉬우며, 경험 전체를 왜곡하고 혼동에 빠뜨린다.

앞서 지적대로 전체를 대상으로 한 사고는 시와 같은 예술 양식으로 보아야 한다. 이는 '모든 것이 어떠한지' 반영해 전달한다기보다 새로운 지각과 이에 따른 행동을 돕는다. (앞으로 창작될 시를 쓸모없게 만들) 마지막 시가 있지 않듯이 그러한 사고에도 마지막이란 없다.

전체에 대한 사고방식에도 실재와의 접촉을 바라보는 방식이 담겨 있으며 그러한 접촉에서 어떻게 행동할지를 알려주기도 한다. 하지만 그런 방식에는 한계가 있다. 어느 정도까지는 전체 질서와 어울리지만 이를 넘어서면 관련이 없거나 맞지 않게 된다(2장에서 진리가 하는 일과 비교하라). 결국 어떤 특정 전체 개념에 기초한 사고도 실제로는 그 형식과 내용이 모두 변화하는 과정으로 보아야 한다. 이러한 실제 흐름을 주의하고 인식해 제대로된 사고를 진행한다면 그 내용을 사고와 무관한, 끝까지 고정된 실재로 보는 습관에 저절로 빠져드는 일은 없을 것이다.

또한 사고의 본질에 대한 이런 말도 전체 생성 과정의 일부일 뿐이다. 이는 마음속 어떤 운동 질서와, 그러한 운동과 조화를 이루는 데 필요한 마음가짐을 알려준다. 따라서 아무 것도 확정되지 않으며, 어디로 가게 될지도 모른다. 그러한 과정을 진행하면서 우리는 사고 질서의 근본이 변화할 수 있는 길을 열어두어야 한다. 변화는 참신하고 창조적인 통찰 행위에서 생기며 이는 질서 있는 사고 활동에도 필요하다. 다시 말해 지식을 전체 흐름을 이루는 일부로 보아야 조화롭고 질서 있는 삶에 다가갈 수 있다는 것이다. 반면 지식을 과정으로 보지 않고 그 밖의 실재와 분리해 생각하면, 조각나고 고정된 관점에 이른다.

여기서 전체에 대한 어떤 생각을 화이트헤드나 다른 사람의 견해로 못박아 버리는 일은, 지식을 전체 과정을 이루는 일부로 보는 관점과 충돌한다. 정말 화이트헤드의 생각을 받아들인다면 이를 지식을 만드는 과정의 출발점 정도로 삼아야 한다(그는 '지식이라는 흐름'에서 한참 나아갔다고 할 수 있다). 이 과정에서 어떤 측면은 천천히 다른 측면은 재빨리 변하겠지만 절대 고정된 측면은 없다는 점을 염두에 두자. 천천히 또는 재빨리 변하는 측면을 그때그때 가려내려면 슬기로운 지각이 필요하다. 이는 '있는 것 모두'에 대한 관념을 창조하는 '예술 양식'에서도 마찬가지이다.

그리고 여기서 매우 조심하고 주의해야 할 것은, 우리는 곧잘 논의 내용을 특정 개념이나 인상으로 못 박고 이것을 마치 사고와 동떨어진 '사물'처럼 이야기한다는 점이다. 그리고 이 '사물'은 단지 사고 과정, 곧 기억 반응이자 (자신이나 다른 사람) 마음에 남은 옛 지각의 잔존이라는 사실을 간과한다. 얄궂게도 우리 사고에서 생긴 무엇을 마치 사고와 동떨어진 실재로 착각하는 함정에 빠지고 만다.

이러한 함정에서 빠져나오려면 지식이 지금 현재 (곧 이 방에서) 일어나고 있는 생생한 과정임을 깨달아야 한다. 그 과정이 곁에서 바라본 지식 활동만을 뜻하는 것은 아니다. 우리는 실제로 지식 활동에 참여하고 있으며 정말로 그렇다고 알고 있다. 다시 말해 이것이 우리 모두에게 진정한 실재, 관찰하고 주목할 수 있는 실재인 것이다.

그렇다면 핵심 문제는 "지식이 실제로 늘 변화하고 흐르는 과정임을 인식할 수 있는가"이다. 이를 염두에 두고 생각한다면 사고에서 생긴 무엇을 사고와 동떨어진 실재로 착각하지 않게 된다. 그러면 전체에 대한 생각도, 그러한 생각이 원래 빠지기 쉬운 혼동에 빠지지 않는다. 또한 '실재 전체'가 무엇인지를 한꺼번에 규정하려 들거나 사고 내용을 사고와 무관한 실재 전체 질서와 착각하는 일은 없을 것이다.

4장

양자론과 숨은 변수

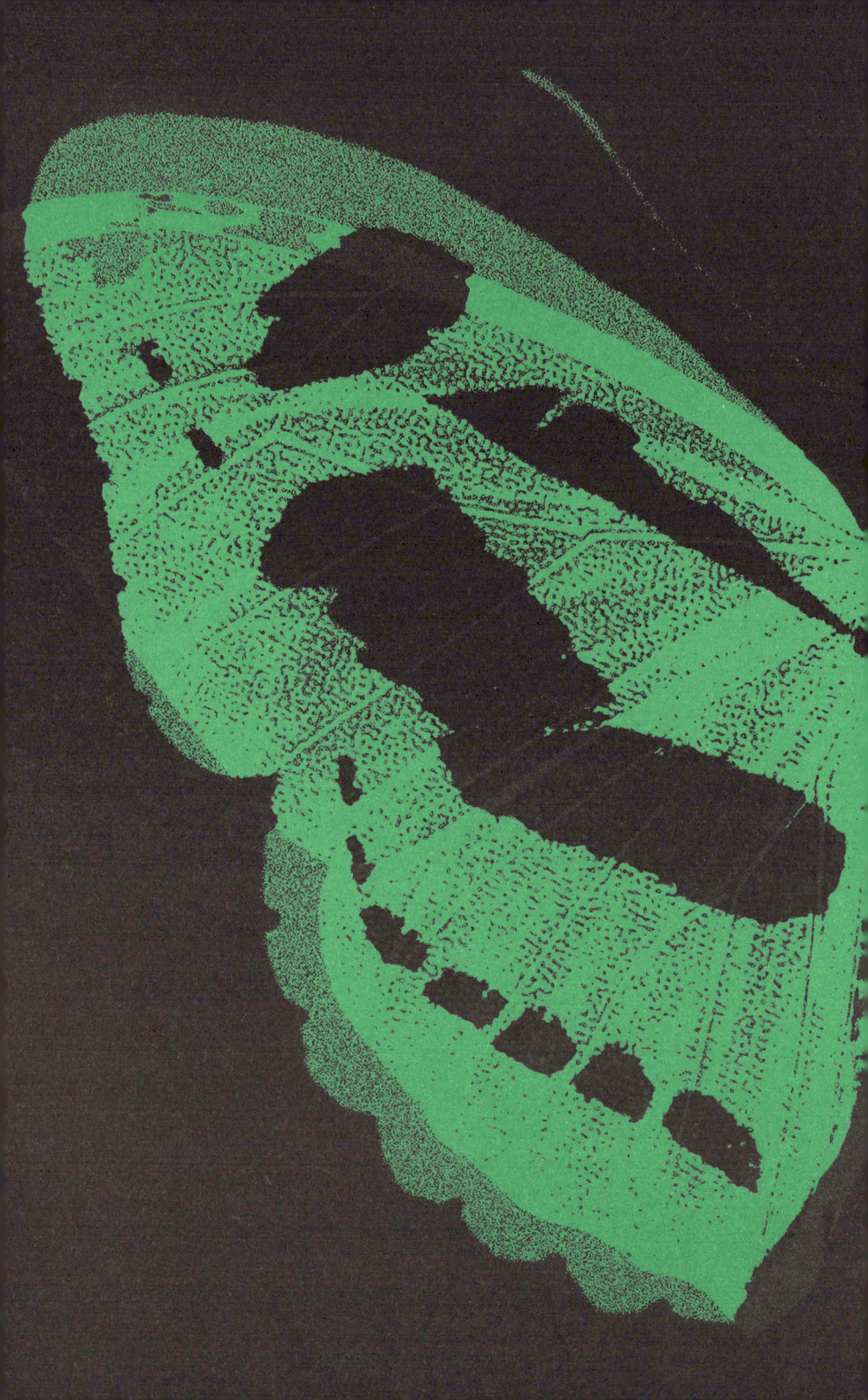

"양자론에는 숨은 변수가 존재하는가"라는 논의는 이미 오래 전 존재하지 않는다는 방향으로 결론이 났다. 그래서인지 현대 물리학자 대부분은 이 질문을 눈여겨보지 않는다. 하지만 지난 몇 년간 나를 비롯한 몇몇 물리학자들이 새로운 관점에서 숨은 변수 문제를 다시 들고 나왔다.[1] 여기서는 이 접근이 지금까지 이룬 성과를 간단히 살펴보고, 숨은 변수에 관한 이론이 현재 나아가고 있는 방향을 보여 줄 것이다.

먼저 숨은 변수 이론이 어째서 새로운 물리 문제, 특히 극미 영역(10~13cm 이하)이나 고에너지 영역(109eV 이상)에서 생기는 문제를 다루기에 적합한 이론인지 살펴보겠다. 이어 숨은 변수 개념에 대한 주요 반론들, 곧 하이젠베르크의 불확정성 관계 때문에 생기는 난점, 작용 양자화 문제, EPR 역설, 그리고 숨은 변수는 불가능하다는 폰 노이만 주장에 답하겠다.

1. 양자론에 두드러진 특징

숨은 변수 이론이 어떻게 나왔는지 알려면 먼저 양자론의 주요 특징을 알아야 한다. 양자론에도 여러 가지 형식이 있고 (하이젠베르크, 슈뢰딩거, 디락, 폰 노이만, 보어에 따른 형식) 그 해석 또한 분분하지만[2] 이들 모두 다음과 같은 가정을 한다.

1. 양자론의 근본 법칙은 선형 방정식을 만족하는 파동함수(보통 다차원)를 써서 표현할 수 있다(따라서 해를 선형으로 중첩시킬 수 있다).
2. 모든 물리 결과는 에르미트 연산자 Hermitian operator가 나타내는 (실제로 관찰되는 수치인) '가관측량 observables'을 써서 계산할 수 있다. 이 연산자는 파동함수에 선형으로 작용한다.
3. 어떤 가관측량은 파동함수가 해당 연산자에 대한 고유함수 eigenfunction일 때만 (뚜렷하게) 확정된다.
4. 파동함수가 이 연산자에 대한 고유함수가 아니면 해당 가관측량은 측정 전에 확정되지 않는다. 동일한 파동함수로 나타내는 계 모음 ensemble을 여러 번 측정하면 그 결과는 여러 값에 걸쳐 마

구잡이로 (법칙 없이) 요동한다.
5. 파동함수는 다음과 같다.

$$\psi = \sum_n C_n \psi_n$$

여기서 ψ_n는 n번째 고유값에 해당하는 연산자 고유함수이다. 그러면 어떤 측정에서 n번째 고유값을 얻을 확률은 $P_n = |C_n|^2$이다.
6. 고전역학에서 동시에 확정되는 변수인 많은 연산자들(p나 x와 같은)은 맞바꾸지 못한다 non-commutative. 따라서 어떤 물리 문제에서 유의미한 모든 연산자들에 대해 동시에 고유함수가 되는 파동함수는 없다. 이는 물리적으로 의미 있는 가관측량 모두를 동시에 결정하지 못한다는 뜻이다. 더 나아가 이렇게 결정되지 않는 양들은 동일한 파동함수로 나타내는 모음을 측정하면 어떤 법칙 없이 (마구잡이로) 요동한다.

2. 양자론이 보여주는 결정론의 한계

앞서 우리는 양자론에서 개별 측정 결과를 결정하는 데 한계가 있음을 알아 보았다. 이 한계는 물질의 양자 성질을 이용한 측정에 항상 따라다닌다. 예를 들어 방사성 원자단에서 핵 하나가 붕괴하면 가이거 계수관의 딸깍 소리에서 따로따로 검출할 수 있다. 이 문제를 양자역학으로 살펴보면 붕괴한 쪽을 측정하는 연산자와 붕괴하지 않은 쪽의 연산자는 맞바꾸지 못한다. 따라서 파동함수가 동일한 붕괴하지 않은 핵모음을 놓고 시작해도 개별 핵은 예측 불가한 시간에 붕괴한다. 이 시간은 원자핵마다 마구잡이로 변하며 다만 어느 시간 동안 몇 번 붕괴하는지 그 평균을 파동함수로 대충 예측할 따름이다. 이 예측을 실험과 비교하면 가이거 계수관에서 나는 소리는 비록 마구잡이로 분포하지만 평균적으로는 양자론에서 유도되는 확률 법칙을 따름을 알 수 있다.

3. 양자 비결정론을 해석하기

양자 이론은 광범위한 영역에서 실험과 일치한다(위에서 다룬 문제도 특수하지만 흔한 경우다). 양자역학의 비결정성은 원자나 원자핵에서 물질의 실제 행동을 반영한다고 할 수 있다. 여기서 우리는 비결정론을 어떻게 해석해야 하는가라는 문제에 직면한다.

고민을 분명히 하기 위해 비슷한 문제를 생각해 보자. 보험 회사는 통계 법칙에 기초해 운영된다. 이 법칙에 따라 일정 기간 동안 세분화된 나이, 키, 몸무게 집단에서 어떤 병으로 죽는 사람 수를 높은 정밀도로 예측할 수 있다. 하지만 보험 계약자 각각이 죽는 시간은 정확히 예측하지 못한다. 이는 마구잡이며 보험 회사가 수집한 자료와 법칙 관계에 있지 않다. 그런데도 통계 법칙은 각 계약자가 죽는 때를 더 정확히 결정해 줄 개별 법칙과 함께 작용할 수 있다(예를 들어 어떤 남자가 특정 시간에 길을 건너다 차에 치이거나, 허약한 상태에서 병원균에 노출되기도 한다). 곧 같은 결과(죽음)가 서로 독립적인 여러 원인으로 인해 생기고 이러한 원인들이 적당히 분포하면 큰 집단에서는 통계 법칙이 성립한다.

지금 생각은 상당히 중요하다. 다른 예로 의학 연구에서 통계 법칙이 있다고 해서 개별 법칙을 찾지 말라는 법은 없다(그 사람이 왜 그 시점에 죽었는가를 찾아내는 것처럼).

마찬가지로 물리학에서 꽃가루나 연기 입자는 어떤 통계 법칙에 따른 마구잡이 운동(브라운 운동)을 하지만 이는 더 미세한 개별 법칙에 따라 무수히 작은 분자들과 충돌한 결과이다. 통계 법칙은 더 미세한 개별 법칙과 서로 모순되지 않는다. 보험 통계처럼 브라운 입자 운동 또한 서로 독립적인 수많은 요인에 의해 결정된다. 더 일반적으로 말해 특정 통계 법칙에 따르면 법칙이 없는 듯 보이는 개별 움직임에도 더 미세한 개별 법칙이 작용하고 있을 수 있다.

지금까지 논의를 대충만 살펴봐도 한 가설을 생각해볼 수 있다. 양자역학의 관점에서 개별 측정 결과란 양자 맥락의 밖에 있는 다양한 새로운 요인으로 결정될 수 있다. 이러한 요인은 수학적으로는 새로운 변수로 나타나며 아양자sub-quantum-mechanical 수준의 새로운 개별 법칙을 기술할 수 있다. 그러한 수준과 법칙은 자연을 새롭게 바라보는 방식이지만 현재로서는 '숨어 있다.' 하지만 다르게 보면 브라운 운동이나 거시 수준의 규칙성을 설명하려고 가정한 원자도 원래는 '숨어' 있었다. 그러다 개별 원자의 성질에 반응하는 실험(가이거 계수관이나 윌슨의 안개상자)으로 인해 나중에야 그 모습을 드러냈다. 원자 수준 실험이 거시 수준의 실험(온도나 압력 측정처럼)과 달랐

듯이 아양자 수준의 변수를 밝히려면 현재와 다른 실험을 고안해야 한다.

하지만 잘 알려진 대로 현대 이론물리학자 대부분은 이 제안을 거부한다.[3] 그것은 양자론의 통계 법칙이 개별 법칙과는 모순된다고 생각하기 때문이다. 다시 말해 어떤 통계 법칙은 더 넓은 범위에 걸친 개별 법칙과 모순되지 않는다고 인정하면서도 양자역학만큼은 이런 개별 법칙으로 보기 어렵다고 생각한다. 따라서 양자론에서 통계는 법칙으로 환원하지 못하는 개별 현상에 대한 것이 되었다. 이때 모든 개별 법칙(예를 들어 고전역학)이 양자론 확률 법칙의 특수한 경우로, 다수의 분자로 이루어진 거시 세계에만 타당하다고 본다.

4. 양자 비결정론은 법칙으로 환원하지 못한다는 해석을 뒷받침하는 논거들

이제 양자 비결정론은 법칙으로 환원하지 못한다는 결론을 뒷받침하는 주요 논거를 살펴보자.

| 하이젠베르크 불확정성 원리 |

하이젠베르크 불확정성 원리에서 논의를 시작하자. 하이젠베르크는 물리적 변수 값이 (고전역학이 말하는 대로) 뚜렷하게 규정된다 해도 이들 모두를 동시에 측정하지는 못한다는 사실을 보였다. 그것은 측정 기구와 대상이 상호작용하면서 제멋대로 요동하는 미분 양자를 교환하기 때문이다. 예를 들어 어떤 입자 좌표 x와 관련 운동량 p를 측정하면 입자는 교란된다. 두 값이 동시에 결정되는 최대 정도는 유명한 식 로 주어진다. 따라서 전자 하나하나의 움직임을 정확히 결정하는 아양자 법칙이 있다 해도 이를 측정해 검증할 방법이 없다. 여기서 아양자는 실험 내용이 없는 형이상학적인 개념이라는 결론을 얻는다. 하이젠베르크는 물리 법칙을 만들 때 그러한 개념을 가능한 적게 쓰는 것이 바람직하다고 생각했는데, 이는 아양자 개념이 예측에 도움이 되지 않고 오히려 이론을 쓸데없이 복잡하게 만든다고 생각했기 때문이다.

| 숨은 변수에 대한 폰 노이만의 반론 |

다음으로 숨은 변수에 대한 폰 노이만의 반론을 간단히 살펴보자.

앞서 다음을 설명했다. 파동함수의 물리량이라면 모두 분산된 (통계 요동이 없는) 상태를 갖는다. 예를 들어 어떤 변수(p라 하자)가 명백히 규정되면, 켤레변수(x)는 넓은 범위에 걸쳐 요동한다. 이러한 상태에 존재하는 숨은 변수는 매번 x가 어떻게 요동할지 결정한다고 해보자. 물론 숨은 변수 값을 결정하지 않아도 x를 측정한 통계모음은 여전히 양자론이 예측하는 대로 요동한다. 그럼에도 특정 x값 하나하나는 어떤 숨은 변수 값들에 대응한다. 따라서 전체 모음은 따로따로 분명히 규정된 부분들의 모음 sub-ensembles (부분모음)으로 이루어져 있다고 할 수 있다.

그런데 폰 노이만은 그렇게 따로따로 분명히 규정된 부분모음은 양자론의 주요 특징들과 모순된다고 주장했다. 그것은 서로 다른 x값에 해당하는 파동함수 부분들끼리의 간섭과 연관되어 있다. 이 간섭을 보이려면 x를 측정하지 말고 대신 다른 측정을 해야 하는데 이로써 결정되는 가관측량은 넓은 지역에 걸친 파동함수 모양에 따라 변한다. 예를 들어 입자를 격자 사이로 보내면서 회절 무늬를 측정한다고 하자(실제로 폰 노이만[4]은 맞바꾸지 못하는 연산자들을 합한 가관측량을 논했다. 간섭 실험은 가관측량의 실례로, 최종 결과는 관측계에 대한 위치와 운동량 연산자의 복소합이다).

잘 아는 대로 이 실험에서는 여전히 통계 간섭무늬가 생긴다. 입자를 장치에 보낼 때 간격을 두어 하나씩 따로따로 보내도 마찬가지이다. 반면 그러한 입자 모음 전체를, 격자 위에 입사하는 위치 x에 따른 부분모음들로 나눈다고 해보자. 그러면 각 부분모음이 보이는 통계적인 행동은 그 점의 델타 함수로 나타낼 수 있다. 따라서 각 부분모음은 격자 위 다른 부분과 간섭하지 않는다. 또한 전자는 하나씩 따로 입사하기 때문에 위치가 다른 부분모음들끼리도 서로 간섭하지 않는다. 따라서 숨은 변수 개념은 물질의 간섭 성질과 모순임을 보일 수 있다. 반면 간섭은 실험으로 관측될 뿐 아니라 양자론의 필연적인 결과이다.

폰 노이만은 지금까지 주장을 더 확장하고 다듬었지만 결국 같은 결론에 도달했다. 다시 말해 측정하기 전의 개별 측정 결과를 양자론보다 더 자세히 결정해 줄 그 무엇도 (가설로 제시한 숨은 변수 또한) 모순이라고 생각했다.

| 아인슈타인 - 로젠 - 포돌스키 역설(EPR 역설) |

숨은 변수에 대한 세 번째 반론은 아인슈타인 등이 고안한 역설과 밀접한 관련이 있다.[5] 한때 그들은 '불확정성 원리'를, 측정 과정에서 예측이나 통제가 되지 않는 교란이 발생한다는 '사실'로만 이해했다. 반면 아인슈타인과 로젠, 그리고 포돌스키가 제안한 사고실험에서는 하이젠베르크 원리를 이렇게 해석하기 어렵다.

이 실험을 간단히 해 전체 스핀이 0인 분자를 생각해 보자.[6] 이 분자는 스핀이 $\hbar/2$인 원자 둘로 이루어져 있다. 분자를 각 원자 스핀을 바꾸지 않고 붕괴시키면 전체 스핀은 계속 0이고 두 원자가 뿔뿔이 흩어져 서로 작용하지 않아도 0이다. 이제 어느 한 원자(A라고 하자)에 대해 한쪽 방향 스핀을 측정한다고 하자. 여기서 전체 스핀은 0이기 때문에 다른 원자(B)는 같은 방향 스핀이 이와 정반대임을 바로 알 수 있다. 따라서 원자 A의 어떤 방향 스핀을 측정하면 원자 B와 아무런 작용 없이도 B의 같은 방향 스핀을 얻을 수 있다.

만일 이것이 고전계였다면 이를 이해하기 어렵지 않다. 각 원자는 어느 방향으로도 그 스핀이 항상 확정되어 있고 다른 원자의 같은 방향 스핀과 반대이다. 따라서 두 스핀이 상관관계에 있기 때문에 원자 A의 스핀을 측정하면 원자 B의 스핀을 알 수 있다.

하지만 양자론에서는 어느 순간 한쪽 방향 스핀만이 확정되며 다른 두 방향 스핀은 마구잡이로 요동한다. 물론 관측한 원자 A는 이러한 측정 기구 때문에 생긴 교란이라고 말할 수도 있다. 하지만 원자 B는 원자 A나 측정 기구와 상호작용하지 않는데 자기 스핀이 어느 방향으로 요동할지 어떻게 아는가? 이 문제가 더 까다로운 이유는 원자가 멀어지는 동안 측정 기구 방향을 마음대로 바꾸어 원자 A의 다른 방향 스핀을 측정할 수 있기 때문이다. 이러한 변화는 어떻게든 원자 B에 '즉시' 전달되고 원자 B는 여기에 반응한다. 이는 어떤 물리적 영향도 빛보다 빨리 전파되지 못한다는 상대론의 기본 원리와 모순된다.

이 현상은 불확정성 원리가 오로지 측정 장치 때문에 생긴 교란 효과만을 의미하는 것이 아님을 보여준다. 또한 물질의 양자 성질을 숨은 변수 수준의 더 세밀한 개별 법칙으로 이해하기도 쉽지 않다.

물론 숨은 변수가 있다면 원자 A와 원자 B 사이 또는 원자 A와 원자 B의 스핀을 측정하는 기구 사이에 숨은 작용이 있을지 모른다. 양자론에서 고려하지 않았던 상호작용은 어떻게 원자 B가 원자 A에서 측정되는 성질을 아는지 설명할 수도 있다. 하지만 원자가 멀어지는 동안 측정 기구 방향이 바뀌면 여전히 상관관계를 설명하기 어렵다. 이를 설명하려면 상호작용이 공간 속에서 빛보다 빠르게 전파된다고 가정해야 한다. 따라서 숨은 변수 이론을 받아들이려면 이런 문제를 어떻게든 해결해야 한다.

5. EPR 역설을 해결한 보어 - 나누지 못하는 물리 과정

보어는 EPR 역설을 해결하기 위해 양자 비결정론을 유지하면서 자연에는 법칙으로 환원하지 못하는 과정이 있다는 견해를 유지했다.[7] 그리고 양자 불가분성(양자 하나는 나누지 못한다)을 근거로 내세웠다. 보어는 양자 영역에서는 고전 이론처럼 계를 상호작용하는 부분으로 나누지 못한다고 말했다. 두 입자가 결합해 (잠시만이라도) 하나의 계를 이루었다면, 이 과정은 더 이상 나눌 수 없다는 말이다. 따라서 특정 시공간을 차지하는 여러 부분들로 물리과정이 얼마든지 나뉜다는 통념은 무너진다. 다만 양자를 여럿 포함하는 고전 영역만큼은 불가분성 효과를 무시할 수 있고 물리 과정을 더 세부적으로 나눈다는 일상 관념을 적용할 수 있다는 것이다.

양자 영역에서 나타나는 물리 성질을 다루기 위해 보어는 곧바로 관측가능한 고전 수준에서 출발해야 한다고 제안했다. 이 수준에서 일어나는 여러 사건은 이를 무한정 나눌 수 있다는 일상 관념으로도 충분히 기술할 수 있다. 이 사건에서는 뉴턴의 운동 법칙과 같은 확정된 법칙을 적용하여 어느 시점에서 사건의 특성을 알면 미래 경과도 예측할 수 있다.

이제부터가 중요하다. 고전 법칙에 따른 실험이 의미를 지니려면 주어진 계와 관련된 모든 부분 각각의 운동량과 위치를 결정할 수 있어야 한다. 그렇게 하려면 주어진 계를 어떤 장치와 연결한 뒤 여기서 나온 결과가 계 상태와 상관관계에 있어야 한다. 하지만 관찰 장치를 보고 계의 상태를 알려면, 관찰 장치와 계를 적절한 개념 분석을 거쳐 구분해내야 한다. 하지만 양자 영역에서는 그러한 구분을 제대로 하기 힘들다. 따라서 이전까지 결합된 계로 간주한 것을 이제는 둘로 나누지 못하는 실험 상황 전체로 보아야 한다. 전체 실험 장치를 움직여 알 수 있는 대상은 관측하려던 계가 아니라 오히려 그 장치를 포함하는 전체이다.

이렇게 측정의 의미를 논했는데 하이젠베르크의 불확정성 관계도 마찬가지로 해석할 수 있다. 이론상의 간단한 분석이 보여주듯이 맞바꾸지 못하는 두 관측량은 파동함수 하나로 확정되지 않는다. 실험에서도 마찬가지로 두 변수를 결정하는 장치를 동시에 작동시키지 못하는 상황이 벌어진다. 따라서 두 연산자를 맞바꾸지 못한다는 말은 두 물리량을 결정하기 위한 실험 장치를 동시에 작동시키지 못한다는 뜻이다.

고전 영역에서는 바른켤레인 변수쌍이 동시에 결정된다. 변수쌍의 각 변수는 전체 계의 중요한 단면을 보여준다. 이 면과 다른 측면을 합치면 계의 물리 상태를 애매함 없이 하나로 결정할 수 있다. 하지만 양자 영역에서 하는 실험에서는 한 변수가 보다 정확히 결정되면 다른 변수의 정확도는 떨어진다. 어떻게 보면 변수 각각이 다른 변수와 충돌한다고 할 수 있다. 그럼에도 둘은 여전히 상보complementary 관계에 있는데, 각각은 다른 변수가 놓치는 계의 측면을 기술하기 때문이다. 따라서 두 변수는 계속 함께 써야 하지만 각각은 하이젠베르크 원리 때문에 정확도가 제한된다. 따라서 그러한 변수들 때문에 양자 영역에서는 애매함 없는 물질 개념이 성립하지 않는다. 그러한 개념은 고전 영역에서만 근사치로 성립할 뿐이다.

만일 양자 영역에서 확정된 물질 개념이 없다면 양자론은 어떤 의미가 있는가? 보어가 생각하는 양자론은 고전역학의 '일반화'에 지나지 않는다. 고전역학 수준에서 관측되는 현상은 이제 뉴턴 방정식이 아닌 양자론에 의해 설명된다. 다시 말해 얼마든지 자세히 분석할 수 있는 현상을 다루는 확정된 법칙이 아닌 나눌 수 없는 현상을 다루는 통계 법칙을 써야 한다. 고전과 양자 이론 모두에서 같은 개념(위치나 운동량 같이)이 나타나고 이들 개념이 실험 내용을 획득하는 방식도 같아 관련 실험 장치를 놓고 관찰할 거시 현상을 보면 된다. 고전 이론과 양자론의 유일한 차이라 하면 개념을 연결시키는 법칙이 다르다는 점이다.

  보어 해석에 따르면 양자 영역에서는 아무것도 측정되지 않는다. 사실 보어는 측정할 무엇이 양자 영역에는 있다고 보지 않는다. 측정 결과를 해석하고 기술하고 생각하는 데 필요한 애매하지 않은 개념 모두는 고전 영역에만 존재하기 때문이다. 따라서 그 전에 측정 때문에 생긴 교란을 말하지 못한다. 양자 영역에서는 교란될 무엇이 있다고 하는 가정 자체가 무의미한 것이다.

  이제 EPR 역설은 생기지 않는다. 원래 결합 상태에 있다가 붕괴되고 스핀 측정 장치에서 교란되는 분자란 의미 없는 개념이다. 그런 개념은 단지 실험 장치 전체를 묘사하기에 편리한 용어 정도로 보아야 한다. 실제로 관측 대상은 상관관계에 있는 한 쌍의 고전적인 사건에 지나지 않는다(예를 들어 서로 맞은 편의 같은 방향 스핀 측정 장치가 항상 정반대의 결과를 나타내듯).

  이렇게 두 사건이 일어날 확률만을 계산하면 앞서 말한 역설은 생기지 않는다. 그러한 계산에서 파동함수는 단지 수학 기호로 이를 어떤 기법에 따라 처리하면 고전 사건들 사이에 올바른 관계를 계산할 수 있지만 그 밖에 다른 의미는 전혀 없다.

보어 관점에서 양자 비결정론은 법칙으로 환원되지 않는다. 전체 실험 장치는 나누지 못하고 따라서 하이젠베르크 관계보다 더 정확하고 자세히 인과 관계를 말해줄 개념 장치는 없게 된다. 이러한 특징은 눈에 보이는 개별 현상이 어떤 법칙 없이 마구잡이로 움직이는 과정에서 드러난다. 물론 이러한 움직임도 여전히 양자론의 통계 법칙을 따른다. 보어가 숨은 변수를 거부한 이유는 물리 이론의 의미를 아주 새롭게 바라보았기 때문이며 이는 양자 불가분성을 근본으로 삼은 데서 나온 결과였다.

6. 숨은 변수로 해석한 양자론

여기서는 양자론을 숨은 변수로 새롭게 해석하려는 시도들을 살펴본다. 우선 이러한 시도들이 아직은 준비 단계에 있음을 인정한다. 그럼에도 이를 검토하는 목적은 두 가지이다. 먼저 앞서 요약한 숨은 변수 이론에 대한 비판에 답하는 의미로 숨은 변수의 의의를 알기 쉽게 설명하겠다. 그리고 앞으로 논의할 더 발전된 이론으로 나아가는 출발점으로 삼겠다.

양자론을 숨은 변수로 해석하려는 시도는 본인이 시작이었다.[8] 드 브로이가 내놓은 생각[9]을 확장하고 발전시킨 이 해석은, 이후 나와 비지에르의 공동 작업으로 이어졌다.[10] 이 작업을 좀 더 발전시킨 지

금의 해석은 다음과 같은 몇몇 특징으로 요약된다.[11]

1. 파동함수 Ψ는 단지 수학 기호가 아니라 실재하는 대상인 장field을 나타낸다고 가정한다.
2. 이러한 장 말고도 수식으로는 좌표로 표현되는 입자가 존재한다. 이 좌표는 항상 확정되고 일정한 방식으로 변화한다.
3. 이 입자의 속도는 다음과 같다고 가정한다.

$$\vec{v} = \frac{\nabla S}{m} \qquad (1)$$

여기서 m은 입자 질량, S는 위상함수로, 파동함수를 로 써서 얻는다. R과 S는 실수이다.

4. 입자는 고전 퍼텐셜 $V(x)$만이 아닌 다음과 같은 양자 퍼텐셜의 영향도 받는다고 가정한다.

$$U = -\frac{\hbar^2}{2m}\frac{\nabla^2 R}{R} \qquad (2)$$

5. 마지막으로 장 Ψ는 마구잡이로 급속히 요동한다고 가정한다. 실제로 양자론에 쓰이는 Ψ값은 특정 시간 간격 τ에 걸친 평균이다 (이 시간 간격은 요동의 평균 주기보다는 길고 양자역학 과정의 평균 주기보다는 짧아야 한다). 장 요동은 아양자 수준에서 생겨났다고 볼 수 있다. 작은 액체 방울이 브라운 운동을 할 때 그 요동이 그

아래 원자 수준에서 생겨난 것과 비슷하다. 뉴턴 법칙이 그러한 방울의 평균 운동을 결정하듯, 슈뢰딩거 방정식은 장 Ψ의 평균 운동을 결정한다.

이 가정을 통해 중요한 정리를 증명할 수 있다. 식 (1)에서 보듯이 장의 요동은 마찬가지로 요동하는 양자 퍼텐셜 (2)에 의해 입자에 전달된다. 따라서 입자는 일정한 궤적이 아닌 브라운 운동과 같은 경로를 따른다. 이 경로에서 특성 시간 간격 τ 동안 장 요동에 대해 식 (1)을 평균한 속도를 구할 수 있다. 다른 곳에서 자세히 설명했지만[12] 장 요동에 대해 매우 일반적이고 자연스런 가정을 하면, 입자가 부피 요소 dV에 머무르는 시간 비율은 다음과 같다.

$$P = |\psi|^2 \, dV \qquad (3)$$

따라서 장 Ψ는 식 (1)에서는 운동을 (2)에서는 양자 퍼텐셜을 결정한다고 볼 수 있다. 장 Ψ의 요동에 대한 어떤 확률을 가정하면 확률밀도에 대한 보통의 식을 유도할 수 있다.

다른 곳에서 보인 대로[13] 이 이론은 양자론의 일반적인 기존 해석과 동일한 물리적 결과를 예측한다. 물론 우리 이론은 더 깊은 수준의 개별 법칙이 존재한다고 가정한다.

두 해석이 어떻게 다른지 알기 위해 간섭 실험을 살펴 보자. 여기서는 운동량이 확정된 전자를 격자에 쏜다. 파동함수 Ψ는 어느 정도

정해진 방향으로 회절하며, 격자를 통과한 전자들의 통계모음에서 간섭무늬를 얻는다.

기존 해석에서는 이 과정을 더 자세히 분석하지 못한다. 또한 개별 전자가 도착하는 지점을 도착 전에 숨은 변수를 이용해 결정하지 못한다. 하지만 나는 이 과정을 새 개념 장치를 써서 분석할 수 있다고 믿는다. 앞서 가정대로 우리 모형에서 입자는 마구잡이로 운동하지만 확정된 궤도를 따른다. 입자는 마구잡이로 운동하는 장의 영향을 받으며 실재하는 이 장의 평균값을 구하면 슈뢰딩거 방정식을 만족한다. 또한 장은 격자를 지날 때 전자기장과 같은 다른 장처럼 회절한다. 따라서 강도 분포와 격자 구조에 따른 간섭무늬가 생긴다. 또 장은 아양자 수준에 있는 숨은 변수의 영향을 받는다. 이에 따라 슈뢰딩거 방정식을 통해 구한 평균값 주위에서 장이 어떻게 요동할지 결정할 수 있다. 결국 각 입자의 도착점은 여러 요인을 함께 고려해 결정해야 한다. 처음 입자의 위치, 장의 처음 분포, 격자에서 장의 변화, 아양자의 영향에 따른 마구잡이 변화가 고려할 요인들이다. 다만 처음 파동함수의 평균값이 같은 통계모음이라면 장이 요동해도 기존 해석이 예측하는 간섭무늬가 생긴다.[14]

여기서 폰 노이만의 주장(4. 2절)과 반대되는 결과를 얻을 수 있는 이유는 무엇일까. 그것은 폰 노이만이 필요 없는 제한된 가정을 했기 때문이다. 그 내용은 격자에서 (숨은 변수에 의해 이미 결정된) 특정 위치에 입사된 입자는 어떤 부분모음에 속하며, 실제로 그 위치 x는 이미 측정한 입자 모음과 통계적 성질이 같다는 가정이다(따라서 그 함수는 위치에 대한 델타 함수). 알다시피 격자를 지나는 전자의 위치가 결정되면 어떠한 간섭도 얻지 못한다(측정에 의한 교란 때문에 계는 델타 함수로 표현된 서로 간섭하지 않는 모음으로 나뉜다). 따라서 폰 노이만은 (숨은 변수처럼) 측정 전에 x를 결정해 줄 어떤 요인도 실제 x 측정처럼 간섭을 파괴할 뿐이라는 가정을 한 셈이다.

반면 우리 모형은 이런 가정을 넘어 전자에는 양자론의 가관측량보다 더 많은 성질이 있다고 봤다. 전자에는 위치, 운동량, 장, 아양자 요동이 있고, 이 모두를 합치면 계의 시간에 따른 움직임을 결정할 수 있다. 따라서 우리의 이론은 전자가 교란 없이 격자를 지나가는 실험과 위치 측정 장치에 의해 교란된 실험을 구분하여 기술할 수 있다. 이러한 두 실험 조건에서는 입자가 격자와 같은 위치에 입사해도 장 Ψ은 매우 다르다. 따라서 이후 전자의 서로 다른 움직임(간섭 유무)은 서로 다른 장 때문에 생긴 것이다.

요컨대 부분모음을 양자론의 가관측량에 따라 나눠야 한다는 폰 노이만의 가정에 얽매일 필요는 없다. 오히려 현재 숨어 있는 내부 성질이 언젠가 계에 눈에 띄는 영향을 줄 수 있다.

지금 해석대로라면 다른 양자 문제들(하이젠베르크의 불확정성, EPR 역설)도 비슷하게 다룰 수 있고 이는 실제로 어느 정도 이루어졌다.[15] 하지만 문제를 논하기 앞서 더 세련된 개념을 추가하려고 한다. 그래야 양자 문제들을 이전보다 더 단순하고 분명히 다룰 수 있기 때문이다.

7. 숨은 변수를 도입한 해석에 대한 비판

이전 절에서 논한 양자론 해석은 여러 심각한 비판에 직면한다.

첫째로 양자 퍼텐셜 개념에 대한 문제인데, 이것이 마음에 내키지 않는다는 점은 나도 인정한다. $U = -(\hbar^2 / 2m)(\nabla^2 R / R)$이라는 형태는 약간 생소하고 변칙적이며 (전자기장 같은 장과 달리) 어디서 생겨난 것인지도 분명하지 않다. 물론 이런 비판은 이론 구조 자체에 모순이 있다는 뜻은 아니다. 다만 이 이론이 적절한 이론인지 문제가 될 여지가 있다. 따라서 완성된 이론에서는 양자 퍼텐셜을 받아들이기 힘들다. 대신 이는 차후에 등장할 물리 개념의 윤곽만 보여준다고 이해해야 한다.

둘째로 다체문제에서는 다차원 장 $[\psi(x_1, x_2, \ldots, x_n, \ldots, x_N)]$과 이에 걸맞는 다차원 양자 퍼텐셜 U를 도입해야 한다.

$$U = -\frac{\hbar^2}{2m}\sum_{i=1}^{N}\frac{\nabla_i^2 R}{R}$$

여기서 $\psi = Re^{iS/\hbar}$ 임은 단체문제와 같다. 각 입자의 운동량은 다음과 같다.

$$P_i = \frac{\partial S(x_1 \ldots x_n \ldots x_N)}{\partial x_i} \qquad (4)$$

이 모든 개념은 논리적으로 모순이 없다. 하지만 물리학적 관점에서는 분명 이해하기 힘들다. 이들도 양자 퍼텐셜처럼 좀 더 타당한 물리 개념이 나오기 전의 미봉책에 불과하다.

셋째로 요동하는 장 Ψ와 입자 좌표의 정확한 값에는 실제 물리 내용이 없다는 비판이다. 이 이론은 어떤 측정을 해도 현재 양자론과 같은 결과를 내도록 만들어졌다. 실험 결과만 놓고는 숨은 변수의 존재에 대한 그 증거를 찾기 힘들다. 또한 현재 양자론보다 더 정확한 결과를 예측할 만큼 숨은 변수가 확정되지도 않는다.

이러한 비판에 답하려면 두 가지 맥락을 고려해야 한다. 그간 숨은 변수 개념은 양자론과 모순된다는 생각이 널리 퍼져 있었다. 숨은 변수는 그저 막연하고 추측에 불과한 개념이었다. 실제로 폰 노이만은 그런 개념이 아예 불가능함을 증명하려 했다. 따라서 숨은 변수는 양자론의 기존 해석이 나오면서 이미 문제가 되었다. 하지만 상상하기 힘들다는 이유만으로 숨은 변수를 포기하는 것은 옳지 않다. 이를 보이려면 막연한 추측이라도 숨은 변수를 써서 양자역학을 설명하는 일관된 이론을 내놓으면 된다. 그런 이론이 단 하나라도 있으면 상상이 힘들다는 이유는 반론이 되지 못한다. 물론 이렇게 나온 이론은 다른 물리적 이유에서 만족스럽지 못했다. 하지만 하나의 이론이 있다면 더 나은 이론도 있을 수 있다. 그렇다면 자연스레 "왜 그런 이론을 찾지 않는가?" 하는 의문이 뒤따른다.

둘째로 이러한 생각이 그저 추측일 뿐이라는 물음에 답하려면 다음을 알아야 한다. 곧 이론의 논리 구조를 바꾸면 현재의 양자역학과 다른 결과를 얻을 수 있다. 따라서 숨은 변수(장 요동과 입자 위치 요동)

는 현재 양자론 형식이 예측하지 못하는 새로운 결과를 낼 수 있다.

여기서 과연 그런 새로운 결과가 가능한지 의문이 들지 모른다. 뭐니뭐니 해도 양자론 체계는 우리가 아는 모든 실험 결과와 일치하지 않는가? 그렇다면 어떻게 다른 실험 결과가 있을 수 있는가?

여기에 답하기 위해 나는 먼저 다음을 지적하고 싶다. 현재 양자론 체계에서 제대로 다루지 못하는 실험이 없다 해도 이 체계와 맞지 않는 새로운 실험 결과는 얼마든지 나올 수 있다. 모든 실험은 제한된 영역에서 이루어지게 마련이고 이 영역에서도 어느 정도 제한된 근사값을 쓰게 마련이다. 따라서 신영역에서 새로운 근사값으로 실험을 하면 그 결과는 현재 체계와 맞지 않을 가능성이 있다.

물리학은 흔히 그런 방식으로 발전했다. 뉴턴역학은 원래 어디나 적용가능한 이론이었으나 나중에는 (빛의 속도에 비해 느린) 제한된 영역에서만 적용할 수 있다는 사실이 밝혀졌다. 뉴턴역학은 시공 개념에서 큰 차이를 보이는 상대론에 자리를 내주었다. 새 이론은 그 성격 자체가 과거의 이론과 매우 달랐다. 그럼에도 느린 속도 영역에서 옛 이론은 새 이론의 특수한 경우이다. 마찬가지로 고전역학은 기본 구조가 판이한 양자론에 자리를 내주었다. 하지만 여전히 양자수가 큰 특수한 영역에서는 고전역학이 어느 정도 적용된다. 따라서 제한된 영역에서 제한된 근사 정도로 실험한 값이 모두 일치한다고 해서 그 이론에 있는 기본 개념이 언제 어디서나 맞는다고 할 수는 없다.

지금까지 논의에서 알 수 있듯, 실험 증거만으로는 새 영역(아니면 근사 정도를 매우 높인 옛 영역)에서 양자론과 다른 숨은 변수가 일단 가능하다. 그렇다면 새로운 결과가 나올 만한 영역은 어디이며 정확히 무엇이 새로울지 살펴보도록 하자.

현재 이론에서 별다른 성과가 없는 고에너지 영역과 극소 영역이 그 실마리일지 모른다. 현재 상대양자장론relativistic quantum field theory은 이 영역에서 어려움을 겪고 있다. 이는 양자론의 내적 일관성에도 위협이 되는데, 그 내용은 여러 가지 입자와 장이 서로 작용하는 효과를 계산할 때 생기는 발산(무한한 값) 문제이다. 전자기 상호작용과 같은 특수한 경우에는 재규격화renormalization를 쓰면 어느 정도 발산을 피할 수 있다. 하지만 이 기법이 확고한 논리나 수학적 기초 위에 있는지는 여전히 의문이다.[16] 또 중간자나 다른 상호작용에서는 논리 문제를 떠나 수학 기호를 처리하는 문제에서도 재규격화 기법은 잘 맞지 않는다. 아직까지 확실히 증명되지 않았지만 무한값은 양자장론의 본질적 특징으로 이것을 뒷받침하는 증거가 많이 있다.[17] 만일 예상대로 이론이 수렴하는 결과를 내지 못하면 모든 문제는 (수식을 자세히 분석하면 알 수 있듯) 극소 영역에 있으며 여기서 상호작용을 다루는 방식에 근본적인 변화가 있어야 한다.

기존 양자론을 받아들인 이들 대부분도 현재 이론에 필요한 근본적인 변화를 부정하지 않는다. 실제로 하이젠베르크를 포함한 몇몇은 극소 영역에서 확정된 시공 개념마저 포기하려 했다. 한편 많은 물리학자들은 상대성 원리와 같은 다른 원리를 완전히 바꾸려고 했다(비국소 장이론과 관련하여). 하지만 여전히 양자역학만큼은 결코 변하지 않을 것이라는 확신이 만연해 있다. 다시 말해 물리 이론이 아무리 급격히 변한다 해도 그러한 변화는 양자론 원리 위에 쌓일 뿐이며 이 원리를 더 넓은 영역에 새롭게 확대해서 적용할 뿐이다.

하지만 나는 사람들이 왜 그렇게까지 굳게 양자론 원리를 믿는지 어떤 합리적인 이유를 찾기 힘들었다. 몇몇 물리학자들은 20세기는 결정론에서 벗어났으며 예전으로 되돌아가기 어렵다고 보았다. 그러나 어느 시대에도 그때까지 맞는 이론에 대해 이런 어림짐작은 쉽게 할 수 있다(예를 들어 19세기 고전 물리학자들은 마찬가지 이유에서 '결정론'이 대세라고 말했을 테지만 이후 물리학이 발전하며 그들의 짐작은 틀렸다고 판명되었다. 다른 이유로 비결정론에 대한 심리적 선호를 들기도 한다. 이것은 단지 비결정론에 익숙해진 결과가 아닐까. 19세기 고전 물리학자들이 결정론을 더 마음에 들어 했던 것처럼).

마지막으로 숨은 변수 이론에 대한 우리 계획은 실현하기 힘들다는 믿음이 있다. 곧 양자론과 실험 내용은 다르면서 양자론이 옳다고 알려진 영역에서 일치하는 새 이론은 없다는 것이다. 이는 특히 닐스 보어의 견해로, 그는 그러한 이론으로는 작용 양자 불가분성에서 파생된 중요한 문제들은 다루기 어렵다고 보았다. 그렇다면 이제 문제는 지금까지 이야기한 대안을 실제로 만들 수 있는가 하는 것이다. 앞으로 살펴보겠지만 보어의 입장에는 허점이 있다.

8. 보다 세련된 숨은 변수를 향해

이제 우리의 과제는 숨은 변수 이론을 새롭게 발전시키는 일이다.

숨은 변수 이론은 기본 개념이나 실험 결과 모두에서 현재 양자론과 달라야 한다. 그러면서도 현재 이론이 지금까지 검증된 영역에서는 같은 결과를 내야 한다. 이 두 이론을 실험으로 가려내려면 (극소 영역 같이) 새로운 영역을 측정하거나 아니면 이전 영역에서 더 정밀한 측정을 하면 된다.

이제 이전(6절) 해석과 생각은 비슷하면서도 한층 세련된 물리 이론을 마련하는 일을 시작해 보자. 먼저 앞에서는 비결정론이 물질 대상에 실재하면서도 제한된 영역(양자 수준)에서만 성립한다고 했다. 그리고 아양자 수준에 새로운 변수가 있어 이것이 양자 수준에서 요동하는 개별 측정 결과를 상세하게 결정한다고 했다.

그렇다면 현재 물리 이론에서 아양자 변수는 어떤 의미를 갖는가? 탐구의 길잡이로 현재 양자론이 가장 발전된 형태인 상대양자장론에서 그 의미를 찾아 보자. 상대양자장론에 따르면 모든 장의 연산자 ϕ_μ는 확정된 점 x의 함수이며 모든 상호작용은 한 점에 작용하는 장들 사이에서 일어난다. 따라서 비가산non-denumerable 무한개의 장 변수를 쓴다면 새로운 이론을 구축할 수 있을 것이다.[18]

물론 고전 이론도 그렇게 표현할 수 있지만, 고전 물리학에서는 장이 연속적으로 변한다고 가정하고 있다. 단거리에서 장의 크기는 거의 변하지 않으며 따라서 변수 개수를 가산 집합(매우 작은 영역에 걸쳐 장을 평균한 값)으로 줄일 수 있다. 반면 양자론에서는 그렇지 못하다. 단거리일수록 진공 속 영점 에너지와 관련된 양자 요동이 커지며 실제로 이러한 요동은 매우 커서 장 연산자가 위치(와 시간)에 대한 연속 함수라는 가정은 성립하지 않는다.

보통 양자론에서도 장 변수가 비가산개인 문제는 해결되지 않은 수학적 난점들을 낳는다. 예를 들어 장이론을 계산할 때, 물리학자들은 흔히 진공 상태에 대한 어떤 가정을 하고 건드림이론 perturbation theory을 적용한다. 원리상으로 진공 상태에 대해서는 무한히 다양한 가정을 할 수 있다. 장 변수에 대해 완전히 불연속인 함수들은 공간을 촘촘히 채우면서도 촘촘한 구멍들을 남기는데 이는 함수에 확정된 값을 부여하는 것이다.[19] 이 새로운 상태는 원래 진공 상태를 바른틀변환해서는 얻지 못한다. 따라서 이러한 상태를 적용한 이론은 원래 물리 내용과 달라진다. 장이론에서 발산하는 결과 때문에 현재는 재규격화 기법에도 무한히 다양한 진공 상태를 적용할 수 있다. 이것이 더욱 중요한 까닭은 보통 비가산개의 변수를 쓰면 다른 이론을 얻을 수 있고 이때 쓰인 원리를 새로운 자연 법칙으로 볼 수 있기 때문이다.

이제까지는 현재 양자론 틀 안에서 비가산개의 변수를 쓸 때 얻을 수 있는 결과를 논했다. 결론적으로 이것은 변수가 비가산개인 고전 이론에서도 성립한다. 고전 이론에서 장이 '연속적'이라는 가정을 포기하면 양자론의 경우처럼 다른 고전 이론을 얻을 수 있는 길이 열린다.

여기서 고전 장이론을 수정한다고 현대 양자장론과 (적어도 어떤 영역에서 어느 정도까지) 같아지는가 하는 의문이 생긴다. 이에 답하려면 고전적 장 변수가 비가산개만큼 쓰인 결정론적 법칙에서 양자 성질을 이끌어내야 한다. 여기에는 양자 요동, 양자 불가분성, 양자 간섭, EPR 상관관계와 같은 것이 있다. 앞으로 이들 문제를 중점적으로 다루겠다.

9. 양자 요동 다루기

먼저 결정론적 장이론을 보자. 그 자세한 부분까지 다룰 필요는 없지만 다음과 같은 성질을 가정해야 한다.

1. 장 방정식은 시간에 따른 장의 크기 변화를 완전히 결정한다.
2. 이들 방정식은 비선형으로 모든 파동 성분이 상당 부분 겹친다. 따라서 (근사치를 쓰지 않으면) 그 해는 선형으로 포개지 못한다.
3. 진공 상태에서도 장은 들뜬 상태이다. 아무리 작은 영역에서도 장은 크게 요동한다. 난류 운동으로 마구잡이 요동은 더 커진다. 이러한 들뜸 때문에 장은 아주 작은 영역에서도 불연속적이다.
4. 보통 '입자'라고 하면 진공 상태에서 고르게 보존되는 들뜸을 가리킨다. 입자는 대개 거시 수준에서 검출되는데 이것은 장치가 오래 지속되는 상황에는 민감한 반면 급격한 요동에는 둔감하기 때문이다. 따라서 진공 상태에는 거시 수준에서 어떤 뚜렷한 효과는 내지 못한다. 장 요동은 평균하면 서로 상쇄되며 거시 수준에서 공간은 텅 '비어' 있다(마찬가지로 결함 없는 수정 격자 구조는 원자로 가득하지만 낮은 띠 영역 전자에 대해서는 비어 있다).

장 방정식을 직접 풀 수 있는 방법은 없다. 다만 장을 (작은 시공 영역에 걸쳐) 평균한 어떤 값을 가지고 해볼 여지는 있다. 보통 그러한 평균값들은 어느 근사 범위 안에서 자기를 결정하며 그 공간 속의 무한히 복잡한 요동과는 무관하다.[20] 이때 어느 크기 수준에서 장에 대한 근사 법칙을 얻을 수 있다. 하지만 이 법칙은 비선형 방정식에서 무시한 내부 요동과 장이 어떻게든 결합하기 때문에 정확하다고 볼 수 없다. 따라서 장을 평균한 값은 그러한 평균 주위에서 마구잡이로 요동하며 그 요동 영역은 무시한 내부 요동이 어떤지에 따라 결정된다. 입자의 브라운 운동처럼 이러한 요동에서 다음 확률 분포가 결정된다.

$$dP = P(\phi_1, \phi_2, ..., \phi_k ...)\, d\phi_1\, d\phi_2 ... d\phi_k \qquad (5)$$

이 분포는 각 영역 $1, 2,...k...$에서 평균장을 나타내는 변수 $\phi_1, \phi_2, ... \phi_k ...$가 영역 $d\phi_1, d\phi_2, ... d\phi_k ...$에 있을 시간 비율을 나타낸다 (보통 P는 다차원 함수로 장 분포에서 통계상의 상관관계를 나타낸다).

요약컨대 비가산개의 장 변수를 재조직해 가산 집합만큼의 좌표만이 명시되도록 할 수 있다. 이를 위해 먼저 평균을 취한 크기에 따른 평균장의 수준을 여러 개 정의한다. 이렇게 할 수 있는 이유는 가산 변수 집합이 무시된 비가산개 좌표들과 무관하게 어떤 한계 안에서 자기 운동을 결정하기 때문이다. 물론 이 결정은 완전하지 않는데 무시된 장 좌표와 결합하는 영역에서 요동이 생길 수 있기 때문이다. 따라서 어떤 수준에서 자기결정정도에 대한 객관적 한계를 얻을 수 있다. 또 이러한 자기 결정의 한계를 나타내는 통계 요동에 대한 확률함수도 얻을 수 있다.

10. 하이젠베르크의 불확정성 원리

이제 하이젠베르크의 불확정성 원리가 어떻게 우리 도식과 맞는지 보일 것이다. 먼저 장 좌표를 공간에 대해 평균한 함수 ϕ_k의 결정 정도와 바른켤레 관계에 있는 장 운동량 π_k의 결정 정도를 논하려 한다.

논의를 단순화해 바른틀운동량이 장 좌표를 시간 미분한 값 $\partial\phi_k / \partial t$에 비례한다고 하자(실제로 전자기장이나 중간자 장과 같은 많은 장에서 그렇다). 장 좌표 각각은 마구잡이로 요동한다. 이는 시간 미분이 갑자기 무한대가 된다는 뜻이다(입자가 브라운 운동을 할 때와 비슷하다). 따라서 시간에 대한 순간 미분은 엄밀히 정의할 수 없다. 대신 짧은 시간 간격(Δt)에 걸친 장의 평균 변화($\Delta\phi_k$)를 따져야 한다(공간 영역에 대해 평균을 냈듯). 이 시간 간격에 걸쳐 장 운동량을 평균한 값은

$$\overline{\pi_k} = a\left(\frac{\Delta\phi_k}{\Delta t}\right) \tag{6}$$

이고 a는 비례상수이다. 장이 마구잡이로 요동하면 정의한 대로 시간 동안 장은

$$\overline{(\delta\phi_k)^2} = b\Delta t \text{ 또는 } |\delta\phi_k| = b^{1/2}(\Delta t)^{1/2} \tag{7}$$

에 걸쳐 요동한다. 여기서 b는 또 다른 비례상수로 마구잡이로 요동하는 장을 평균한 크기와 관계 있다.

물론 장의 정확한 요동 방식은 무시된 무한개의 하위 수준 변수들로 결정된다. 지금 논의에서 요동은 정확히 결정할 수 없다. 다만 일정 시간 간격 동안 장을 평균한 수준에서는 $|\delta\phi_k|$가 ϕ_k의 최대 결정 정도이다.

식 (6)에서 π_k 또한 영역

$$\delta\pi_k = \frac{a|\delta\phi_k|}{\Delta t} = \frac{ab^{1/2}}{(\Delta t)^{1/2}} \qquad (8)$$

에 걸쳐 요동함을 알 수 있다.

(8)과 (7)을 곱하면

$$\delta\pi_k \delta\phi_k = ab \qquad (9)$$

를 얻을 수 있다. 따라서 π_k와 ϕ_k의 최대 결정 정도는 상수 ab이며 시간 간격 Δt와 무관하다.

이 결과는 하이젠베르크 원리 $\delta p \delta q \leqslant h$와 매우 닮았다.[21] 식 (9)에서 상수 ab는 하이젠베르크 원리에서 플랑크 상수 h와 같은 일을 한다. h가 보편상수라는 말은 곧 ab가 보편상수라는 뜻이다.

여기서 a는 장 운동량과 그 시간 미분을 연결하는 보편상수일 것이다. 상수 b는 마구잡이로 요동하는 정도를 나타낸다. b가 보편상수라는 말은 장이 어느 시간, 어느 장소에서나 모든 크기 수준에서 똑

같이 마구잡이로 요동한다는 뜻이다.

시간이나 장소가 달라져도 b가 보편상수라는 가정은 그럴 법하다. 장의 마구잡이 요동(보통 양자론의 영점 진공 요동과 비슷하다)이 무한히 크면 이후 자연이나 실험실에서 국소 들뜸이나 에너지 집중과 같은 교란이 생겨도 마구잡이 요동에는 변화가 없다(따라서 거시 수준의 물질 존재란 요동하지 않는 에너지가 집중된 것으로 영점에서 무한한 크기로 요동하는 진공 장 위에 1제곱센티미터마다 몇 그램씩 더해진 것이다).

하지만 시공간의 수준 자체가 달라지면 상수 b가 보편적이라는 가정은 받아들이기 힘들다. 예를 들어 장을 짧은 시간 간격으로 평균해 보면 어떤 특정 시간 간격(Δt_0)까지 b는 상수이지만 그보다 간격이 작으면 b는 변할 수 있다. 이는 매우 짧은 시간 동안에는 자기결정정도가 플랑크 상수 h로 제한되지 않는다는 뜻이다(짧은 거리에 대해서도 마찬가지이다).

지금까지 말한 특징이 있는 이론을 우리는 쉽게 찾을 수 있다. 장의 영점 요동이 매우 높은 온도(T)에서 통계 평형 상태에 있다고 해 보자. 그러면 등분배 정리에 따라 자유도 하나마다 에너지는 평균 κT 정도로 요동하고 이 평균 에너지는 $(\partial \phi / \partial t)^2$의 평균에 비례한다(조화진동자 모음처럼). 따라서

$$\alpha \left(\frac{\partial f}{\partial t} \right)^2 = \kappa T = \frac{\alpha}{b^2} \overline{(\pi)^2} \qquad (10)$$

라고 쓸 수 있고 여기서 κ는 볼츠만 상수 α는 비례상수이다. 따라서

만일 식 (8)에서 시간 간격(Δt)을 점점 작게 하면 식 (8)과 (9)에서 알 수 있는 대로 $(\pi)^2$가 무제한 증가할 수 없다. 오히려 $(\pi)^2$는 어떤 임계시간을 기점으로 증가하기를 멈춘다. 또는

$$\kappa T = \frac{\alpha}{b^2} \frac{a^2 b}{(\Delta t_0)^2} \quad \text{또는} \quad (\Delta t_0)^2 = \frac{\alpha a^2}{b \kappa T} \tag{11}$$

짧은 시간 간격(그리고 짧은 거리)에서 평균장의 자기결정정도는 꼭 하이젠베르크 관계가 아닌 그보다 약한 관계로 제한된다.

이렇게 하이젠베르크 관계를 특수한 경우로 포함하는 이론을 구성했으며 이제 이 관계는 장을 어떤 시공간 간격에 걸쳐 평균해야 성립한다. 장은 더 작은 간격에 걸쳐 평균하면 자기결정정도가 하이젠베르크 원리를 넘어선다. 따라서 새 이론은 양자론의 핵심인 하이젠베르크 원리를 재현하는 동시에 새로운 수준에서는 내용이 달라진다.

이 같은 새로운 내용을 실험으로 어떻게 보일지는 차차 보기로 하자. 우선은 현재 장이론에서 발산하는 결과가 어떻게 생겼는지를 짚고 넘어가자. 이 결과는 무한히 짧은 거리와 시간에 걸친 양자 요동에서 에너지나 전하가 무한정 증가하면서 발생했다. 반면 우리 관점에서는 전체 요동이 무한이어도 자유도마다 요동은 점점 더 짧은 시간 간격에서 무제한 증가하지 않고 유한하게 된다. 따라서 현재 양자장론에서 발산하는 결과는 이 이론의 기본 원리를 매우 짧은 시공간 간격까지 마구 확장한 데서 나왔음이 분명해진다.

11. 나누지 못하는 양자 과정

여기서는 양자화 내지는 양자 불가분성이 아양자 수준에서 어떻게 처리되는지 보일 것이다. 먼저 비가산 집합의 변수를 처리하는 장 문제를 살펴보자. 여기서는 장을 평균하는 문제와 유사한 다체문제(고체, 액체, 플라즈마 따위를 구성 원자로 분석하는 문제)의 결과를 길잡이로 삼겠다. 여기도 역시 더 작은 (원자) 변수를 평균하는 문제가 있다. 그렇게 평균한 전체는 어느 정도 자신을 결정하는 반면, 구체적으로 들어가면 하위 (원자) 수준의 마구잡이 요동 영역이 중요해진다. 이는 앞서 논한 비가산개의 변수를 평균하는 문제와 매우 흡사하다.

보통 다체문제에서 거시적인 움직임은 집단 좌표 collective coordinates를 통해 설명한다.[22] 집단 좌표란 어느 정도까지 자기를 결정하는, 입자 변수에 대해 대칭인 함수로 (진동 같은) 운동의 대체적 특성을 나타낸다. 집단 운동은 보통 (마구잡이 운동 영역 안에서) 운동상수에 의해 결정된다. 특수하지만 꽤 많은 경우 집단 좌표는 조화 진동에 가까운 운동을 기술하는데 이때 운동 상수는 진폭과 초기 위상이다. 물론 보통의 경우라면 운동 상수는 집단 좌표에 대해 더 복잡한 함수 형태를 띤다.

집단 좌표 문제를 바른틀변환을 써서 풀면 여러 사실을 알 수 있다. 고전역학에서 바른틀변환은 다음과 같다.[23]

$$p_k = \frac{\partial S}{\partial q_k}(q_1 \ldots q_k \ldots J_1 \ldots J_n)$$

$$Q_k = \frac{\partial S}{\partial J_k}(q_1 \ldots q_k \ldots J_1 \ldots J_n \ldots) \tag{12}$$

여기서 S는 변환함수이고 p_k와 q_k는 입자 운동량과 좌표이며 J_n과 Q_n은 집단 자유도에 대한 운동량이다. 여기서 J_n을 운동상수라고 하자. 그러면 이 변환은 적어도 집단 좌표라는 근사가 성립하는 영역에서 해밀토니안이 J_n만의 함수인 (Q_n의 함수는 아닌) 변환이다. 따라서 Q_n은 시간에 따라 선형으로 증가하며 각변수 angle-variables와 그 성질이 같다.[24]

비가산개의 장 변수가 서로 비선형으로 결합된 문제도 마찬가지로 풀 수 있다. 이를 위해 p_k와 q_k가 원래 바른켤레 관계에 있는 장 변수를 나타낸다고 하자. 그리고 운동상수가 J_n이고 바른켤레 각변수가 Q_n인 거시 수준 운동을 생각하자. 만일 그러한 운동이 있다면 이는 곧바로 상위 수준의 상호작용으로 이어질 것이다. 왜냐하면 이 운동은 그 특성을 오랫동안 유지하며 소모되지 않기 때문이다. 곧 무한히 빠른 마구잡이 요동은 상위 수준에서 평균해도 0이 되지 않는다.

다음 과제는 운동상수(조화진동자에서는 한 거시 집단자 유도의 에너지에 비례)가 규칙 $J_n = nh$ (n은 정수, h는 플랑크 상수)에 따라 양자화되어 있음을 보이는 일이다. 이는 파동과 입자의 이중성에 대한 설명이기도 하다. 많이들 아는 대로 집단자 유도는 파동처럼 운동하며 그 진폭은 조화진동을 한다. 보통 이러한 파동은 어떤 곳에 집중된 파속 형태로 이 파속에 에너지나 운동량 같은 성질이 분명히 정의되면 상위 수준에서는 모든 입자 성질이 그대로 재현된다. 하지만 그 아래서는 파동처럼 운동하기 때문에 이러한 성질에 반응하는 계가 있다면 파동성도 드러나게 된다.

운동상수의 양자화를 보이기 위해 앞서 논한 해석으로 돌아가자. 여기에 (12)와 매우 비슷한 관계가 있다.

$$p_k = \frac{\partial S}{\partial q_k}(q_1 \ldots q_k \ldots) \quad (13)$$

식 (4)와 (12)가 다른 점은 (12)에는 운동상수가 있다는 점이다. 일단 운동상수가 확정되면 이는 상수로 어떤 값을 계속 유지한다. 이렇게 하면 식 (12)의 S에는 J_n이 변수로 분명히 드러나지 않는다. 따라서 처음 해석에서 식 (4)의 S를 이미 운동상수가 확정된 실제 함수로 볼 수 있다. 그렇다면 S는 파동함수 $\Psi = Re^{iS/\hbar}$로 결정된다. 따라서 파동함수가 있으면 변환함수 $S = \hbar I_m (l_n \Psi)$가 정의되고, 운동상수도 자연히 결정된다.

식 (4)의 S가 운동상수를 어떻게 결정하는지 더 분명히 알기 위해 위상적분을 구성해 보자.

$$I_C = \sum_k \oint C p_k \delta q_k \quad (14)$$

이는 어떤 회로 C 둘레로 하는 적분으로, 이 회로는 계의 배위공간에서 (가상 또는 실제) 변위 δS_C로 이루어진다. 식 (13)이 성립하면 다음을 얻는다.

$$I_C = \oint \sum_k \frac{\partial S}{\partial q_k} \delta q_k = \delta S_C \qquad (15)$$

여기서 δS_C는 회로 C를 돌 때 S의 변화이다.

잘 아는 대로 고전역학에서 흔히 사용하는 작용변수 I_C는 보통 운동상수를 나타낸다(예를 들어 결합조화진동자나 다른 진동자에서 I_C를 적절한 회로 둘레로 계산하면 운동상수를 얻을 수 있다).[25] 따라서 어떤 함수 S를 결정하는 파동함수 Ψ에는 그에 해당하는 운동상수가 있다.

현재 양자론에서 파동함수 $\Psi = Re^{iS/\hbar}$는 모든 동역학 좌표 q_k에 대한 단일값함수single-valued function이다. 따라서 다음이 성립한다.

$$\delta S_C = 2n\pi\hbar = nh \qquad (16)$$

여기서 n은 정수이다.

따라서 파동함수 Ψ에서 얻은 실제 함수 S에서 보듯 계의 운동상수가 불연속으로 양자화된다.

만일 정수 n이 0이 아니면 회로 속 어딘가가 불연속적이란 사실을 계산으로 쉽게 알 수 있다. 하지만 $S = \hbar I_m(l_n\Psi)$이고 Ψ는 연속함수이기 때문에 S의 불연속점은 보통 Ψ(곧 R^2)가 0인 지점에서 생긴다. 곧 살펴보겠지만 R^2은 계가 위상공간에서 어떤 위치에 있을 확률을 말한다. 따라서 계가 $\Psi = 0$인 곳에 있을 확률은 없으며, S에 특이점이

4장 — 양자론과 숨은 변수

있더라도 이론에는 모순이 없다.

지금까지 말한 양자화는 여러 가지 면에서 보어-좀머펠트 규칙과 닮아 있다. 하지만 그 의미는 매우 다르다. 여기서 양자화된 작용변수 (I_C)는 식 (14)의 p_k에 단순한 고전역학 식을 넣은 결과가 아니다. 오히려 이는 식 (12)에서 얻으며, 이 식은 변환함수 S, 곧 비가산개의 변수 q_k에 의존하는 함수와 관계 있다. 어떻게 보면 보어-좀머펠트 규칙은 고전 운동방정식을 일반 좌표 Q_n에 대해 풀어 얻는 변수값이 아닌 비가산 집합의 장 변수에 대한 값으로 정확히 맞는다고 할 수 있다.

δS_C가 왜 식 (16)처럼 불연속인 값들로 제한되어야 하는지를 설명하기에 앞서 이제까지 나온 물리 개념들을 정리해 보자.

1. 비가산의 변수들에서 집단 운동상수(J_n)와 바른켤레 관계에 있는 양(Q_n)을 뽑아낸다.
2. J_n은 h의 정수배로 일관되게 제한되므로 작용은 양자화된다.
3. 만일 좌표들이 자기를 완전히 결정한다면 Q_n은 (보통 고전 이론처럼) 시간에 따라 선형으로 증가한다. 하지만 이론에서 무시한 변수들이 요동하기 때문에 Q_n은 이러한 변수가 걸쳐 있는 영역에서 마구잡이로 요동한다.
4. Q_n의 요동은 자유도마다 차원이 1인 (위상공간에서 보통 고전 통계분포처럼 2가 아닌) 어떤 확률분포를 따른다. 이러한 분포를 q_k에 대한 배위공간으로 변환하면, 이에 따른 확률함수 $p(q_1...$

$q_k...$)가 있게 되고 이 또한 자유도마다 차원은 1이다(운동량 p_k은 항상 식 (12)의 q_k에 의해 결정된다).

5. $P(q_1...q_k...) = R^2(q_1...q_k...)$로 놓고 S를 계의 운동상수를 결정하는 변환함수로 생각해 파동함수 $\Psi = Re^{iS/h}$를 해석한다. 이렇게 하면 파동함수의 의미는 5절의 해석과는 꽤 달라진다. 물론 두 해석은 서로 어느 정도 분명한 관계에 있다.

6. 무시된 하위 수준의 장 변수들 때문에 양 I_n은 제한된 시간 동안만 상수로 유지된다. 실제로 파동함수가 변하면서, S의 특이점(곧 Ψ가 0이 되는 점)이 회로 C를 교차할 때마다 어떤 회로 둘레로 한 적분 $\sum_k \oint_C p_k \delta q_k = \delta S_C$도 갑자기 변한다. 따라서 h의 정수배에 해당하는 불연속인 변화가 비정상 상태의 작용변수에 생긴다.

12. 작용 양자화에 대한 설명

이전 절에서는 장 변수가 비가산개인 이론을 전개하면서 보통 양자론 규칙처럼 작용을 양자화할 수 있는 여지를 마련했다. 이제 더 세련된 이론을 발전시켜 작용이 왜 이러한 규칙에 따라 양자화되는지 설명하고 그 규칙이 어느 정도까지 타당한지 보일 것이다.

여기서 문제는 파동함수($\Psi = Re^{iS/h}$)의 위상인 함수 S를 물리적으로 직접 해석하는 일이다. 우리 이론에서 이 함수는 운동상수를 결정하는 변환함수이기도 하다(식 (15)를 보라). 곧 S가 어떤 회로 주위로 왜 정수배만큼만 변화하는지 설명하려면 S가 물리계와 어떤 관계에 있어 $e^{iS/\hbar}$가 단일값밖에 갖지 못한다고 해야 한다.

이러한 S에 물리적 의미를 부여하기 위해 드 브로이가 처음 내놓은 생각을 조금 다듬어 보자. 비선형으로 결합된 무한개의 장 변수가 서로 연결되어 어떤 크기의 시공 영역에서도 주기 운동이 일어난다고 가정하자. 이러한 과정이 정확히 어떤지는 중요하지 않고 다만 (진동이나 회전 같은) 주기 운동이면 된다. 이 운동은 각 공간 영역에 대해 어떤 내부 시간을 결정하는데 이것이 그 장소에서 유효한 시계처럼 작동한다.

이렇게 모든 국소 주기 운동에는 당연히 로렌츠틀이 있고 이 틀에서 운동은 얼마간 정지해 있다(이 시간 동안 평균 위치는 거의 바뀌지 않는다). 또 이 틀에 대해 이웃한 다른 시계들도 거의 정지해 있다고 가정하겠다. 그러한 가정은 다시 말해, 모든 크기 수준에서 어떤 영역을 유효 시계를 포함하는 더 작은 영역으로 나누면 거기에는 얼마 동안 어떤 규칙성이나 안정성이 있다는 조건과 같다. 만일 이러한 시계를 다른 틀(예를 들어 실험실틀)에서 보면 각 유효 시계는 어떤 속도로 움직이며 이는 연속함수 $v(x, t)$로 나타낼 수 있다.

이제 쉽게 다음을 가정할 수 있다. (1) 자신의 정지틀에서 각 시계는 일정한 각진동수로 진동하며 이 진동수는 모든 시계에 대해 동일하다. (2) 이웃한 모든 시계는 대체로 그 위상이 같다. 등질 공간에서는 한 시계가 다른 시계보다 특별한 이유도 없으며, 공간에도 특별한 방향은 없다(정지틀에서 $\nabla \phi$를 평균한 값이 0이기 때문이다). 따라서 다음처럼 쓸 수 있다.

$$\delta\phi = \omega_0 \delta\tau \tag{17}$$

여기서 $\delta\tau$는 시계에서 고유시간 변화이며, 이 틀에서 $\delta\phi$는 δx와 무관하다.

정지틀에서 이웃한 시계들끼리 위상이 같은 이유는 시계들이 서로 비선형으로 결합하기 때문이다(장 방정식은 보통 비선형이다). 잘 알려진 대로 자연주파수가 같은 두 진동자가 비선형 결합하면 서로 위상이 같게 된다.[26] 물론 상대 위상은 어느 정도 진동하지만 결국 평균하면 이러한 진동은 상쇄된다.

이제 문제를 실험실과 같이 고정된 로렌츠틀에서 살펴보자. 가상 변위 (δx, δt)에 따라 생기는 변화 $\delta\phi$(x, t)를 계산하면 이는 단지 $\delta\tau$에 의존한다. 로렌츠 변환을 하면 다음을 얻는다.

$$\delta\phi = \omega_0 \delta\tau = \frac{\omega_0[\delta t - (\mathbf{v}\cdot\delta\mathbf{x})/c^2]}{\sqrt{1-\frac{v^2}{c^2}}} \tag{18}$$

만일 $\delta\phi$를 닫힌 회로 주위로 적분하면 위상 변화 $\delta\phi_c$는 $2n\pi$(n은 정수)가 되어야 한다. 그렇지 않으면 시계의 위상은 x와 t에 대한 단일값함수가 되지 않기 때문이다. 따라서 다음을 얻는다.

$$\oint \delta\phi = \omega_0 \oint \frac{(\delta t - (\mathbf{v}\cdot\delta\mathbf{x})/c^2)}{\sqrt{1-\frac{v^2}{c^2}}} = 2n\pi \tag{19}$$

이제 각 유효 시계의 정지질량을 m_0라 하고, 그 병진운동에너지 식 (19)′와 이에 해당하는 운동량 식 (19)″를 이용하여 아래 식 (20)을 얻는다.

$$E = m_0 c^2 / \sqrt{1-(v^2/c^2)} \qquad (19)'$$

$$\mathbf{p} = m_0 \mathbf{v} / \sqrt{1-(v^2/c^2)} \qquad (19)''$$

$$\oint (E\delta t - \mathbf{p}\delta \mathbf{x}) = 2n\pi \frac{m_0}{\omega_0} c^2 \qquad (20)$$

만일 $m_0 c^2 / \omega_0 = \hbar$(모든 시계에 대한 보편상수)라고 하면, 이것이 바로 우리가 찾는 양자화 조건으로 병진운동량 p와 시계 좌표 x에 관한 회로 적분이다(곧 $\delta t = 0$이면 식 (20)은 식 (16)의 특수한 경우가 된다).

적어도 이 경우에 한해 작용 양자화는 어떤 위상topological 조건 (시계 위상phae이 단일값이라는 조건)에서 유도됨을 알 수 있다.

지금까지 제안은 양자 조건의 의미를 잘 이해하기 위한 출발점이다. 하지만 먼저 두 가지 점을 보충해야 한다. 첫째, 자유도가 비가산 무한이기 때문에 발생하는 추가적인 장 요동을 생각해야 한다. 둘째, 식 (20)에서 $m_0 c^2 / \omega_0$가 모든 국소 시계에 대해 $\hbar$와 같은 이유를 설명해야 한다.

먼저 어떤 수준의 국소 시계는 점점 더 작은 영역으로 끝없이 나뉘는 어떤 시공 영역에 있게 된다. 모든 수준에서 작용 양자 h가 같은 값임을 보이려면 다음의 두 가지 가정을 하면 된다. 첫째, 각 소영역이 비슷한 종류의 유효 시계를 포함하고 그 수준에서 다른 유효 시계들과 비슷하게 연결된다. 둘째, 시공간을 더 작은 소영역으로 끝없이 나눠도 이 유효 시계 구조는 유지된다. 이는 단지 임시적인 가정으로 시계 구조가 무한히 유지된다는 생각은 버릴 수 있음을 나중에 보이겠다.

이 문제를 풀기 위해 순서가 주어진 무한개의 동역학 좌표(x_i^l)와 켤레운동량(p_i^l)을 도입한다. l번째 크기 수준에서 i번째 시계가 놓인 평균 위치가 바로 x_i^l이고, 이에 대응하는 운동량이 p_i^l이다. 각 수준 물리량에 일차 근사를 쓰면 이를 한 단계 아래 수준 변수들의 집단 좌표로 표현할 수 있다. 그러나 이러한 표현이 아주 정확한 것은 아니다. "각 수준은 다른 모든 수준의 영향을 직접 받으며, 이를 바로 아래 수준의 물리량이 받는 영향만으로 나타내지 못하기 때문이다." 따라서 각 수준은 바로 아래 수준에서 일어나는 평균 운동과 강한 상관관계에 있지만 어느 정도 독립되어 있기도 하다.

이 문제를 잘 살펴보면 알 수 있듯, 무한개의 장 변수에 어떤 순서를 매길 수 있다. 이렇게 순서를 매길 때는 앞서 정의한 양 x_i^l와 p_i^l를 모두 서로 독립인 좌표와 운동량으로 생각한다. 물론 이들은 보통 어떤 상호작용에 따른 상관관계에 있다.

이제 이 문제를 바른틀변환으로 풀 수 있다. 시계 안에 시계가 무한히 있을 때 그 변수 x_i^l 모두에 의존하는 작용함수 S를 도입하면 이 전처럼 쓸 수 있다.

$$p^l{}_k = \frac{\partial S}{\partial x^l{}_k}(x^l{}_i \ldots x^l{}_k \ldots) \qquad (21)$$

여기서 l은 가능한 모든 수준을 나타낸다. 운동상수에 대해서는 다음과 같이 나타낼 수 있고 적분은 적당한 경로 주위로 한다.

$$I_C = \sum_{k,l} \oint p^l{}_k \delta x^l{}_k = \delta S_C \qquad (22)$$

여기서 각 운동상수는 $p_i \delta x_i$를 회로적분해서 얻지만, 살펴본 대로 시계 하나하나는 어떠한 회로 둘레로도 위상 조건 $\oint p_\mu \delta x^\mu = 2n\pi\hbar$를 만족해야 한다. 따라서 그 합도 이 조건을 만족하며, 이는 단지 시계가 거쳐 가는 실제 회로뿐만 아니라 어떤 운동상수값이 주어진 가상 회로에 대해서도 성립한다. 하위 수준에서 생겨나는 요동 때문에 어떤 시계도 항상 한 회로 위에서 옮겨갈 수 있다. 따라서 운동상수가 $\delta S_C = 2n\pi\hbar$로 결정되지 않으면, 마구잡이로 요동하는 여러 경로를 따라 이동하여 같은 위치에 모인 시계들은 보통 서로 위상이 맞지 않는다. 따라서 같은 시공간 점에 모인 모든 시계의 위상이 맞는다는 조건이 바로 양자 조건이다.

지금까지 논의가 그 자체로 일관됨은 다음 분석으로 알 수 있다. 이 분석에서는 모든 시계에 대해 $m_0 c^2 / \omega_0$가 보편상수 $\hbar$로 같다는 가정 또한 필요 없다. 먼저 각 시계는 더 작은 시계들로 이루어진 복합계로 볼 수 있다. 실제로 어느 정도 근사 범위에서 각 시계의 위상은 더 작은 시계의 공간좌표로 이루어진 집단변수라고 할 수 있다(이는 시계의 내부 구조를 나타낸다). 이제 작용변수는 바른틀변환에 대해 불변이다.

$$I_C = \oint_C \sum_{k,l} p^l{}_k \delta q^l{}_k$$

곧 I_C는 모든 바른틀변환에 대해 그 형태가 같고 바른틀변환해도 그 값이 바뀌지 않는다. 따라서 다른 수준의 집단좌표로 변환해도 I_C는 h의 정수배로 제한되며 이는 I_C를 집단좌표로 나타내도 마찬가지이다. 따라서 어떤 수준의 집단좌표도 원래 그 수준의 변수가 만족하던 양자 제한을 보통 만족하게 된다. 어떤 수준 변수들이 바로 아래 수준 집단변수들과 동일하기 위해서는 모든 수준 변수들이 동일한 작용 단위 h로 양자화되면 충분하다. 이렇게 하면 비가산개의 변수들에 일관된 순서를 매길 수 있다.

각 시계에서 내부 운동(위상 변화)과 관련된 작용변수 I_C는 양자화된다. 하지만 이 내부 운동은 실제로 조화진동이라고 가정했다. 따라서 고전 결과에 따라 내부 에너지는 $E_0 = J\omega_0/2\pi$이다. $J = Sh$에서 S는 어떤 정수도 될 수 있으므로 가 된다. 여기서 E_0는 시계의 정지에너지이기도 하므로 $E_0 = m_0 c^2$이다. 따라서

$$\frac{m_0 c^2}{\omega_0} = S\hbar \tag{23}$$

이고 식 (20)에서

$$\oint (E\delta t - \mathbf{p}\delta \mathbf{x}) = 2\pi \frac{m_0 c^2}{\omega_0} n = nSh = nh \quad (24)$$

이다. 보통 적분한 값 S는 임의로 아무 정수라도 괜찮다. 따라서 가보편상수 h라는 가정은 이제 따로 할 필요가 없어졌다.

지금까지 이론에 대한 논의 전개를 마치려면 하이젠베르크 원리에 따라 위상 공간에서 어떤 수준의 변수도 요동함을 보여야 한다. 다시 말해 어떤 수준 물리량도 자기결정정도가 작용 양자 h로 제한됨을 보여야 한다.

이러한 추측을 증명하려면 먼저 모든 변수가 하위 수준 물리량들 때문에 요동함을 알아야 한다(그 변수는 하위 수준의 집단좌표이다). 하위 수준 물리량들은 그 작용변수가 h의 정수배만큼만 변화할 수 있다. 따라서 어떤 수준에서 변수가 요동하는 영역은, 그 아래 수준 변수들이 불연속으로 변화하는 크기와 관련이 있다.

이제 앞서 말한 정리를 모든 자유도가 결합조화진동자인 특수한 경우에 대해 증명해 보겠다. 이는 실제 상황(비선형)을 단순화한 경우로 실제 운동은 무한한 난류 배경 위에 작고 일정한 건드림으로 이루어진다. 이러한 일정한 건드림은 집단좌표로 처리할 수 있고 이 좌표는 어떤 수준에서 국소 시계가 어떻게 움직이는지를 나타낸다. 보통 그러한 집단 운동은 파동과 같은 진동 형태인데 이는 단순조화운동에 가깝다. n번째 조화진동자의 작용변수를 J_n, 각변수를 ϕ_n이라고 하자.

선형 근사를 쓰면 J_n은 운동상수가 되고 ϕ_n은 방정식 $\phi_n = \omega_n t + \phi_{0n}$에 따라 시간이 가면서 선형으로 증가한다. 여기서 ω_n은 n번째 진동자의 각진동수이다. J_n과 ϕ_n은 식 (12)와 같은 바른틀변환에서처럼 시계 변수와 관련 있다. 일반화된 보어-좀머펠트 상관관계 (16)은 바른틀변환해도 불변이기 때문에 $J = Sh$ (S는 정수)이다. 또한 이 진동자들의 좌표와 운동량을 다음처럼 쓸 수 있다.[27]

$$p_n = 2\sqrt{J_n}\cos\phi_n, \quad q_n = 2\sqrt{J_n}\sin\phi_n$$

이제 더 상위 수준에 있는 바른틀변수의 집합을 생각해 그 쌍을 Q'_i와 π'_i로 나타내자. 원칙에 따르면 이들은 다른 모든 수준에 의해 결정된다. 분명 바로 아래 수준이 주로 이러한 결정을 하지만 다른 수준들도 어느 정도는 영향을 준다. 따라서 앞서 논의에 따라 Q'_i와 π'_i 둘 다 그 아래의 어떤 특정 수준 변수와도 독립이며 물론 바로 아래 수준 변수와도 독립이다.

선형 근사를 가정하면 다음처럼 쓸 수 있다.[28]

$$Q'_i = \sum_n \alpha_{in} p_n = 2\sum_n \alpha_{in}\sqrt{J_n}\cos\phi_n$$
$$\pi'_i = \sum_n \beta_{in} p_n = 2\sum_n \beta_{in}\sqrt{J_n}\sin\phi_n \qquad (25)$$

여기서 α_{in}과 β_{in}은 상수 계수이고 n은 이전처럼 l을 제외한 모든 수준에 걸쳐 있다고 가정한다.

Q'_i와 π'_i의 바른켤레 관계가 일관되려면 푸아송 괄호가 1이어야 한다.

$$\sum_n \left(\frac{\partial \pi'_i}{\partial J_n} \frac{\partial Q'_i}{\partial \phi_n} - \frac{\partial \pi'_i}{\partial \phi_n} \frac{\partial Q'_i}{\partial J_n} \right) = 1$$

식 (25)를 대입하면 아래와 같다.

$$\sum \alpha_n \beta_n = 1 \qquad (26)$$

식 (25)를 보면 Q'_i과 π'_i는 매우 복잡한 운동을 한다. 보통 결합진동자계에서 ω_n은 모두 다르고 서로의 정수배가 아니기 때문이다(척도 measure가 0인 집합 제외). 따라서 운동은 위상공간에서 공간을 채우는 (준에르고드 guasi-ergodic) 곡선을 그리며 이는 수직조화진동자에 대한 2차원 리사주 Lissajou 그림을 주기가 서로의 유리수곱이 아닐 때로 확장한 경우이다.[29]

아래 수준 진동자의 진동 주기 $2\pi/\omega_n$에 비해 꽤 긴 시간 간격 r를 생각하면 위상공간에서 Q'_i과 π'_i는 항상 정해진 궤도를 따르면서 어떤 영역을 채우게 된다. 이제 이 영역에서 Q'_i과 π'_i를 시간 r에 걸쳐 평균하여 그 평균 요동을 계산해 보자. 먼저 평균값은 $Q'_i = \pi'_i = 0$이므로, 요동은 다음과 같다.

$$(\Delta Q'_i)^2 = 4 \sum_{mn} \alpha_m \alpha_n \overline{\sqrt{J_m J_n} \cos\phi_m \cos\phi_n} = 2 \sum_m (\alpha_m)^2 J_m \qquad (27)$$

$$(\Delta \pi'_i)^2 = 4 \sum_{mn} \beta_m \beta_n \overline{\sqrt{J_m J_n} \sin\phi_m \sin\phi_n} = 2 \sum_n (\beta_n)^2 J_n \qquad (28)$$

여기서 $m = n$이면 $\cos\delta_m\cos\delta_n = \sin\delta_m\sin\delta_n = 0$이라는 결과를 썼다 (앞서 말한 측도 0, 곧 ω_m과 ω_n이 서로의 유리수 곱인 집합 제외).

이제 측도 0이 아닌 모든 진동자가 바닥 상태($J = h$)에 있다고 하자. 측도 0인 집합은 진공 상태에서 가산개의 들뜸을 나타낸다. 하지만 그 수가 적기 때문에 $(\Delta Q_i^l)^2$과 $(\Delta \pi_i^l)^2$는 거의 변하지 않는다. 따라서 식 (28)에서 $J_n = h$로 놓으면 다음을 얻는다.

$$(\Delta Q_i^l)^2 = 2\sum_m (\alpha_m)^2 h; \quad (\Delta \pi_i^l)^2 = 2\sum_n (\beta_n)^2$$

여기에 다음 슈바르츠 부등식을 쓴다.

$$\sum_{mn} (\alpha_m)^2 (\beta_n)^2 \geq |\sum_m \alpha_m \beta_m|^2 \tag{29}$$

이를 식 (26), (27), (28)과 합치면 다음을 얻는다.

$$(\Delta \pi_i^l)^2 (\Delta Q_i^l)^2 \geq 4h^2 \tag{30}$$

이 관계는 다름 아닌 하이젠베르크 관계이다. $\Delta \pi_i^l$과 ΔQ_i^l는 실제로 l번째 수준이 자기를 결정하는 정도의 한계를 나타낸다. 이것은 이 수준의 모든 물리량은 $2\pi/\omega_n$보다 긴 시간 간격에 걸쳐 평균을 내기 때문이다. 이로써 작용 양자에 대한 가정에서 하이젠베르크 원리를 유도했다.

이미 10절에서는 장이 브라운 운동과 비슷하게 마구잡이로 요동한다는 가정에서 식 (30)을 이끌어냈다. 반면 무한개의 하위 수준 변수에 대해 J_n이 불연속이고 상수 h로 같다면 오랜 시간에 걸친 운동은 브라운 운동과 같은 마구잡이 운동을 재현한다.

　이로써 양자화 규칙과 하이젠베르크 불확정성 관계를 설명하는 물리 모형에 대한 논의를 끝냈다. 그럼에도 시계 안에 시계가 무한히 있는 물리 모형은 현재 양자론을 넘어서는 변화의 여지를 남긴다. 이를 알아보기 위해 시계 구조가 어떤 특정 시간 r_0동안만 유지되다 사라지고 다른 구조로 바뀐다고 해보자. 그러면 r_0보다 훨씬 긴 시간에 걸친 과정에서는 시계가 결국 이전과 똑같은 제한을 받는다. 시계 움직임이 더 작은 구조의 영향을 받지 않기 때문이다. 하지만 r_0보다 짧은 시간에 걸친 과정에서는 그렇게 제한될 이유가 없다. 시계 구조가 더 이상 같지 않기 때문이다. 따라서 어떤 수준에서는 J_m이 불연속인 값으로 제한되지만 다른 수준에서는 꼭 그렇지 않음을 알 수 있다.

　J_n이 h의 정수배로 제한되지 않는 수준에서 π_i^l과 Q_i^l요동에 대한 식 (30)은 더 이상 성립하지 않는다. 그리고 h 대신에 그 수준 평균 작용인 J_m이 나타난다. 또한 시간이 너무 짧기 때문에 $(\cos\phi_m \cos\phi_n)$를 평균해도 0이 되지 않는다. 따라서 J_n이나 어떤 수준에서 요동의 크기를 결정하는 규칙은 온갖 방식으로 바뀔 수 있다. 그래도 양자 수준에서는 보통 규칙이 높은 근사 정도로 성립한다.

13. 아양자 수준을 탐색하려는 실험 논의

　이제 대략적으로나마 아양자 수준을 실험으로 검사하기 위한 조건을 논할 수 있게 되었다. 이 논의로 숨은 변수를 비판한 하이젠베르크와 보어에 대한 답을 마무리하려 한다.

먼저 바른켤레 변수를 측정할 때 최대 정확도에 대한 하이젠베르크와의 관계를 떠올려 보자. 이 관계를 증명하려면 모든 측정 과정은 현재 양자론 법칙을 만족해야 한다는 가정이 필요하다. 예를 들어 잘 아는 감마선 현미경 실험에서 하이젠베르크는 감마선을 렌즈에서 산란시키고 사진 건판으로 보내 전자 위치를 측정한다고 가정했다. 이러한 산란은 실제로 콤프턴 효과 compton effect 와 같다. 그래서 하이젠베르크 원리를 증명하려면 콤프턴 효과가 양자론 법칙을 만족한다는 가정이 반드시 필요하다(에너지와 운동량이 '나누지 못하는' 산란 과정에서 보존되고, 산란된 양자가 파동처럼 렌즈를 통과하며, 사진 건판에 닿는 입자 위치는 완전히 결정되지 않아야 한다). 일반적으로 그런 어떤 증명에도 측정 과정 전체가 양자 법칙을 만족한다는 가정이 필요하다. 따라서 하이젠베르크 원리가 언제 어디서나 성립하려면 결국 양자론 법칙이 언제 어디서나 성립해야 한다. 또한 이러한 생각은 입자와 측정 기구 사이의 외부 관계로 표현되며 입자 자체에 있는 내부 특성으로는 표현되지 않는다.

하지만 우리가 보기에 하이젠베르크 원리는 외부 관계, 곧 양자 영역에서 정확한 측정에 대한 한계만을 나타내지는 않는다. 오히려 이 원리는 양자역학 수준에서 논의하는 모든 대상의 자기결정정도에 한계가 있다는 뜻이다. 그러한 대상을 측정할 때는 양자 수준에서 일어나는 과정을 쓸 수밖에 없다. 그러면 측정 과정도 다른 모든 과정처럼 자기결정정도가 제한된다. 이는 브라운 운동을 현미경으로 관찰할 때와 비슷한데, 현미경은 관측하려는 계와 같은 정도로 마구잡이로 요동한다.

하지만 10절과 12절에서 본 아양자 과정은 좀 다르다. 매우 짧은 시공 간격에 걸친 과정은 양자 과정과 달리 자기결정정도가 제한되지 않는다. 물론 이 아양자 과정에 관련된 새로운 존재들은 전자나 양성자가 눈에 보이는 물체와 다른 만큼 이들 입자와도 다르다. 따라서 이들을 관찰하려면 아주 새로운 방법을 개발해야 한다(곧 원자, 전자, 중성자를 관찰하기 위해 새로운 방법을 개발했듯). 이러한 방법이란 아양자 법칙을 따르는 상호작용이어야 한다. 다시 말해 감마선 현미경이 콤프턴 효과에 기초하듯 아양자 현미경은 자기결정정도가 양자 법칙으로 제한되지 않는 어떤 새로운 효과에 기초한다. 이 효과 때문에 눈에 보이는 사건과 아양자 변수 상태 사이에는 하이젠베르크 관계보다 더 정확한 상관관계가 성립할 수 있는 것이다.

물론 모든 아양자 변수를 실제로 결정하고 미래를 완벽하게 예측하기란 어렵다. 단지 몇몇 중요한 실험에서 아양자 수준의 존재를 보이고 그 법칙을 탐구할 뿐이다. 또한 이 법칙을 이용하여 상위 계의 성질을 양자론보다 더 자세하고 정확히 설명하고 예측하려 한다.

이러한 문제를 보다 자세히 다루려면 앞서 내린 결론을 기억해야 한다. 곧 하위 수준에서 작용변수가 h보다 작은 단위로 나뉘면, 그 수준에서 자기결정정도는 하이젠베르크의 관계로 제한되지 않는다. 따라서 더 잘게 나뉜 자기 결정된 과정이 하위 수준에서 진행되고 있을지 모른다. 하지만 이를 어떻게 우리 수준에서 관측할 수 있는가?

이 질문에 대한 답으로 식 (25)를 보자. 이 식은 보통의 경우 어떤 수준 변수가 그 아래 모든 수준 변수에 어떻게 의존하는지를 보여준다. 예를 들어 π_i^l와 Q_i^l가 고전 수준을 나타낸다면 이들은 주로 양자 수준 p_i^l와 q_i^l에 의해 결정되고 비록 작긴 해도 아양자 수준 때문에 생긴 효과도 어느 정도는 있게 된다. 물론 특수한 경우 (장치를 잘 설정하면) π_i^l와 Q_i^l는 아양자 수준 p_i^l와 q_i^l에 크게 의존할 수 있다. 이는 아양자 과정(아직 잘 몰라도 나중에 발견할 수 있는 과정)과 관측할 수 있는 고전 현상의 새 결합을 뜻한다. 그러한 과정은 아마도 높은 주파수, 곧 고에너지 영역과 새롭게 관련되어 있을 것이라 추측해볼 수 있다.

비록 π_i^l와 Q_i^l에 대한 아양자 효과가 아무리 작아도 0이 되지는 않는다. 따라서 매우 높은 정확도로 다시 실험해 보면 그러한 효과를 검출할 여지가 생긴다. 예를 들면 식 (24)에서 관계식 $J_n = nh$는 작용양자가 (모든 수준에서) h와 같을 때만 성립한다. 아양자 수준은 이 규칙을 따르지 않는 만큼 고전 수준에서 조화진동자 관계식 $E = nh\nu$에도 작은 오차가 생기기 마련이다. 여기서 고전 이론에는 에너지와 주파수 사이에 어떤 특별한 관계도 없음을 생각하라. 곧 이러한 상황은 아양자 영역에서도 어느 정도 비슷하게 발생할 수 있다. 따라서 E_n과 $nh\nu$ 사이에 작은 요동이 있게 된다. 이 관계를

$$E_n = nh\nu + \varepsilon$$

라고 해보자. 여기서 ε은 아주 작은 요동을 나타낸다(이 양은 주파수가

높아질수록 커진다). 그러한 요동을 검출하기 위한 실험으로 광선의 주파수를 정확도 ∇v로 관측한다고 해보자. 만일 관측된 에너지가 $\hbar \nabla v$ 이상으로 요동하고 양자 수준에 그러한 요동을 일으킨 원인이 없다면 이 실험은 아양자 요동을 나타낸다고 볼 수 있다.

지금까지 우리는 보어와 하이젠베르크가 제기한 비판인 작용 양자가 나뉘는 숨은 변수 수준은 어떤 실험 현상에도 드러나지 않는다는 내용에 답했다. 보어는 물질이 운동하면서 자기를 결정하는 유일한 과정은 고전 수준(거시 현상을 거의 직접 관찰할 수 있는 수준)이라고 보았지만 지금까지 논의는 보어의 주장이 불합리하다는 사실을 보여 준다. 실제로 보어가 주장한 운동 개념은 아양자 수준에도 적용할 수 있다. 이 수준이 고전 수준과 다소 멀리 떨어져 있다 해도 고전 수준에 주는 영향을 보면 아양자 수준의 존재와 성질을 알 수 있다.

마지막으로 EPR 역설을 생각해 보자. 이 역설은 양자역학에만 있는 원거리계 사이의 상관관계로 아양자 수준에 숨은 상호작용이 있다고 가정하면 쉽게 설명할 수 있다. 이 수준에는 요동하는 장 변수가 무한히 존재하기 때문에 그러한 상관관계를 설명할 수 있는 운동은 얼마든지 있다. 다만 난점이 있다면 이러한 상관관계가 어떻게 유지되는지 설명하는 일이다. 예를 들어 두 계가 서로 멀어지는 동안 한 쪽 측정 기구를 변화시켜 측정하는 변수를 갑자기 바꿀 수 있다. 이때 멀리 떨어진 계는 어떻게 새로운 변수를 측정한다는 '신호'를 바로 받아 이에 적절히 반응할 수 있는가?

이 질문에 답하려면 양자역학에서 특별한 상관관계를 실험으로 관측하는 법을 알아야 한다. 실제로 그 유일한 법은 관측 기구를 일정 시간 동안 그대로 두는 일이다. 그러면 아양자 수준의 상호작용에 의해 원래 계와 평형 상태에 이를 기회는 얼마든지 있다.[30] 예를 들어 4절에서 말한 분자는 붕괴 전에 스핀 측정 장치와 충격량을 여러 번 교환할 시간적 여유가 있다. 따라서 장치에서 나온 신호는 분자 운동을 일으키고 측정 장치와 스핀 방향이 나란한 원자가 방출된다.

이 점을 시험해 보려면, 장치와 멀리 떨어진 계 사이를 오가는 신호보다 측정하는 기구를 더 빨리 변화시키면 된다. 이러한 실험에서 실제로 무엇이 일어날지는 아직 알지 못한다.[31] 양자역학에만 있는 상관관계가 깨질 수도 있다. 만일 그렇다면 이 실험은 양자론의 기본 원리가 깨진다는 증명이 될 수 있다. 곧 양자론은 그러한 결과를 설명하지 못하는 반면 아양자 이론에서는 장치가 갑자기 변하면 계들 사이 상관관계를 일으킬 만한 아양자 작용이 없어진다고 하면 쉽게 설명할 수 있다.

반면 그러한 실험에서 양자역학이 예측하는 상관관계를 그대로 찾아내도 아양자 수준이 없다는 증명은 되지 않는다. 측정 기구를 변화시키는 기계 장치는 계의 모든 부분과 아양자 관계로 연결되어 있으며 이것이 어떤 가관측량을 측정하겠다는 '신호'를 분자에 전파할 수 있기 때문이다. 물론 기구가 어느 정도 복잡해지면, 아양자 관계는 그런 일을 못하게 될지도 모른다. 하지만 더 세밀한 아양자 이론이 없는 상태에서 그렇게 될지 경험하기 전에는 알기 어렵다. 어찌됐든 그러한 실험을 한 결과는 매우 흥미로울 것이다.

14. 결론

지금까지 전개한 이론에서는 양자역학에 두드러진 특징을 숨은 변수를 포함하는 아양자 수준에서 설명하려 했다. 이 이론은 특히 아주 짧은 거리나 고에너지 영역에서 (그리고 원거리 상관관계를 검증하려는 실험에서도) 새로운 실험 결과를 낼 수 있다. 이 영역은 현재 이론이 다루지 못하는 새로운 현상이 있는 영역이다. 나아가 짧은 거리나 고에너지 영역에서 발생하는 현재 이론의 문제를 해소할 가능성이 있다. (예를 들어 10절에서 전개한 대로 하이젠베르크 원리가 짧은 시간 동안 깨진다고 하면 양자 요동이 무한해지는 결과를 없앨 수 있다).

물론 여기서 전개한 이론이 완전하다고 보기는 어렵다. 적어도 다체문제에서 페르미온에 대한 디락방정식이나 보존에 대한 보통 파동방정식을 어떻게 얻을지와 같은 문제를 해결해야 한다. 이 문제에 대해서 많은 연구와 발전이 이뤄졌다. 또 우리 이론으로 (중간자, 중핵자와 같은) 새로운 입자를 체계적으로 다루는 문제에도 많은 발전이 있었다. 이에 대한 논의는 차일을 기약한다.

이 이론이 현재로서는 불완전하다 할지라도 이론 자체가 불가능하다거나 실제 실험과 무관하다는 비판에는 답이 있다. 적어도 여러 실험에서 발생하는 문제라든지 기존 이론의 모순에서 발생하는 문제를 우리 이론이 해결할 가능성이 있다.

이러한 이유에서 숨은 변수 이론은 독단과 편견을 깨트리는 데 도움을 줄 것이다. 어떤 편견 때문에 우리들의 생각은 특별한 이유 없이 틀에 갇히고 할 수 있는 실험도 제한된다(실험 대부분은 이론에서 생긴 문제를 풀려고 계획된다). 물론 이러한 문제에서 기존 해석이 그 효력을 다했다는 생각도 독단이다. 오히려 현재 시점에서는 다각적으로 연구를 진행해야 한다. 어느 이론이 맞을지는 알 수 없기 때문이다. 덧붙여 숨은 변수 이론의 타당성을 보이는 일은 철학적으로도 의미가 있다. 어떤 이론의 몇몇 특징이 넓은 영역에 걸쳐 성립한다고 해도 언제 어디서나 성립한다고 결론짓는 것은 섣부른 판단이다.

5-1장

새 물리 질서를 보여주는 양자론

| 물리학 역사에 나타난 새로운 질서 |

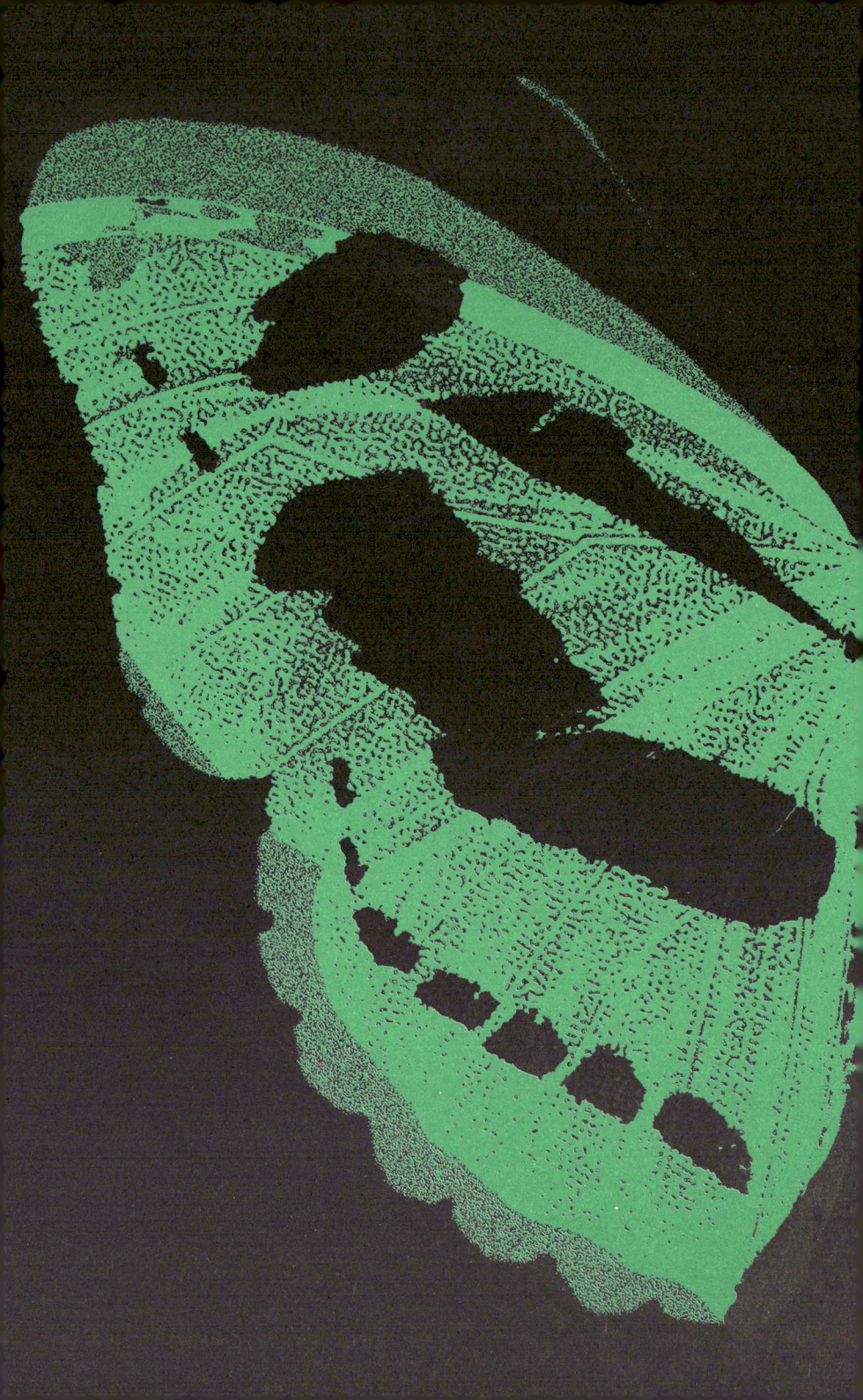

1. 서론

물리학에서 가히 혁명적인 변화가 일어날 때, 우리는 언제나 새로운 질서를 인식하고 그에 알맞은 새로운 언어 전달 방식에 주목한다. 이 장에서는 물리학의 발전 과정에 두드러진 몇몇 특징을 논하면서 새로운 질서를 인식하고 전달한다는 말이 무엇을 의미하는지 알아본다. 다음 장에서는 양자론이 보여주는 새 질서에 대해 나름대로 몇 가지 제안을 하려고 한다.

고대에는 자연 질서에 대해 어렴풋한 질적 관념만이 존재했다. 수학, 특히 산술과 기하학이 발전하면서 사람들은 물체의 형태와 비율을 좀 더 정확하게 규정하게 되었고 행성 궤도와 다른 천체 운동을 수학으로 자세히 기술하면서 점차 '질서'에 대한 관념도 생겨났다. 예를 들어 고대 그리스인들은 지구가 우주의 중심이며 지구를 둘러싼 천구는 지구에서 멀어질수록 천상의 완전함에 가까워진다고 보았다. 천체의 완전함은 그 원형 궤도로 알 수 있는데, 원이야말로 기하학에서 바라보는 가장 완전한 도형이기 때문이다. 반면 지상 물질이 불완전한 이유는 그것이 매우 복잡하고 마구잡이처럼 보이는 운동을 하기 때문이다. 따라서 우주에 대한 이해와 논의는 모두 어떤 전체 질서, 곧 지구에서 멀어질수록 더 완전하다는 질서를 중심으로 형성되었다.

이후 물리계 전체는 이와 비슷한 질서로 이해되었다. 예를 들어 아리스토텔레스는 우주를 살아 있는 유기체에 비교했다. 우주의 각 부분은 전체에서 차지하는 위치와 기능이 있고 이들이 모여 하나의 전체를 구성한다고 생각했다. 전체 안에 있는 물체는 이에 힘이 작용할 때만 움직일 수 있다고 봤다. 따라서 힘은 운동을 일으키는 원인이었다. 또한 운동 질서를 결정하는 것은 원인들 사이의 질서로 이는 전체 안에서 각 부분이 차지하는 위치와 그것이 하는 기능에 따라 달라진다고 할 수 있다.

물리학에서 질서를 지각하고 전달하는 방식은 일상의 경험과 다를 게 없었다(예를 들어 일상 경험에서 운동은 대개 마찰을 극복할 힘이 있을 때만 생긴다). 물론 행성을 보다 자세히 관측해 보니 그 궤도는 실제로 완전한 원이 아니었다. 하지만 이 사실도 주전원 epicycle (원 위에 걸친

원)을 도입해 당시의 질서에 끼워 맞출 수 있었다. 여기서 우리는 질서 관념의 놀라운 적응 능력을 알 수 있다. 이 때문에 간혹 관념을 완전히 뒤집을 증거가 등장해도 사람들은 계속 이런 고정관념에 사로잡혀 말하고 인식한다. 그렇게 적응된 상태에서 인류는 실제로 관측된 내용과 상관없이 수천 년 동안 밤하늘을 주전원으로 바라볼 수밖에 없었다.

주전원과 같은 근본 질서는 단박에 뒤집히지 않는다. 항상 관측 사실에 맞춰 질서 관념을 조정할 수 있기 때문이다. 하지만 새롭게 싹튼 과학 정신의 소유자들, 특히 코페르니쿠스, 케플러, 갈릴레오 같은 이들은 기존 질서의 관련성을 의심하게 되었다. 그들은 지상 물질과 천체의 차이는 그리 중요하지 않다고 생각했다. 오히려 진공 속 물질 운동과 점성 매질 속의 운동이 중요한 차이로, 물리 법칙은 점성을 가진 매질보다 진공 속 물질의 운동을 기준으로 해야 한다고 주장했다. 이에 따르면 일상 경험에서 힘이 작용할 때에만 물질이 움직인다고 한 아리스토텔레스의 말은 맞다. 하지만 일상 경험이 근본 물리 법칙에 관련되어 있다는 그의 생각은 틀렸다. 천체와 지상 물질은 완전한 정도에서 차이가 나는 것이 아니라, 천체는 마찰이 없는 진공 속을 운동하고 지상 물질은 마찰이 있는 점성 매질을 운동한다는 데 차이가 있다.

이것은 우주를 하나의 살아 있는 유기체로 보는 생각과 모순된다. 오히려 우주는 부분이나 대상(행성이나 원자 같이)으로 쪼개지고 이들이 진공 속을 운동한다는 밑그림을 그려야 한다. 우주의 부분들은 기계 부속품들처럼 상호작용하지만 따로 생장을 하거나 발달하지 않고 '유기체 전체'의 목적에 반응하지도 않는다. 이러한 '기계' 부속의 운동을 기술하는 질서란 연속된 순간에 각 구성 요소가 차지하는 연속된 위치에 대한 질서이다. 이로써 유의미한 새 질서가 등장했고 이 질서를 기술하기 위한 새로운 언어가 필요해졌다.

이 새로운 언어 사용 방식에는 데카르트 좌표가 큰 일을 했다. 좌표coordinate[1]라는 단어에는 '질서를 부여한다'는 뜻이 있다. 이렇게 질서를 부여하기 위해 격자를 쓰기도 한다. 격자는 간격이 일정한 세 묶음의 선이 서로 직각을 이룬 것으로 각 조는 분명 (정수들이 이루는 질서와 비슷한) 하나의 질서이다. 여기서 어떤 곡선은 X와 Y, Z 질서를 조율coordination하여 결정한다.

좌표는 분명 자연물이 아닌 인간이 만든 편리한 서술방식일 뿐이다. 따라서 좌표틀 방향이나 축척, 직교성과 같은 요소는 임의적이고 규약적이다. 이 좌표로도 일반 법칙을 표현할 수 있는데 서술 질서에 있는 임의적 요소를 변화시켜도 불변인 관계가 바로 그러한 법칙이다.

좌표를 이용한다는 것은 우주를 기계로 보는 관점을 취하는 행위로, 그 관점에 따라 우리의 지각이나 사고도 고정된다. 아리스토텔레스가 좌표의 의미를 이해했을지 모르지만, 그랬더라도 우주를 유기체로 보려는 자기 생각에는 별 도움이 안 된다고 느꼈을 것이다. 하지만 일단 우주를 기계로 보면 좌표라는 질서는 언제 어디서나 성립하는 물리학의 기본 서술방식이 되고 만다.

어쨌든 르네상스 이후 뉴턴은 지각과 사고에 대한 데카르트 질서 안에서 넓은 범위에 걸친 법칙을 발견했다. "사과가 낙하할 때 질서가 바로 달이 낙하할 때 질서이며 모든 물체는 이와 동일하다." 이것은 자연 질서에 널리 퍼진 조화에 대한 새로운 인식이자 하나의 법칙으로 좌표를 이용하면 더욱 상세히 기술할 수 있다. 그러한 인식은 번뜩이는 통찰이며 한 편의 시라 할 수 있다. 실제로 '시^{poetry}'라는 단어는 '만들다', '창조하다'를 뜻하는 그리스어 '포에인^{poein}'에서 시작되었다. 이처럼 과학은 가장 창조적인 순간, 새로운 질서를 인식하고 시와 같이 전달한다.

뉴턴의 통찰을 '산문'처럼 표현하자면 $A:B::C:D$로 쓸 수 있다. 곧 "사과의 연속된 위치 A와 B 사이의 관계는 달의 연속된 위치 C와 D 사이 관계와 같다." 이것이 '비율^{ratio}'을 확장한 개념이다. 여기서 비율은 모든 '이유^{reason}'를 포함하는 가장 넓은 뜻(원래 라틴어 뜻)이다. 따라서 과학은 보편 비율이나 이유를 발견하려는 활동으로, 이는 단지 수에 관한 비율이나 비례($A/B=C/D$)만이 아닌 질적 유사성을 포함한다.

이유에 관한 법칙은 인과율^{causality}을 표현하는 것에서 멈추지 않는다. 여기서 말하는 '이유'는 인과율을 뛰어넘으며 인과율은 '이유'의 특수한 경우에 해당한다. 실제로 인과율의 기본 형태는 다음과 같다. "내가 어떤 행동 X를 해 무슨 일을 일으킨다." 그렇다면 인과 법칙은 다음과 같다. "내가 일으킨 행동처럼 자연에서 비슷한 과정을 관측할 수 있다." 따라서 인과 법칙에는 '제한된 이유'만이 있다. 하지만 더 일반적인 이유를 설명하자면 "어떤 생각이나 개념 속에서 사물들의 관계는 실제 사태 속에서 사물들의 관계와 같다."

새로운 이유나 합리적 구조를 찾으려면 먼저 '의미 있는 차이'를 가려내야 한다. 의미 없는 차이에서 합리적 관련성을 따지는 일은 아무런 소득 없이 혼란을 부추길 뿐이다(주전원처럼). 따라서 기존에 의미 있다고 생각한 차이에 대한 관념은 버려야 한다. 이것은 대부분의 사람들이 익숙한 것을 더 편하게 여기고 선호하기 때문에 쉽지 않다.

2. 질서란 무엇인가?

이제까지 '질서'라는 단어를 여러 맥락에서 썼는데 그 의미를 이해하기는 어렵지 않았다. 물론 질서 개념은 훨씬 더 넓은 상황에서 사용된다. '질서'가 물체나 형태를 선이나 줄을 따라 (격자처럼) 나란히 늘어놓은 모습만을 나타내지는 않는다. 생물이 자라거나 생물종이 진화할 때 볼 수 있는 질서, 사회 질서, 음악 속의 질서, 그림에서 발견할 수 있는 질서, 말을 이루는 질서도 있다. 이처럼 넓은 맥락에 걸친 질서 개념을 이해하고 싶다면 앞서 얘기한 내용만으로는 부족하다. 따라서 "질서란 무엇인가?"라는 일반적 질문을 하게 된다.

그런데 질서 개념은 그 의미가 광대해 어떤 말로 규정하기 어렵다. 우리가 할 수 있는 최선은 '질서'가 관계된 가장 넓은 범위에서 그것을 넌지시 가리켜 보는 일이다. 우리가 막연히 이해하는 질서를 그렇게 가리켜 본다면 그 의미를 말로 규정하지 않고도 전달할 수 있을지 모른다.

질서를 거시적으로 이해하기 위해 고전 물리를 떠올려 보자. 고전 물리에서 새로운 질서에 대한 인식은, 새롭고 의미 있는 차이(연속된 순간에서 물체의 위치)와 이러한 차이에서 발견한 유사성(이러한 차이에서 비율의 유사성)을 가려내는 일이었다. 이렇게 '유사한 차이'와 '차이의 유사성'에 주목하는 일이 바로 질서를 인식하는 핵심이다.[2]

$$\overset{\,}{\underset{A\ \ B\ \ C\ \ D\ \ E\ \ F\ \ G}{\vdash\!\!-\!\!\vdash\!\!-\!\!\vdash\!\!-\!\!\vdash\!\!-\!\!\vdash\!\!-\!\!\vdash\!\!-\!\!\dashv}}$$

이제 이러한 개념을 기하 곡선을 가지고 살펴보자. 간단한 예로 길이가 같은 직선을 곡선에 근사시키는 작업을 살펴보자. 위 그림처럼 직선 선분들은 방향이 모두 같고 다만 그 위치가 다르다. 따라서 선분 A와 B의 차이는 공간 변위이며, 이는 B와 C 의 차이와 같고 나머지도 마찬가지이다. 따라서 아래와 같이 쓸 수 있다.

$$A : B :: B : C :: C : D :: D : E$$

이러한 '비율' 내지 '이유'를 표현한 식은 1등급 선, 즉 독립된 차이가 하나인 선을 정의한 식이라고 할 수 있다.

다음으로 원을 닮은 아래 그림을 살펴보자. 여기서 A와 B는 그 위치뿐만 아니라 방향도 다르다. 따라서 이 곡선은 독립된 차이가 둘인 2등급 선이다. 하지만 여전히 그 차이들 사이 '비율'은 $A : B :: B : C$로 하나이다.

이제 나선helix을 생각해 보자. 여기서 선분들이 이루는 각은 3차원 공간에서 회전할 수 있다. 따라서 이는 3등급 선이다. 이 또한 단일한 비율 $A:B::B:C$로 결정된다.

이제까지는 차이 안에서 여러 가지 유사점(차이의 유사성)을 생각해 1, 2, 3등급 선을 얻었다. 하지만 각 선에서 이어진 단계들 사이의 유사성(비율)은 불변이다. 이제 선을 따라가면서 유사성이 달라지는 곡선을 생각해 보자. 이렇게 하면 차이가 유사한 경우뿐만 아니라 차이 간 유사성이 달라지는 경우를 생각할 수 있다.

이 개념은 서로 다른 방향 직선이 이어진 선을 가지고 설명할 수 있다. 처음 직선에 대해 다음처럼 쓸 수 있다.

$$A:B^{S_1}::B:C$$

S_1은 '첫째 유사성', 즉 직선 ABCD와 같은 방향을 나타낸다. 마찬가지로 직선 EFG와 HIJ에 대해 다음처럼 쓸 수 있다.

$$E:F^{S_2}::F:G \text{ 와 } H:I^{S_3}::I:J$$

여기서 S_2는 '둘째 유사성', S_3은 '셋째 유사성'을 나타낸다.

잇따른 유사성 (S_1, S_2, S_3,…)이 달라지면 이를 2단계 차이라고 생각할 수 있다. 여기서 이러한 차이에도 2단계 유사성, 곧 $S_1 : S_2 :: S_2 : S_3$을 찾을 수 있다.

이렇게 차이와 유사성이 이루는 체계를 쌓아 올라가면 얼마든지 높은 단계의 질서로 나아갈 수 있다. 그 단계가 무한해지면 브라운 운동에서 보는 선처럼 '마구잡이'라고 부르는 선을 그릴 수 있다. 이러한 선은 유한한 어떤 단계에서는 확정되지 않는다. 그렇다고 이를 '무질서'하다고 하면 안 된다. 오히려 질서는 있지만 무한히 높은 단계에 있다고 봐야 한다.

이렇게 보면 서술 언어에 큰 변화가 생긴다. 더 이상 '무질서'라는 말을 사용하면 안 되고 서로 다른 단계에 있는 질서를 구분해야 한다 (그리하여 1단계 선에서 시작하여 흔히 '마구잡이'라고 부르는 선까지 점차적으로 나아가는 변화가 있다).

덧붙여 질서와 예측가능성predictability을 동일하게 여기면 안 된다. 예측가능성은 (낮은 단계 선들처럼) 몇 단계 안에 전체 질서가 결정되는 특수한 질서에만 존재하는 성질이다. 하지만 애초에 예측가능성과 관계 없는 복잡하고도 섬세한 질서가 있을 수 있다(좋은 그림은 매우 질서 정연하지만 그렇다고 한 부분에서 다른 부분을 예측하지는 못한다).

3. 척도

질서 개념을 높은 단계로 확장하면서, 우리는 부분 질서 각각에는 어떤 한계가 있다는 생각을 해볼 수 있다. 오른쪽 그림에서 $ABCD$에 있는 질서는 선분 D의 끝이 한계점이다. 너머에는 다른 질서 EFG가 있고, 이렇게 계속 이어진다. 따라서 높은 단계의 질서 체계를 기술하려면 한계에 대한 개념이 필요하다.

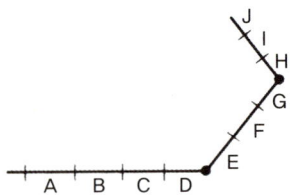

원래 척도measure라는 단어가 고대에는 '한계' 내지는 '경계'를 뜻하던 말이다. 각 사물에는 그에 적당한 척도가 있다. 예를 들어 고대인들은 사람이 적절한 척도(한도)를 넘어 행동하면 그 결과는 비극을 낳는다고 생각했다(그리스 비극이 생생히 그려내듯). 또한 선the good에 대한 이해에도 척도가 필요하다고 보았다. 예를 들어 '의학medicine'이라는 단어의 기원은 라틴어 '메데리mederi'인데 이것의 의미는 '치료하다'이며 '척도'라는 단어에서 비롯됐다. 따라서 '건강'은 신체와 정신 모두에서 절도를 지킨다는 뜻이다. 마찬가지로 지혜는 '절제moderation' 및 '겸손modesty'과 같게 여겨졌다(두 단어 모두 그 뿌리는 '척도'이다). 따라서 지혜로운 사람은 모든 일에서 절도를 지키는 사람이다.

예를들어 물리학에서 '척도'를 이런 뜻으로 생각하면 물의 척도는 섭씨 0도에서 100도라고 하면 된다. 물리학에서 '척도'란 주로 어떤 성질이나 운동, 행동 질서의 한계를 뜻한다.

물론 척도는 비례나 비율로 규정할 수 있지만 고대 관념을 떠올리면 이러한 규정은 그렇게 규정한 경계나 한계만큼 중요하지 않다. 덧붙여 이를 꼭 양적 비례로 규정하지 않고 질적 이유만 고려해도 관계없다(예를 들어 희곡은 인간이 행동하면서 지켜야 할 척도를 양적 비례보다 질적 개념으로 규정한다).

반면 현대에 들어 '척도'는 양적 비례나 수적 비율이라는 측면이 고대보다 훨씬 강조되는 듯하다. 하지만 지금도 그 배경에는 경계나 한계라는 뜻이 살아 있다. 예를 들어 (길이에 대한) 축척을 맞추려면 늘어세운 선분들을 한계나 경계로 분할해야 한다.

이렇게 말의 예전과 현재의 의미를 비교해 보면 개념의 의미를 보다 온전히 깨달을 수 있다. 과학, 수학, 철학으로 쪼개진 현대어의 의미만 생각해서는 안 된다.

4. 질서와 척도를 발전시킨 구조

이처럼 척도를 넓은 의미로 이해하면 이 개념이 어떻게 질서 개념과 같이 쓰이는지 알 수 있다. 예를 들어 오른쪽 그림을 보면 삼각형 안에서 어떤 선형 질서(선 FG와 같은)는 그 한계(척도)가 AB와 BC, CA이다. 이 선들 각각은 선분들의 질서로 그 한계(척도)가 다른 선들이다. 삼각형 모양은 변들 사이의 어떤 비례 관계(곧 상대 길이)로 기술된다.

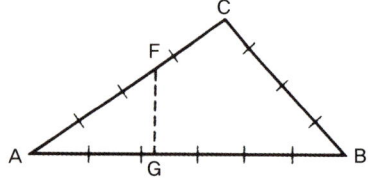

질서와 척도가 더 넓고 복잡한 맥락에서 동시에 사용되는 방식을 생각하면 '구조structure' 개념을 도출할 수 있다. 라틴어 뿌리 '스트루에레struere'가 가리키듯 '구조'는 원래 무엇을 세우거나 무엇이 자라고 진화한다는 뜻에서 출발했다. 지금 이 단어는 명사지만 라틴어 접미사 '우라ura'는 원래 '무언가를 하는 행위'를 의미한다. 여기서 우리는 완성된 제품이나 최종 결과가 아님을 강조하기 위해 "구조를 만들거나 없앤다"는 뜻으로 동사 '구조하다stuructate'를 사용하도록 하자.

'구조하기structation'는 질서와 척도를 써서 서술하고 이해해야 한다. 집 구조하기(건축)를 생각해 보자. 벽돌을 질서 있고 척도에 맞게 (어느 한계 내에서) 배열하면 벽이 된다. 마찬가지로 벽을 측정하고 배열하면 방이 되고 방은 집이, 집은 거리가, 거리는 도시가 된다.

따라서 구조하기는 '조화롭게 구성된 질서와 척도 전체'를 뜻하며 이 질서와 척도는 계층 구조를 이루고(여러 단계로 구성되고) 넓은 범위에 달한다(각 단계에 퍼져 나간다). '조직하다organize'는 그리스어 '에르곤ergon'에서 왔으며 원래 '작용하다'를 뜻하는 동사에서 비롯했다. 따라서 한 구조를 이루는 모든 측면은 일관된 방식으로 '함께 작용한다'고 볼 수 있다.

분명히 이러한 구조를 이루는 원리는 어디에나 있다. 예를 들어 생명체는 고도로 조직된 구조가 계속 성장하고 진화하는 과정이라고 할 수 있다(분자가 함께 작용해 세포가 되고 세포가 기관으로, 기관은 개체가, 개체는 사회가 된다). 마찬가지로 물리학에서 물질은 운동하는 입자(원자)로 이루어지는데, 이들이 함께 작용하여 고체, 액체, 기체 구조를 이루고 행성, 별, 은하, 은하단과 같은 거대 구조를 만든다. 여기서 말하는 '구조하기'란 그 본질이 활동에 있다. 이는 무생물이나 생물, 사회, 인간들의 언어에서도 마찬가지이다(예를 들어 언어 구조는 조직된 흐름 전체이다).

이렇게 세워지고 자라고 진화하는 구조는 분명히 그 바탕이 되는 질서와 척도로 제한된다. 새로운 질서와 척도만이 새로운 구조를 만들어낼 수 있다. 쉬운 예로 음악을 보자. 여기서 다루는 구조는 음표가 이루는 질서나 어떤 척도(음계, 리듬, 박자 따위)에 의존한다. 새로운 질서나 척도는 새로운 구조의 음악을 창작할 수 있게 돕는다. 이제부터 우리는 물리학에서 새 질서와 척도가 어떻게 새로운 물리 구조를 만들어 내는가를 탐구한다.

5. 고전 물리에서 질서, 척도, 구조

고전 물리학에는 어떤 기본 질서와 척도가 있다. 특히 데카르트 좌표나 공간 질서와 독립된 절대 시간의 질서가 대표적이라 할 수 있다. 이는 유클리드 질서와 척도(유클리드 기하학에 있는 특징)가 절대

적이라는 의미다. 이러한 질서와 척도에서 만들어지는 구조는 강체와 같은 요소로 구성된다. 곧 고전역학에서는 모든 구조를 분리된 부분으로 쪼갤 수 있다. 분리된 부분은 매우 작은 강체이거나 이를 이상화한 크기 없는 입자이다. 앞서 지적대로 이러한 부분은 (기계처럼) 상호작용하면서 움직인다.

여기서 이야기하는 물리 법칙은 부분 요소들이 운동할 때 생기는 비율이나 이유를 나타낸다. 곧 법칙은 부분의 운동을 다른 부분 요소의 배치와 관련시켜 나타낸다. 이것은 결정론적 법칙으로 계를 이루는 요소들의 초기 위치와 속도에만 우연이 개입한다. 또한 외부 교란이 원인이 되는 '인과 법칙'이기도 하며, 계의 각 부분들로 전파되어 특정 결과를 낳는다.

브라운 운동은 얼핏 보면 질서와 척도에 대한 고전 체계와 맞지 않아 보인다. 이는 앞서 '무한 단계 질서'라고 한 운동으로 몇 단계 내에 (초기 위치와 속도만으로) 운동이 결정되지 않는다. 하지만 브라운 운동이 일어날 때마다 미소 입자나 마구잡이로 요동하는 장이 어지럽게 충돌한다고하면 이해할 수 있다. 이렇게 미소 입자나 장을 함께 고려하면 전체 법칙은 결정론을 따른다. 이로써 질서나 척도에 대한 고전 개념을 적용할 수 있고 매우 다른 질서나 척도가 필요할 듯 했던 브라운 운동도 고전 질서 안에 수용할 수 있다.

하지만 여기에는 한 가지 가정이 더 필요하다. 곧 어떤 브라운 운동(예를 들어 연기 입자 운동)이 더 작은 입자(원자)들의 충돌에서 생긴다고 해도, 이것이 모든 법칙은 결국 고전 이론의 결정론적 법칙이라는 증명은 아니다. 모든 운동이 처음부터 브라운 운동일 수도 있기 때문이다(따라서 행성과 같은 거시 물체가 따르는 연속처럼 보이는 궤도도 실제로는 브라운 운동을 하는 경로에 대한 근사일 수 있다). 실제로 수학자들(특히 위너 2)은 브라운 운동을 기본으로 하는 (미세한 입자들이 충돌한 결과로 설명하지 않고) 작업을 알게 모르게 해왔다. 그런 생각은 결국 새로운 질서와 척도를 끌어들일 것이다. 이 생각을 제대로 밀고 나갔더라면 톨레미 주전원에서 뉴턴 운동 방정식에 이르는 변화만큼 거대한 어떤 구조의 변화가 생겼을지도 모른다. 실제로 고전 물리는 이 방면을 제대로 탐구하지 않았다. 그럼에도 이에 주목하는 이유는 (나중에 보겠지만) 상대론의 한계와 함께 상대론과 양자론의 관계에 대한 통찰을 여기서 얻을 수 있기 때문이다.

6. 상대성 이론

질서와 척도에 대한 고전 개념을 처음으로 깨뜨린 이론은 상대성 이론이다. 상대성 이론의 뿌리는 아마도 아인슈타인이 15세 때 자신에게 던진 다음 질문에 있지 않을까. "만일 어떤 사람이 빛의 속도로 움직이면서 거울을 본다면 어떻게 될까?" 분명 그 사람은 아무것도 보지 못할 것이다. 얼굴에서 반사된 빛이 결코 거울에 닿지 않기 때문이다. 이 때문에 아인슈타인은 빛은 처음부터 어떤 운동과도 다르다고 생각했다.

현대적 관점에서 이러한 차이는 우리를 구성하는 물질의 원자 구조를 생각하면 더욱 분명해진다. 우리가 빛보다 빨리 움직이면 (간단한 계산이 보여주듯) 우리 몸속의 원자를 결합하는 전자기장이 우리보다 뒤처지게 된다(비행기가 소리보다 빨리 움직이면 음파가 뒤처지듯이). 따라서 몸속 원자들은 흩어지고 우리의 몸도 산산조각난다. 따라서 우리가 빛보다 빨리 움직일 수 있다는 가정 자체가 성립할 수 없다.

반면 갈릴레오나 뉴턴이 만든 고전 질서와 척도를 보면 속도가 유한한 어떤 운동도 따라잡고 추월할 수 있다. 하지만 앞서 지적한 대로 빛을 따라잡고 추월한다는 가정은 모순이다.

빛과 다른 운동이 별개라는 깨달음은 진공과 점성 매질이 다르다고 본 갈릴레오의 생각과 비슷하다. 아인슈타인에게 광속은 물체가 움직일 수 있는 속도가 아니라 닿을 수 없는 지평선과도 같다. 지평선을 향해 가는 듯 보여도 결코 가까워지지 않듯 빛을 따라잡으려 해도 결코 그 속도에 가까워지지 못한다. 우리에게 그 속도는 언제나 c로 일정하다.

상대론은 새로운 시간 질서와 척도를 도입한다. 이들은 뉴턴 이론에서처럼 절대적이 아니라 좌표틀 속도에 따라 상대적이다. 시간의 상대성은 아인슈타인 이론이 이룩한 혁신이다.

시간 질서와 척도를 표현하는 언어에도 중대한 변화가 생긴다. 빛의 속도는 물체가 움직일 수 있는 속도가 아닌 신호가 전파될 수 있는 최대속도라는 것이다. 이제까지 신호 개념은 물리 세계를 기술하는 근본 질서 에서 아무 일을 못했지만 상대론 맥락에서는 중요한 역할을 하게 되었다.

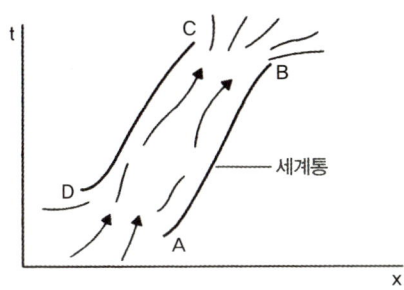

단어 '신호 signal'에는 '기호 sign'라는 단어가 들어 있는데, 이는 '손짓하다', '의미가 있다'는 뜻이다. 곧 신호는 전달 communication이라고도 할 수 있다. 따라서 어떤 점에서는 의미나 전달이 물리 세계를 기술하는 질서에서 중요해졌다(마찬가지로 정보는 전달 내용이나 의미를 이루는 부분일 뿐이다). 하지만 그 의미는 완전히 규명되지 않았다. 다시 말해 고전역학을 넘어서는 미묘한 질서 개념은 어떻게 물리학 체계에 들어왔는가?

상대론에 들어온 새로운 질서와 척도는 새 구조 개념을 포함하며 기존의 강체 개념은 별 볼 일 없어졌다. 실제로 상대론에서는 연장된 물체인 강체를 일관되게 규정할 수 없다. 그런 강체가 있다면 강체가 빛보다 빠른 신호가 가능하기 때문이다. 따라서 옛 강체 개념을 가지고 상대론의 신호 개념을 수용하고자 물리학자들은 입자를 크기 없는 점으로 보려고도 했다. 하지만 점입자가 의미하는 무한한 크기의 장 때문에 물리학자들의 노력은 만족스런 결과를 얻지 못했다. 실제로 상대론에서 점입자나 강체는 근본 개념이라기보다 '사건'이나 '과정'으로 나타내야 한다.

예를 들어 어떤 국소 구조는 세계통 world tube으로 기술할 수 있다. 세계통 *ABCD* 안에는 여러 선들로 표시한 복잡한 과정이 진행 중이다. 이러한 통 속 움직임을 '미세 입자'로 일관되게 분석하기란 어렵다. 이들 미세 입자 또한 통을 써서 기술해야 하고 같은 과정이 무한히 반복되기 때문이다. 또한 각 통은 *AD* 이전 선들로 표시한 더 넓은 배경이나 맥락에서 생겨나는데, 그렇게 생겨난 통도 이후에는 배경 *BC* 속으로 다시 흩어진다. 따라서 '대상'은 추상물로 어느 정도까지만 불변이다. 곧 대상은 완전히 독립된 고체와 같은 형태이기보다 운동하는 모습에 가깝다.[3]

하지만 그러한 세계통을 일관되게 서술하는 문제는 아직 풀리지 않았다. 실제로 아인슈타인은 통일장 이론으로 그러한 서술을 시도했다. 그는 우주 전체의 장을 대상으로 삼았다. 이 장은 연속적이며 나뉘지 않는다. 전체 장에서 나온 추상물인 입자는 장이 매우 강력한 영역(특이점)에 해당한다. 특이점에서 멀어지면 장은 약해지고 어느 순간 다른 특이점에서 나온 장들과 합쳐진다 (아래 그림). 하지만 어디에도 단절이나 분할은 없다. 따라서 세계를 상호작용하는 개별 부분으로 나눌 수 있다는 고전적 관념은 근거도 의미도 없다. 우리는 우주 전체를 단절이 없는 미분리된 전체로 보아야 한다. 입자 아니면 입자와 장으로 분할하는 일은 조잡한 추상이나 근사일 뿐이다. 따라

서 우리는 갈릴레오나 뉴턴과는 뿌리부터 다른 질서, 바로 미분리된 전체undeivided wholeness라는 질서에 이르렀다.

세계를 통일장으로 서술하려던 아인슈타인은 일반 상대성 이론을 발전시켰다. 이는 새로운 질서 개념을 여럿 포함한다. 예를 들어 아인슈타인은 임의의 연속 곡선을 좌표로 생각해 직선 질서와 척도가 아닌 곡선 질서와 척도를 이용한 작업을 했다(물론 곡선도 짧은 거리 안에서는 직선에 가깝다). 중력과 가속도에 대한 등가 원리와 곡선 좌표의 국소 회전율을 나타내는 크리스토펠 기호 Γ^a_{bc}를 쓰면 곡선 질서와 척도를 중력장과 연결해 설명할 수 있다. 이런 점 때문에 비선형 방정식(해를 더해도 새로운 해가 되지 않는 방정식)이 필요해졌다. 방정식의 비선형성은 매우 중요한 특징이다. 우선 원리적으로 입자와 같은 안정된 특이점이 해가 될 수 있다(선형 방정식에서는 안 된다). 또한 세계를 상호작용하는 개별 요소로 분석하는 문제와 중대한 함축을 지닌다.

이것을 논하기 앞서 '분석analysis'이란 단어가 그리스어 '리시스lysis'에서 왔음을 기억하자. 영단어 '풀다loosen'의 뿌리이기도 한 이 말은 '쪼개거나 풀어헤친다'는 뜻이다. 예를 들어 화학자는 화합물을 기본 요소들로 쪼갤 수 있고 이러한 요소들을 다시 모아 화합물을 합성할 수 있다. 하지만 단어 '분석'과 '종합'은 단지 사물에 대한 물리, 화학 작용뿐만 아니라 사고 활동을 가리키기도 한다. 곧 고전 물리학은 먼저 '개념'을 사용해 세계를 구성 부분(원자나 기본 입자 같은)으로 '분석'한 다음에 부분들의 상호작용을 고려해 다시 전체 시스템을 개념에 따라 합성해 낸다.

그러한 부분은 (원자처럼) 공간 위에서 서로 떨어져 있을 수도 있고 그렇지 않은 추상 개념일 수도 있다. 예를 들어 선형 방정식을 만족하는 파동 장에서 '정규 모드'를 추출하면, 각각은 다른 모드와 독립적으로 움직인다고 할 수 있다. 그렇다면 가능한 파동 운동 모두가 독립된 '정규 모드'로 이루어져 있다고 생각할 수 있다. 만일 파동이 비선형 방정식을 만족해도 '정규 모드'에 가깝게 분석할 수 있다. 다만 이때는 상호작용 때문에 모드들 서로가 의존한다고 봐야 한다. 하지만 이러한 '분석'과 '종합'은 어느 정도까지만 타당하다. 비선형 방정식의 해에는 분석해서 보기 힘든 성질이 있기 때문이다(수학으로 말하면 이 분석은 항상 수렴하지는 않는 급수와 관련 있다). 실제로 통일장 이론의 비선형 방정식이 이와 같다. 따라서 그런 이론에서는 공간에서 분리된 대상으로 분석한다는 생각이나 추상 개념으로 분석한다는 생각 모두가 무의미하다.

여기서 '분석'과 '서술description'이 어떻게 다른지 주의해야 한다. 영단어 '서술de-scribe'은 문자 그대로 '기록한다'는 의미다. 하지만 무엇을 써둔다고 거기에 쓴 말들을 독립 요소로 '풀어' '분리하고' 다시 종합할 수 있다는 뜻은 아니다. 오히려 이러한 말들은 추상 개념으로 서로를 분리해 생각하면 별 의미가 없다. 실제로 서술에서 가장 중요한 일은 이러한 말들이 비율이나 이유로 어떻게 연결되는가 하는 것이다. 이렇게 전체와 연결된 비율이나 이유가 바로 서술이 뜻하는 바이다.

따라서 그 개념만 보아도 서술은 분석이 아니다. 반면 개념 분석은 특별한 의미에서의 서술이라 할 수 있다. 무언가가 독립적으로 움직이는 부분으로 나뉘고 상호작용에 의해 다시 합치는 것이다. 그렇게 분석하는 서술방식은 갈릴레오나 뉴턴의 물리학에는 적합하지만, 아인슈타인의 물리학에서는 그렇지 못하다.

아인슈타인은 이런 새로운 물리 관념을 향해 힘찬 발걸음을 내디뎠지만, 통일장 개념에서 시작한 그의 이론은 일관되고 만족스러운 이론에 도달하지 못했다. 이후 물리학자들은 세계를 크기 없는 입자로 분석하려는 옛 생각과 그러한 분석이 무의미한 상대론을 끼워 맞추는 문제를 고심하게 되었다.

여기서 아인슈타인의 생각에 잘못은 없었는지 점검해 보면 좋겠다. 1905년 아인슈타인은 아주 중요한 논문을 세 편 썼다. 상대론, 빛 양자(광전 효과), 브라운 운동에 관한 이들 논문을 검토해 보면 서로 밀접한 관련이 있고 아인슈타인 자신도 처음에는 이 주제들을 전체 퍼즐의 조각들로 보았다는 사실을 알 수 있다. 하지만 일반 상대론에 와서는 '장의 연속성'이 비대하게 강조되었다. 다른 두 주제(브라운 운동과 빛 양자)는 연속인 장 개념과 어긋나는 불연속성을 함축했기 때문에 거의 묻혀 버렸고 일반 상대론에는 반영되지 않았다.

브라운 운동을 통해 이러한 문제를 생각해 보자. 브라운 운동은 상대론적 불변인 형태로 기술하기 매우 어렵다. 곧 브라운 운동에서 '순간 속도'는 무한하며 빛의 속도로 제한되지 않는다. 하지만 브라운 운동은 신호를 나르지 못한다. 신호는 나르개^{carrier}의 질서 있는 변조이기 때문이다. 이러한 질서는 신호의 의미와 분리되지 않는다 (곧 질서를 바꾸면 그 의미가 달라진다). 따라서 신호 전파를 이야기하려면 '나르개 운동'이 고르고 연속적이어서 질서가 뒤섞이지 않아야 한다. 그러나 브라운 운동에서 그 질서는 매우 높은 단계에 있기 때문에 (쉽게 말해 '마구잡이') 전파 과정에서 신호의 의미가 달라진다. 따라서 단계가 무한히 높은 브라운 곡선은 평균 속도가 빛보다 빠르지 않은 범위에서 한 운동을 기술하는 또다른 근본 방식으로 볼 수 있다. 상대성 이론도 어쩌면 브라운 곡선의 평균 속도에서 파생된 이론일지 모른다(평균 속도는 신호 전파를 논하기에도 적절하다). 반면 단계가 낮은 연속 곡선이 아닌, 무한히 높은 브라운 곡선에 대한 근본 법칙에서 평균 속도란 무의미하다. 이 같은 이론은 (뉴턴과 아인슈타인 생각을 모두 뛰어넘는) 새로운 물리 질서와 척도를 내포하며 새로운 구조가 나올 수 있다.

이들 개념을 고려한다면 새롭고 의미 있는 무언가를 얻을 수 있을지 모른다. 하지만 그에 앞서 양자론을 살펴보자. 지금 맥락에서 양자론은 여러 가지로 브라운 운동보다 더 중요하다.

7. 양자론

상대론에 비해 양자론은 기존 질서와 척도 개념의 급격한 변화를 내포한다. 이 변화를 이해하려면 양자론의 특징 네 가지를 고려해야 한다.

| 작용 양자 불가분성 |

불가분성은 정상 상태 사이의 전이가 불연속으로 일어난다는 뜻이다. 따라서 계가 초기 상태나 최종 상태와 같은 중간 상태를 연속으로 거쳐 간다는 말은 의미가 없다. 이것은 모든 전이가 중간 상태를 거쳐 연속으로 일어나는 고전 물리와 매우 다르다.

| 파동과 입자의 이중성 |

서로 다른 실험 조건에서 물질은 때로는 파동처럼, 때로는 입자처럼 움직이지만 어떻게 보면 언제나 둘 다인 것처럼 움직인다.

| 통계로 나타나는 물질에 잠재하는 성질 |

모든 물리 상황은 파동함수(더 정확히는 힐베르트 공간의 벡터)로 기술한다. 이 파동함수는 개별 대상이나 사건, 과정의 실제 성질과는 직접적인 관련이 없다. 오히려 이것은 물리 상황에 잠재한 성질을 기술한다고 보아야 한다.[4] 서로 달라 모순되는 잠재성(예컨대 파동성과 입자성)은 다른 실험 장치를 거쳐 현실화된다(파동과 입자의 이중성은 모순되는 잠재성을 기술하는 주요 방식으로 이해할 수 있다). 파동함수를 보면 특정 조건 아래 관측한 통계모음에서 서로 다른 잠재성이 발현될 확률측도 probability measure를 알 수 있다. 그러나 개별 관측에서 무엇이 일어날지 예측하지는 못한다.

이렇게 서로 모순되는 잠재성을 통계로 처리한다는 생각은 잠재성 개념이 들어갈 곳 없는 고전 물리와 사뭇 다르다. 고전 물리에서는 계의 실제 상태만이 물리 상황과 관련 있다고 생각한다. 확률이 생기는 이유는 그 실제 상태를 잘 모르거나 여러 조건에 걸쳐 분포된 실제 상태의 모음을 평균하기 때문이다. 반면 양자론에서 계의 상태는 이 상태를 현실화한 전체 실험 조건과 분리하면 의미가 없다.

| **인과 아닌 상관관계 (EPR 역설)** |

양자론에서는 공간을 두고 떨어져 상호작용하지 않는 사건들도 어떤 상관관계에 있다. 이 관계는 인과 관계(빛보다 빠르지 않게 전파되는 효과)로는 설명할 수 없다.[5] 이 점에서 양자론은 아인슈타인의 상대론과 모순된다. 상대론에서는 사건들의 상관관계를 빛보다 느린 속도로 전파되는 신호로 설명할 수 있어야 하기 때문이다.

이 모든 내용은 양자론이 등장하기 전에 널리 쓰이던 서술 질서를 무너뜨리는 것이다. 양자 이전의 질서는 불확정성 관계에서 그 한계가 선명히 드러났는데, 이는 하이젠베르크의 현미경 실험에서 알 수 있다.

여기서는 몇몇 새로운 점을 분명히 하기 위해 하이젠베르크가 제시한 실험과 약간 다른 실험을 하려고 한다. 우선 고전 이론에서 위치와 운동량 측정이 무슨 뜻인지 알아보자. 이를 위해 빛 현미경이 아닌 전자 현미경을 쓴다고 하자.

오른쪽 그림에서 보는 대로 관측되는 입자는 목표 O에 있으며 그 운동량을 우리가 처음부터 알고 있다고 가정한다(정지 상태라면 운동량이 0일 수도 있다). 특정 에너지의 전자들이 목표에 입사하면 그 가

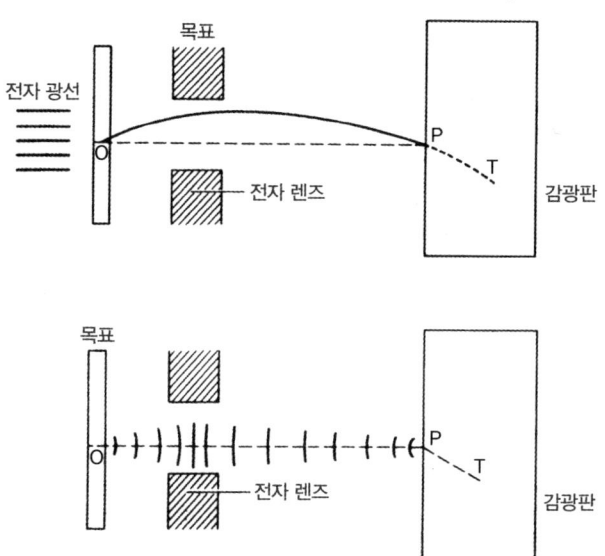

운데 하나가 O에 있는 입자에 의해 휘어진다. 휘어진 전자는 전자 렌즈를 통과해 초점 P에 모이게 된다. 감광 물질을 파고들면서 전자는 일정 방향 궤적 T를 남긴다.

이제 이 실험에서 직접 관측할 수 있는 결과는 위치 P와 궤적 방향 T이지만 이들 자체는 별로 중요하지 않다. 단지 전체 실험 조건(현미경 구조, 목표, 입사된 전자 에너지 등)과의 관련하에서만 이러한 실험 결과가 의미 있다.

실험 조건을 제대로 알고 실험 결과를 이용하면, O지점에서 입자의 위치와 입사 전자가 휘어지는 과정에 전달된 운동량을 추론할 수 있다. 따라서 비록 기구가 작동하면서 입자에 영향을 준다 해도 이러한 영향을 계산하면 입사 전자가 휘어지는 순간에 해당하는 입자의 위치와 운동량을 추론할 수 있다.

고전 물리에서 이 모두는 단순 명료하다. 여기서 하이젠베르크의 참신한 아이디어는 실험 결과와 이 결과를 두고 한 추론 사이에 연결 고리가 되는 전자의 양자 성질을 따져 본 것이다. 이 전자는 더 이상 고전 입자로만 기술할 수 없다. 위 그림처럼 전자는 '파동'으로도 기술해야 하며 이때 목표에 입사한 전자파는 O에 있는 원자에 의해 회절된다. 그리고 렌즈를 통과하면서 한 번 더 회절되어 P에 있는 감광 물질에 모이고 여기서 궤적 T가 시작된다(고전 기술처럼).

하이젠베르크는 앞서 말한 양자론의 중요한 특징 네 가지를 이용했다. 예를 들어 (간섭 실험처럼) 연결고리 전자는 (대상 O에서 렌즈를 지나 P에 이르는 동안은) 파동이면서 (점 P에 도착, 궤적 T를 남길 때는) 입자로 그려진다. O에서 '관측된 원자'에 전달된 운동량은 불연속이며 나누지 못한다. O와 P 사이에서 연결고리 전자를 가장 자세히 기술하는 파동함수도 잠재성에 대한 통계 분포만을 결정하며 이러한 잠재성이 실제로 나타날 것인지는 실험 조건에 달렸다(예를 들어 감광 물질에 있는 원자가 반응하면 전자 위치가 드러난다). 그리고 실제 결과(위치, 궤적, 그리고 원자 성질) 사이의 상관관계도 앞서 언급한 대로 인과 관계가 아니다.

양자론에 중요한 특징을 모두 써서 연결고리 전자를 검토한 하이젠베르크는 관측 대상에 대한 정확한 추론에는 한계가 있고, 이를 불확정성 관계($\Delta x \times \Delta p \geq h$)로 설명해 보자. 처음에 하이젠베르크는 불확정성이 O와 P 사이에서 '연결고리 전자'의 궤도가 '불확실한 결과'라고 설명했다. 이것은 또한 전자가 산란되면서 원자 O를 불확실하게 '교란함'을 뜻한다. 반면 보어는 전체 상황을 어느 정도 자세하고 일관되게 논하면서[6] 확정된 궤도가 우리에게만 불확실하다는 생각은 양자론의 네 가지 특징과 모순된다는 사실을 분명히 했다. 이는 물리학에서 전적으로 새로운 상황으로, 확정된 궤도라는 개념은 이제 아무런 의미가 없다. 전자가 O와 P 사이에서 정확히는 모르는 어떤 연속 운동을 하는 것이 아니다. 오히려 전자 운동은 정상 상태 사이의 양자 도약과 비슷하게 나누거나 분석할 수 없다. 전자가 O와 P 사이에서 알 수 없는 연속 운동을 한다기보다 정상적인 상태에서 나누거나 분석할 수 없는 양자 도약과 비슷한 현상을 보인다.

하이젠베르크 실험은 어떤 의미를 갖는가? 분명한 것은 고전 물리학을 적용할 수 있는 맥락에서만 이 실험을 모순 없이 논할 수 있다는 점이다. 따라서 지금의 논의로는 기껏해야 고전적인 서술방식이 적용되는 한계만을 알 수 있다. 이것이 실제로 양자 맥락에서 일관된 설명은 되지 못한다.

이 실험에 대한 논의에서 우리는 중요한 핵심을 간과하고 있다. 이것이 무엇인지 알기 위해 먼저 현미경과 같은 특정 실험 조건에서 고전 물리를 적용할 수 있는 범위를 살펴보자. 이 범위는 오른쪽 그림과 같은 위상공간에서 낱칸 A로 나타낼 수 있다. 만일 실험 조건이 달라지면 (예로 현미경의 구경이나 전자의 에너지가 달라지면) 이 범위는 위상공간에서 다른 낱칸 B로 나타내야 한다. 하이젠베르크는 두 낱칸 모두 넓이가 h로 같아야 한다고 했지만, 이들의 '모양'이 다르다는

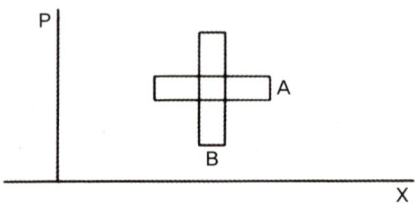

사실을 놓치고 말았다.

물론 고전 물리에서 (플랑크 상수 h 정도 되는 물리량은 무시) 모든 낱칸은 크기 없는 점들로 바꿀 수 있고 따라서 그 모양은 아무 의미가 없다. 곧 실험 결과를 놓고 관측 대상에 대해 추론할 때, 낱칸의 모양이나 세부 실험 조건은 추론 과정에만 등장하고 마지막 추론 결과에는 등장하지 않는다. 관측 대상과 관측 기구를 따로 분리해 생각해도 모순이 없다는 뜻이다. 곧 관측 대상은 (관측 기구와 같은) 다른 무엇과의 상호작용과 상관없이 어떤 성질을 소유하고 있다고 볼 수 있다.

하지만 양자 맥락에서 상황은 매우 다르다. 여기서는 낱칸의 모양도 관측된 입자를 기술하는 데 꼭 필요하다. 따라서 실험 조건에 대한 기술 없이는 관측 입자를 제대로 기술하기 어렵다. 이를 양자 법칙에 따른 수식으로 자세히 다루려면 관측 대상의 파동함수를 구해야 하는데 그러려면 먼저 연결고리 전자의 파동함수를 구해야 한다. 이를 위해서는 전체 실험 조건에 대한 기술이 꼭 필요하다(따라서 대상과 관측 결과 사이의 관계는 실제로 EPR 상관관계로 인과 관계인 신호 전파로는 설명되지 않는다). 이는 실험 조건에 대한 기술이 추론 과정에서 없어지지 않고 관측 대상에 대한 기술과 끝까지 같이 간다는 뜻이다. 따라서 양자 맥락에서는 관측 대상과 관측 기구를 분리하지 않는 새로운 서술이 필요하다. 이제 실험 조건이라는 형식과 실험 결과라는 내용이 하나의 전체가 되어 이를 독립된 요소로 분석하는 일은 더 이상 의미가 없어졌다.

여기서 전체성이 뜻하는 바를 (카펫과 같은) 무늬에 비유할 수 있다. 여기서 의미 있는 것이 무늬인 한에서는, 그러한 무늬를 이루는 여러 부분(즉 카펫에 그려진 여러 가지 꽃이나 나무)이 상호작용하는 분리된 대상이라는 말은 의미가 없다. 마찬가지로 양자 맥락에서 '관측 대상', '관측 기구', '연결고리 전자', '실험 결과'와 같은 말들은 하나의 전체 무늬를 이루는 여러 측면으로 볼 수 있으며 우리 기술방식은 각각의 측면을 뽑아내거나 지시해 보인다. 따라서 '관측 기구'와 '관측 대상'이 상호작용한다는 말은 무의미하다.

따라서 양자론의 서술 질서에서 중대한 변화는 세계를 어느 정도 독립된 부분, 곧 분리되어 상호작용하는 부분으로 분석한다는 생각 자체를 버리는 것이다. 이제 관심의 초점은 '미분리된 전체'로 관측 기구와 관측 대상은 분리할 수 없다는 관점으로 이동했다.

양자론이 상대론과 매우 다르다고 해도 넓게 보면 두 이론 모두 미분리된 전체 개념을 내포한다. 예를 들어 상대론에서 관측 기구를 일관되게 기술하려면 이를 장에 퍼진 특이점 구조(보통 관측 기구를 '구성하는 원자'라고 부르는 구조)로 보아야 한다. 이는 '관측된 입자'를 이루는 특이점들의 장과 합쳐진다(그리고 결국 관측자 자신을 이루고 있는 원자에 해당하는 특이점들의 장도). 이것은 양자론이 내포하는 전체성과는 분명 다르지만 관측 기구와 관측 대상 사이에 구분이 없다는 점은 비슷하다.

하지만 이런 심오한 유사성이 있다고 해도 상대론과 양자론을 일관되게 통합할 수 있을지 밝혀지지 않았다. 그 이유 가운데 하나는 상대론에 연장된 구조 개념을 도입할 일관된 방법이 없기 때문이다. 그래서 보통 입자를 크기 없는 점으로 다루는데 이렇게 하면 양자장론에서 무한대라는 결과가 생긴다. 다른 형식(예를 들어 재규격화, S 행렬)을 쓰면 유한하고 거의 맞는 결과를 뽑아낼 수 있기는 하다. 하지만 깊이 들어가면 양자장론은 마음에 들지 않는데 어쨌든 모순처럼 보이는 내용을 포함하며 얼마든지 임의로 사실에 끼워 맞출 수 있는 요소가 많기 때문이다. 이는 톨레미의 주전원처럼 그 틀을 쓰면 거의 어떤 관측 자료라도 수용할 수 있는 상황을 떠올리게 한다(예를 들어 재규격화 이론에서 진공 상태 파동함수에는 임의의 요소가 무한히 많다).

여기서는 이러한 문제를 자세히 분석해도 별 도움이 안 된다. 그보다 몇몇 더 큰 문제로 시선을 돌려 이를 검토하면 세부사항은 지금의 논의와 별 관련이 없음을 알 수 있다.

문제가 된 양자장론은 우선 장 $\Psi(x, t)$를 규정하면서 시작한다. 이 장은 양자 연산자이지만, x와 t는 연속인 시공 질서를 나타낸다. 이를 분명히 하기 위해 행렬 요소 $\Psi_{ij}(x, t)$를 써 보자. 여기에 상대론적 불변 조건을 쓰면 '무한 요동'이라는 결과를 얻을 수 있다. 곧 $\Psi_{ij}(x, t)$는 '영점 양자 요동' 때문에 무한하고 불연속적이다. 이는 어떤 상대론도 만족하는 '모든 함수가 연속'이라는 가정에 모순이다.

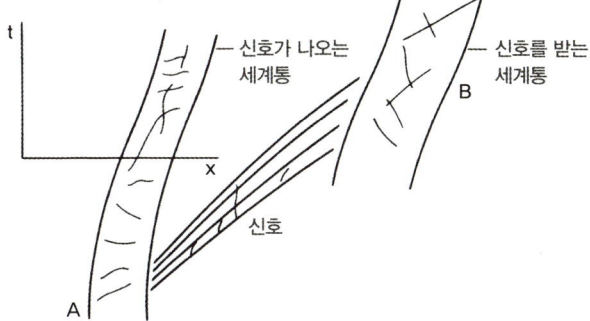

 이렇게 연속인 질서를 강조하면서 상대론에 중대한 약점이 생긴다. 특히 (브라운 운동처럼) 불연속인 질서를 다룰 때 신호 개념은 의미가 없어진다(빛의 속도에 한계가 있다는 생각도 마찬가지이다). 만일 신호 개념이 기본이 아니라면, 처음부터 연장된 구조를 생각해볼 수도 있다.

 물론 빛의 속도가 지닌 한계는 오랜 기간에 걸친 값을 평균하면 여전히 유효하다. 따라서 상대론 개념은 특수한 상황에서 여전히 유효하다. 하지만 상대론을 양자론에 무작정 덮어씌우면 안 된다. 이렇게 한 이론 아래 놓인 서술 질서를 다른 이론에 덮어씌우면서 임의적인 요소나 모순이 생겼을 수 있다.

 그러면 이것이 어떻게 생겼는지 알아보자. 먼저 상대론에서는 한 지점에서 다른 지점으로 신호를 보낼 수 있다는 생각이 중요하다. 하지만 이 말이 의미가 있으려면 신호가 나오는 곳과 그 신호를 받는 곳이 분명히 분리되어야 한다. 곧 거리를 두고 분리할 뿐만 아니라 그 움직임도 서로 독립이어야 한다는 뜻이다.

 예를 들어 위 그림에서 신호가 세계통 A에서 나온다고 하면, 신호를 받는 곳 세계통 B까지 그 질서가 바뀌지 않고 전파되어야 한다. 하지만 양자 수준에서 보면 (불확정성 원리 때문에) 세계통 A와 B에서 사건이 일어나는 순서는 보통처럼 규정되지 않는다. 이 하나만으로도 신호 개념은 의미가 없어진다. 또한 A와 B가 공간을 두고 분명히 분리되어 있다거나 그 움직임이 서로 독립이라는 생각도 의미가 없어진다. 정상 상태들 사이 양자 도약을 나누지 못하듯이 A와 B도 서로 '맞닿아' 있다고 보아야 하기 때문이다. 이런 생각을 EPR실험과 비슷하게 펴나가면 A와 B의 관계는 영향이 전파되는 인과 관계가 아니다(반면 이러한 영향 전파는 신호를 나르는 데 꼭 필요하다).

그렇다면 상대론의 신호 개념은 양자 맥락과는 잘 맞지 않는다. 무엇보다 그러한 신호는 어떤 분석을 할 수 있다는 뜻인 반면, 양자론의 미분리된 전체 개념은 이에 위배된다. 이 점에서 아인슈타인의 통일장 이론은 세계를 독립된 구성 요소로 분석하지 않는다지만 다르게 보면 신호 개념 때문에 더 특이한 분석을 깔고 들어간다. 이 분석이란 영역마다 다른 독립된 '정보'에 기초하는데 이러한 특이한 분석은 양자론과 모순이지만 상대론에도 있는 미분리된 전체 개념과도 분명 모순이다.

그렇다면 이제라도 신호 개념을 중시하던 생각을 버리고 상대론의 다른 측면(특히 법칙이 불변인 관계라든지, 비선형 방정식이나 다른 이유 때문에 독립된 요소로 분석하는 일이 의미 없어진 측면)만 유지하는 길을 심각하게 고민해야 한다. 이렇게 양자 맥락에 어울리지 않는 분석에 대한 집착을 버리면 새 이론에 이르는 길이 열린다. 이 이론은 상대론의 타당한 측면은 포함하면서도 양자론이 함축하는 미분리된 전체 개념은 버리지 않는다.

다른 한편으로 양자론도 상대론이 함축하는 미분리된 전체에 어울리지 않는 분석에 은근히 기대기도 한다. 이것이 무엇인지 알아보기 위해 하이젠베르크의 현미경 실험을 떠올려 보자. 거기서는 실제 실험 결과에 한정해 관측 기구와 관측 대상은 나누지 못하는 전체라고 했다. 반면 수학 이론에서 파동함수는 보통 통계적 잠재성을 기술한다고 하여, 이러한 잠재성 각각을 분리해서 본다. 다시 말해 고전 물리에서 말하는 '실제 개별 대상'이 더 추상적인 '잠재 통계 대상'으로 바뀌었다. 이 대상이 바로 '계의 상태'이며 이 상태는 또한 '계의 파동함수(넓게는 힐베르트 공간 벡터)'이기도 하다. 그러한 언어 사용 (예를 들어 '계의 상태'라는 말) 역시 분리된 무언가를 생각하고 있다는 반증이다.

이러한 언어 사용이 일관되려면 파동방정식(파동함수 또는 힐베르트 공간 벡터의 시간에 따른 변화 법칙)이 선형이라는 가정을 해야 한다(장 연산자가 비선형인 방정식도 제안되었지만 한계가 있다. '힐베르트 공간에서 상태 벡터'에 대한 기본 방정식은 항상 선형이다). 그렇게 방정식이 선형이면 '상태 벡터'가 서로 독립적이라고 할 수 있다(이것은 고전 장이론에서 정규 모드와 비슷하지만 더 추상적이라는 점이 다르다).

이렇게 계의 양자 상태는 관측되지 않을 때에만 완전히 독립적이다. 처음에는 독립인 두 계가 관측을 하면 상호작용한다.[7] 이 가운데 하나가 관측 대상 '상태 벡터'이고 다른 하나는 '관측 기구' 상태 벡터이다. 이러한 상호작용에서 새로운 특징이 나타나는데, 관측된 계에 잠재한 성질이 발현되면 다른 계에 잠재한 성질은 동시에 발현되지 못한다(수식으로는 "파속이 줄어든다" 또는 "투사 연산이 일어난다"고 한다).

이 과정을 정확히 어떻게 다루어야 할지에 대해서는 많은 논란이 있다. 이에 관한 기본 개념조차 불분명하기 때문이다. 물론 여기서 이러한 시도를 비판하려는 생각은 없다. 다만 이러한 접근 방식 전체가 어떤 분석 방식을 다시 확립하려 들지 않는가를 지적하고 싶다. 개별 대상을 상호작용하는 조각으로 분석하는 일이 힘들어지자 이를 더 추상적인 통계적 잠재성으로 대치하려는 것은 아닐까. 그런데 바로 이러한 분석이야말로 상대론 아래 놓인 서술 질서와 어울리지 않는다. 살펴본 대로, 상대론은 그렇게 세계를 분리된 요소로 분석하는 일과 모순되기 때문이다. 오히려 상대론에서 그러한 대상들은 (장 특이점들처럼) 서로 합쳐지고 단일한 미분리된 전체를 이룬다고 보아야 한다. 마찬가지로 보다 완전한 비선형성이나 다른 이유 때문에 양자론 또한 바뀔지 모른다는 생각을 할 수 있다. 이런 생각을 반영한 새 이론에서는 미분리된 전체 개념이 실제 개별 현상 수준과 통계 집단인 잠재성 수준 모두에서 성립할 수 있다. 이렇게 하면 양자론에서 여전히 타당한 측면과 상대론에서 유효한 면을 통합할 수 있다.

하지만 신호 개념과 양자 상태 개념을 포기하는 일은 쉽지 않다. 이들 없이 새 이론을 찾으려면 아주 새로운 질서, 척도, 구조 개념이 있어야 한다.

여기서 우리 위치는 갈릴레오가 자기만의 연구를 시작했을 때 처한 위치와 비슷하다. 우리는 새로운 사실을 수식에 끼워 맞추기만 했던 낡은 생각이 틀렸음을 보이기 위해 많은 노력을 했다(코페르니쿠스나 케플러 같은 이들이 한 노력처럼). 하지만 생각이나 언어 사용, 관찰에서 우리는 여전히 옛 질서에 얽매여 있다. 이제 우리는 새로운 질서를 찾아내야 한다. (갈릴레오가 한 것처럼) 이는 새로운 차이를 알아내는 일이다. 그러면 옛 개념의 기초를 이루는 대부분이 (아리스토텔레스의 주요 개념처럼) 어느 정도까지는 맞지만 근본적으로 중요하지 않다는 사실을 인식할 수 있다. 그렇게 새로운 기본 차이를 알아내면 (뉴턴이 했듯이) 모든 차이를 관련시켜 하나로 설명해 줄 보편 비율이나 이유를 찾아낼 수 있을 것이다. 뉴턴이 코페르니쿠스의 아이디어를 넘어섰듯, 우리의 노력은 양자론과 상대론 너머로 과학을 이끌지 모른다.

물론 이러한 일은 하루아침에 일어나지 않는다. 현재 물리학의 상황을 새롭게 이해하려면 시간이 걸리더라도 끈기 있게 노력해야 한다. 이에 대한 준비 작업을 5-2장에서 논한다.

5-2장

새 물리 질서를 보여주는 양자론
| 물리 법칙에서 내포 질서와 외연 질서 |

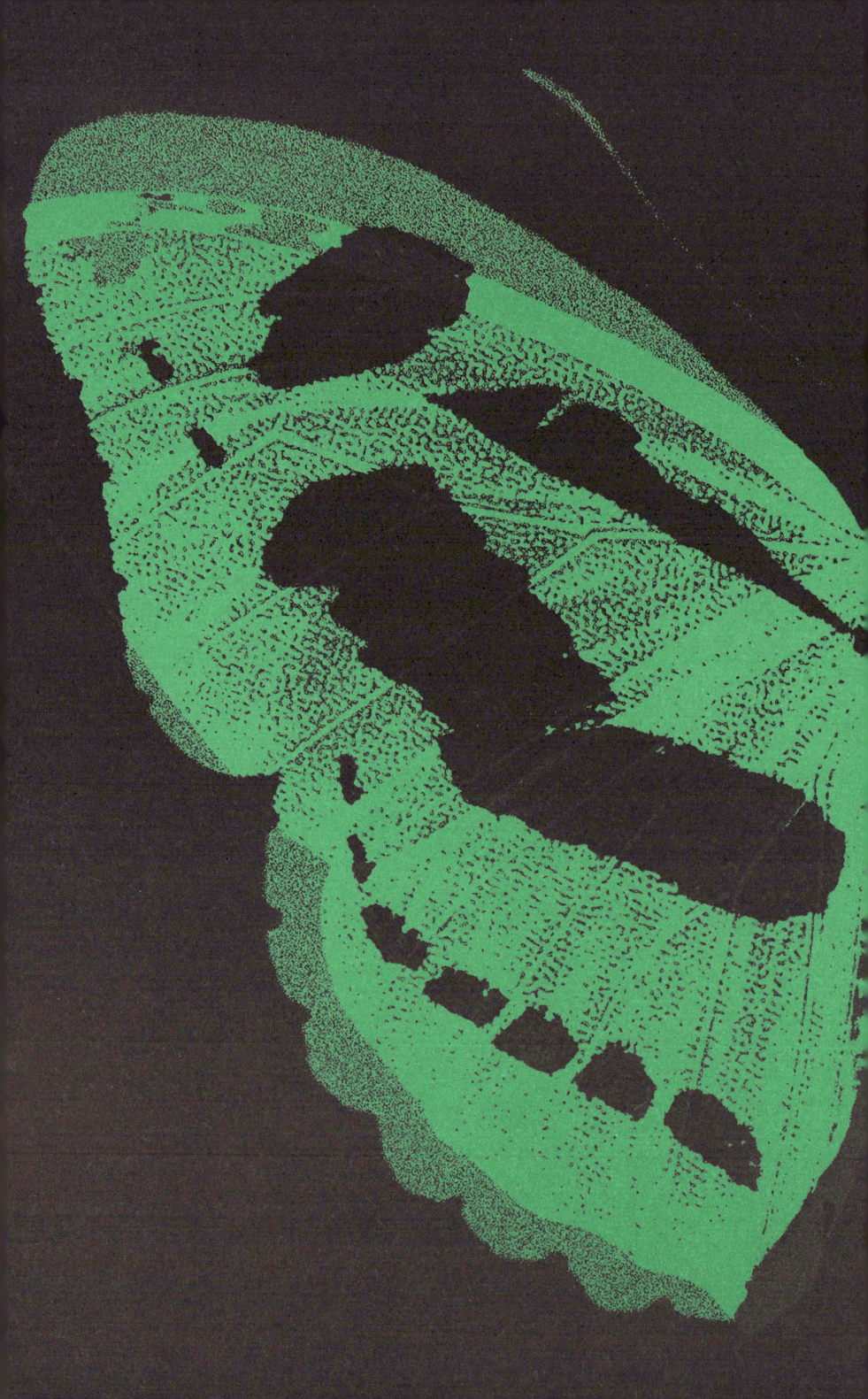

1. 서론

5-1장에서는 물리학 역사에서 나타난 새로운 질서에 주목했다. 이러한 발전 과정에서 드러난 특징은 어떤 기본 질서가 영원히 변하지 않는다고 보는 습관이다. 그렇다면 물리학의 과제는 기본 질서를 적응시켜 새로운 사실에 맞추고 새로운 관측을 수용하는 일이다. 이러한 적응 과정은 고대의 톨레미 주전원에서 시작되어 코페르니쿠스나 케플러, 갈릴레오, 뉴턴이 등장하기 전까지 이어졌다. 일단 고전 물리에서 질서 관념이 분명히 정립되자 이 질서를 적응시켜 새로운 사실을 수용하는 일을 물리학이 담당하게 되었다. 이러한 작업은 상대론

과 양자론이 나올 때까지 이어졌다. 그 뒤로도 물리학은 주로 물리학 이론의 질서를 적응시키고 새로운 사실을 수용해 나갔다.

우리는 기존 질서 내의 수용이야말로 물리학의 기본이 되는 주요 활동임을 짐작할 수 있다. 반면 새 질서를 찾는 일은 이따금씩 정상적인 수용 과정이 무너지는 혁명의 시기에만 일어난다고 생각한다.[1]

이러한 주제와 관련해서 피아제는, 모든 슬기로운 지각을 수용ac-commodation과 동화assimilation라는 상호보완적 활동으로 보았다.[2] '수용'은 '척도'를 뜻하는 '모드mod'와 '함께'를 뜻하는 '콤com'이 합쳐진 단어로 "공통된 척도를 세운다"는 뜻이다(이 맥락에 관련된 넓은 척도 개념은 5-1장 참조). 그러한 '수용'에는 옷 맞추기, 모양 뜨기, 각색하기, 모방하기, 규칙 따르기와 같은 예가 있다. 반면 '동화'는 소화digest 내지는 분리되지 않는 전체를 만든다는 뜻이다(이 전체는 자신도 포함한다). 따라서 동화시키기는 '이해한다'는 뜻이다.

슬기로운 지각에서는 보통 '동화'가 더 중요하다. '수용'은 대체로 동화를 보조하는 덜 중요한 일을 한다. 물론 어떤 맥락에서는 관측한 무언가를 익숙한 사고 질서 안으로 그저 수용할 뿐이다. 이러한 과정에서 관측된 사실이 적당히 동화되기도 한다. 하지만 더 큰 맥락에서는 낡은 사고 질서 자체가 무의미해져 새로운 사실에 맞추기 힘든지도 생각해 봐야 한다. 5-1장에서 자세히 논한 대로, 이에 주의하면 의미 없는 낡은 차이와 의미 있는 새로운 차이를 알 수 있고 새로운 질서, 새로운 척도, 새로운 구조를 인식할 수 있는 길이 열린다.

분명 그러한 인식은 어떤 시기라도 발생할 수 있으며, 옛 질서를 사실에 맞추기 힘든 유별난 혁명 시기에 국한되지 않는다. 그보다 여러 맥락에서 옛 질서 개념을 버리고 새롭고 의미 있는 질서를 찾을 준비를 항상 해야 한다. 따라서 사실을 새로운 질서에 동화시키는 쪽이 과학을 탐구하는 일반적인 방식이 될 수 있다.

이러한 방식은 예술적 지각과 비슷한 무엇을 중시하는 일이다. 그러한 지각은 사실 전체를 그 세세한 특징까지 관찰하는 일에서 시작하여 이 사실을 동화시키는 데 적합한 질서로 점차 발전시킨다. 어떤 질서가 적합한지에 대한 어렴풋한 선입견에서 시작해 이를 관찰되는 질서에 곧이곧대로 끼워 맞추려 들면 안 된다.

그렇다면 사실을 익숙한 이론 질서나 척도, 구조 안에 수용하는 일은 어떻게 봐야 할까? 여기서 알아야 할 것은 '사실'은 실험실에서 찾거나 집어들 만한 독립된 대상이 아니라는 점이다. 오히려 그 라틴어 뿌리 '파케레 facere'에서 알 수 있듯 '사실 fact'은 '제품 manufacture'처럼 '만들어진 무엇'이다. 곧 어떤 의미에서 우리는 사실을 '만든다.' 다시 말해 실제 상황을 지각하면서 시작, 여기에 이론에서 가져온 개념을 써 질서와 형태, 구조를 더해 가며 사실을 만든다. 예를 들어 고대에는 당시 널리 퍼진 질서 개념에 따라 행성 운동을 주전원으로 기술하고 측정하면서 사실을 만들어 갔다. 고전 물리에서는 행성 궤도를 위치와 시간으로 측정하는 질서에 따라 사실을 만들어 냈다. 일반 상대론에서는 리만 기하학 질서와 공간 곡률과 같은 척도에 따라 사실을 만들었다. 양자론에서는 에너지 준위, 양자수, 대칭군과 같은 질서와 이에 적합한 척도(산란단면적, 전하, 입자 질량과 같은)에 따라 사실을 만들었다.

그렇다면 이론에서 질서나 척도가 바뀌면, 새로운 실험 방식이나 실험 기구가 나오고 새로운 질서와 척도가 더해져 새 사실을 만들게 된다. 이 과정에서 실험적 사실은 우선 이론적 개념을 시험하는 일에 쓰인다. 따라서 5-1장의 지적대로 이론적 설명은 넓은 의미로 볼 때 비율이나 이유와 같다. 곧 우리 사고 구조에서 A와 B의 관계는 실제 사실에서도 마찬가지라고 할 수 있다. 이러한 비율이나 이유는 공통 척도이자 이론과 사실 사이 수용을 이룬다.

그러한 공통 척도가 유효하면 이론을 바꾸지 않아도 좋다. 반대로 공통 척도가 실제로 나타나지 않으면, 먼저 근본 질서를 바꾸지 않고 이론을 조정하거나 척도를 다시 확립할 수 있는가를 본다. 아무리 노력해도 이러한 수용이 이루어지지 않으면 사실 전체를 새롭게 인식할 필요가 있다. 이것은 실험 결과만이 아니라 이론이 실험 결과를 '공통 척도'에 맞추는 데 실패한 일까지 포함한다. 앞서 지적대로 옛 이론 질서 밑에 깔린 의미 있는 차이에 민감해져야 전체 질서를 바꿀 만한 여지가 생긴다. 여기서 이러한 인식 활동은 수용을 목표로 한 활동과 항상 같이 이루어져야 한다. 인식 활동을 뒤로 미루면 전체 상황은 혼란과 무질서에 빠지고 이를 해소하려면 낡은 질서를 과격하게 파괴해야 할지도 모른다.

상대론과 양자론이 보여주듯 관측 기구와 관측 대상을 분리하는 일은 의미가 없다. 마찬가지로 지금 논의에서 알 수 있듯이 관측된 사실(그리고 관측할 때 쓴 도구)과 이 사실을 그런 모습으로 만든 질서 개념을 분리하면 의미가 없다. 따라서 상대론과 양자론을 넘어서는 새 질서 개념을 발전시키려면 이를 현재 밝혀진 실험 사실과 관련된 문제에 바로 적용하려 해서는 안 된다. 그보다 지금 맥락에서는 물리 사실 전체를 새로운 이론 질서에 동화시키는 일이 무엇보다 필요하다. 사실을 어느 정도 '소화해야' 새 질서 개념을 시험하고 여러 방향으로 확장할 수 있는 길을 어렴풋하게나마 알게 될 것이다. 5-1장 끝에서 지적한 대로, 이는 시간을 두고 끈기 있게 진행해야 하며 그렇지 못할 경우 '소화되지 못한' 사실로 인해 혼란에 빠질 수 있다.

따라서 사실과 이론은 단일한 전체의 서로 다른 측면으로 이를 따로 떼어 상호작용하는 부분으로 분석하는 일은 이제 의미가 없다. 곧 미분리된 전체 개념은 물리학 내용(특히 상대론과 양자론)만이 아니라 물리학을 탐구하는 방식에도 들어 있다고 할 수 있다. 이는 기존 서술 질서와 잘 맞는 듯이 보이는 사실도 이론에 억지로 끼워 맞추지 않는다는 뜻이다. 또한 사실을 새로운 이론 질서 안에 동화시키기 위해서라면 언제나 사실이 무엇을 의미하는지도 바꿀 생각을 하고 있어야 한다.

2. 미분리된 전체 – 렌즈와 홀로그램

이렇게 관측 행위와 도구, 그리고 이론적 이해가 미분리된 전체라고 한다. 새로운 사실의 질서를 생각해볼 필요가 있다. 여기서 '사실'은 바로 이론적 이해와 관측 행위 및 도구가 서로 어떤 관계에 있는

가에 대한 사실이다. 이제까지는 그러한 관계를 당연하게 여기고 그 것이 생겨난 방식에 주의하지 않았다. 아마도 이러한 연구는 '진짜 과학'이 아닌 '과학사'와 관련된 문제라고 믿었기 때문일지 모른다. 하지만 이 관계를 잘 생각해야 과학을 제대로 이해할 수 있다. 실험의 관측 내용은 관측 행위나 도구, 그리고 이론적 이해와 떼어 생각할 수 없기 때문이다.

관측 기구와 이론 사이의 밀접한 관계를 보여주는 예로 렌즈가 있다. 렌즈야말로 근대과학의 발전 뒤에 숨은 중요한 기구이다. 렌즈는 아래 그림처럼 대상 위 어떤 점 P에 (근사적으로) 대응하는 점 Q라는 상·image을 만든다. 이렇게 렌즈를 써서 대상과 상의 부분들을 분명히 대응시키면서 대상의 부분들과 부분들 사이 관계에 대한 우리 인식이 향상됐다. 이는 분석하고 종합하는 사고 경향을 부추기기도 했다. 육안으로 질서를 찾기에는 너무 멀거나 너무 크거나 너무 작거나 너무 빨리 움직이는 물체까지 고전 질서는 확장되었다. 그 결과 과학자들은 그러한 생각이 언제 어디서나 어떤 근사를 쓰든 얼마든지 타당하다고 미루어 짐작했다.

그러나 상대론과 양자론은 미분리된 전체 개념을 내포하며 명확히 나눠진 어떤 부분으로 분석하는 일은 더 이상 의미가 없다. 그렇다면

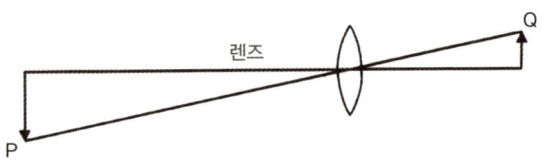

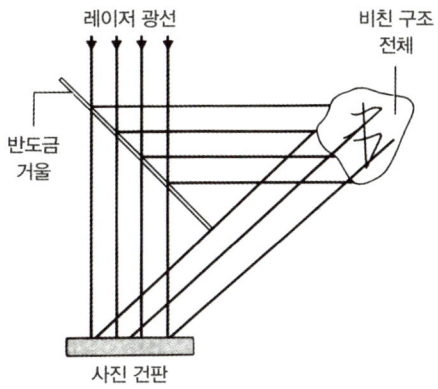

계를 부분으로 분석하는 일을 렌즈로 쉽게 알 수 있듯이 미분리된 전체를 이해하는 데 도움이 될 만한 기구가 있을까? 여기서는 홀로그램 hologram을 생각해 본다(그 이름은 '전체'를 뜻하는 그리스어 '홀로holo'와 '쓰다'를 뜻하는 '그램gram'에서 유래한다. 따라서 홀로그램은 말하자면 전체를 쓰는 기구이다).

아래 그림에서처럼 레이저에서 나온 결맞는conerent 빛이 반도금된 유리를 통과한다고 하자. 이때 광선의 일부는 직접 사진 건판으로 향하며 나머지 일부는 반사되어 어떤 구조 전체를 비춘다. 이 구조에서 반사된 빛은 다시 건판에 이르고 거기에 직접 도달한 빛과 간섭을 일으킨다. 이렇게 건판 위에 기록된 간섭무늬는 아주 복잡할 뿐만 아니라 육안으로 분간하기 어려울 만큼 미세하다. 그래도 이 무늬는 처음 비춘 구조 전체와 분명하지 않지만 어떤 관련이 있다.

간섭무늬와 구조 사이에 이러한 관련성은 사진 건판을 레이저로

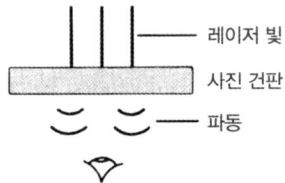

비추면 드러난다. 이때 위 그림과 같은 파면이 만들어지는데 그 형태는 원래 빛을 비춘 구조에서 나온 파면과 아주 비슷하다. 건판 아래서 바라보면 구조 전체를 3차원으로 볼 수 있다(마치 창을 사이에 두고 보듯이). 그리고 건판의 일부 영역만을 비추어도 여전히 전체 구조를 볼 수 있지만 상대적으로 덜 명확하고 관측각도 줄어든다(마치 작은 창으로 보는 듯이).

그렇다면 분명 빛은 비춘 대상의 부분들과 이 대상이 건판 위에 남긴 상의 부분들 사이에는 일대일 대응이 성립하지 않는다. 오히려 건판 위 각 영역 R의 간섭무늬는 전체 구조와 관련이 깊고, 마찬가지로 대상의 각 영역도 건판 위 간섭무늬 전체와 관련이 있다.

빛의 파동성 때문에 렌즈조차도 정확한 일대일 대응을 만들지 못한다. 따라서 렌즈는 홀로그램의 특수한 경우로 보아야 한다.

그런데 여기서 더 나아가 관측의 의미를 따져 보면 현재 물리학에서 (특히 '양자' 맥락에서) 하는 보통 실험은 렌즈와 같은 특수한 경우라기보다 홀로그램과 같은 보다 일반적 경우에 가깝다. 예를 들어 산란 실험을 생각해 보자. 왼쪽 그림처럼 검출기에서 관측되는 것은 보통 목표 전체와 관련이 있거나 수많은 원자를 포함하는 넓은 영역과

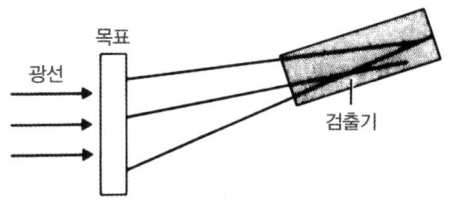

관계 있다.

여기서 특정 원자 하나에 대한 상을 만들려고 할지 모르나 양자론에서 이는 별 의미 없는 일이다. 실제로 5-1장에서 논한 하이젠베르크 현미경 실험이 보여주듯 상이 생기는 일은 양자 맥락에서 별 의미가 없다. 상의 형성에 대한 논의는 기껏해야 고전 기술방식의 한계를 알려줄 뿐이다.

따라서 현재 물리 연구에서 실험 기구는 구조 전체와 자주 관련되며 이러한 방식은 홀로그램과 비슷하다. 물론 차이가 없지는 않다. 예를 들어 전자 광선이나 엑스선 실험에서 이들 선은 일정 거리 이상에서는 결이 맞지 않는다. 하지만 전자나 엑스선을 이용한 레이저를 개발할 수 있다면 실험으로 원자나 핵의 구조를 직접 밝힐 수 있다. 그러면 홀로그램으로 거시 구조를 밝히는 데 필요한 복잡한 추론 과정은 필요하지 않다.

3. 내포 질서와 외연 질서

여기서 렌즈와 홀로그램의 차이를 생각하면 물리 법칙과 관련된 새 질서를 찾는 데 도움이 될지 모른다. 갈릴레오는 점성 매질과 진공의 구별을 통해 물리 법칙은 진공 속에서 움직이는 물체를 기준으로 해야 한다고 했다. 마찬가지로 렌즈와 홀로그램을 구별하면 (렌즈처럼) 그 내용을 부분으로 분석하는 질서가 아닌 (홀로그램처럼) 기술 내용이 미분리된 전체인 질서를 기준으로 물리 법칙을 생각해볼 수 있다.

아리스토텔레스의 운동 개념을 버리면서, 갈릴레오와 그의 추종자들은 새로운 운동 질서를 어떻게 자세히 기술할 수 있을지 고민했다. 그 답은 데카르트 좌표라는 형태로 나타났고 미적분의 언어(미분 방정식 같은)로 확장되었다. 물론 이런 기술방식은 독립된 부분으로 분석하는 일이 의미 있을 때만 성립하므로 이제는 폐기되어야 한다. 그렇다면 무엇이 현재 맥락에 합당한 기술방식이 될 수 있을까?

데카르트 좌표나 미적분과 달리 그러한 질문에 무엇이라고 바로 어떤 처방을 내려 답하기는 어렵다. 그보다 새로운 상황을 일단 여러 모로 관찰해 보고 유의미한 특징일지 느껴보아야 한다. 그렇게 하면 새 질서에 대한 감각이 생겨 이를 자연스럽고 분명하게 밝힐 수 있을 것이다(이러한 질서로 무엇을 해야 한다는 고정관념에 끼워 맞추려고 노력한 결과가 아니라).

이제 그런 탐구를 다음처럼 시작해 보자. 원래 구조 전체에 있는 여러 질서와 척도는 눈에 보이지 않는 건판의 간섭무늬에서 밝혀낼 수 있다. 예를 들어 처음 비춘 구조는 모양과 크기가 제각각인 도형들을 포함할 수 있다. 뿐만 아니라 안과 밖, 교차와 분리와 같은 위상

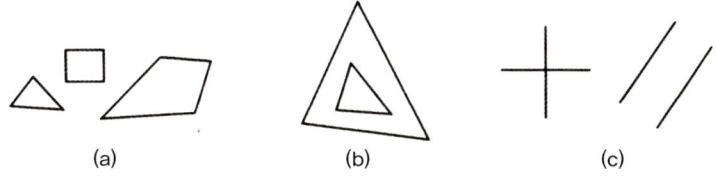

(a) (b) (c)

관계도 포함할 수 있다(위쪽 그림 참조). 이 모두는 서로 다른 간섭무늬를 일으키며 이러한 차이는 어떻게든 구별해서 자세히 기술해야 한다.

하지만 그 차이가 건판에만 있는 것은 아니다. 실제로 건판 자체는 별로 중요하지 않다. 건판의 주된 기능은 각 공간 영역에 있는 빛의 간섭무늬를 기록으로 써서 오래도록 남기는 일이다. 실제로 각 공간 영역에서 운동하는 빛은 원래 구조에 있던 온갖 질서와 척도의 구분을 그 안에 담고 있다. 원리로만 보면 이 구조는 우주 전체와 과거 전체로 펼쳐지며 미래 전체에도 영향을 준다. 예를 들어 밤하늘을 보면서 광대한 시공간을 아우르는 구조를 어떻게 하면 눈이라는 작은 공간 속에 들어오는 빛을 통해 식별할 수 있는지 또한 광학망원경이나 전파망원경 같은 기구가 각 공간 영역에 담긴 이러한 전체를 어떤 이유로 더욱 잘 식별해 내는지 생각해 보자.

여기에서 새로운 질서 관념이 싹튼다. 이러한 질서는 대상이나 사건을 나란히 (줄지어) 배열한 것으로 이해하기 힘들다. 오히려 전체 질서는 각 시공 영역에 내포되어 있다.

여기서 단어 '내포된implicit'은 동사 '함축하다implicate'에 뿌리를 두고 있는데 이 단어는 '안으로 접는다'는 뜻이다.[3] (곱셈multiplication

은 '여러 번 접는다'는 뜻). 그러면 어떤 의미에서 각 영역이 그 안에 접힌 전체 구조를 포함하는지 살펴보자.

먼저 접힌 질서 또는 내포 질서 implicate order를 보이는 다른 예들을 생각해 보자. 일례로 텔레비전의 영상 이미지는 시간 질서로 바뀌고 이것이 전파로 전달된다. 한 이미지 위에 가까운 점들이 라디오 신호에서도 반드시 가까이 있지는 않다. 따라서 전파는 이미지를 내포 질서로 전달한다. 그리고 수신기는 이 질서를 펼쳐내는 explicate 일, 곧 그것을 새로운 이미지 형태로 '펼치는' 일을 한다.

내포 질서를 분명히 보여주는 예는 실험실에 있다. 당밀과 같은 점성 액체로 가득 찬 투명 용기에 그 액체를 천천히, 빈틈없이 휘저을 수 있는 회전 기구가 달려 있다고 하자. 액체에 불용성 잉크 한 방울을 떨어뜨리고 회전 기구를 움직이면, 잉크 방울은 마치 실처럼 점차 액체 전체에 퍼져 나간다. 잉크 물감은 다소 제멋대로 퍼져 회색빛을 띤다. 하지만 회전 기구를 반대 방향으로 돌리면 그러한 변화는 역전되고 물감 방울이 복원되어 갑자기 나타난다(내포 질서에 대한 이 예는 6장에서 더 논한다).

물감이 얼핏 보기에 제멋대로 퍼져 있어도 거기에는 어떤 질서가 있으며 이는 처음에 잉크 방울을 다른 곳에 떨어뜨려 생긴 질서와는 다르다. 이 질서는 액체 속에 보이는 회색 덩어리에 접히거나 내포되어 있다. 실제로 어떤 그림 전체를 이렇게 접을 수 있다. 서로 다른 그림은 바로 구별이 안 되겠지만 질서가 다르기 때문에 회전 기구를 반대로 돌려 펼쳐내면 그 차이가 드러난다.

여기서 일어나는 일은 홀로그램에서 일어나는 일과 아주 비슷하다. 물론 다른 점도 있다. 정밀히 분석하면 잉크 방울 부분들은 액체와 같이 움직이는 동안에도 원래의 것과 일대일 대응 상태에 있다. 반면 홀로그램이 동작할 때는 그러한 일대일 대응이 없다. 따라서 홀로그램에서 (또한 양자 맥락에서 하는 실험에서) 내포 질서는 이보다 더 미세하고 복잡한 외연 질서로 환원되지 않는다.

내포 질서와 외연 질서라는 구분이 의미가 있다는 뜻이다. 크게 보면 이제까지 물리 법칙은 주로 외연 질서만을 나타냈다. 실제로 데카르트 좌표도 주로 외연 질서를 정확하고 분명히 나타내는 일을 했다고 할 수 있다. 반면 이제 물리 법칙을 표현하는 가장 중요한 질서는 내포 질서이며, 외연 질서는 이에 비해 덜 중요하다(고전 물리가 나온 뒤에 아리스토텔레스 운동 개념이 덜 중요해진 것처럼). 따라서 데카르트 좌표를 쓴 서술방식이 더 이상 중요하지 않게 된 지금, 물리 법칙을 논하기 위한 새로운 서술방식의 출현을 기대해볼 수 있다.

4. 전운동과 그 측면들

내포 질서를 중시하는 새로운 서술방식을 알아보기 위해 홀로그램을 다시 생각해 보자. 여기서 처음 빛을 비춘 구조 전체의 질서는 각 공간 영역에 접혀 있고 빛으로 전달된다. 이와 비슷한 다른 예로 전파를 변조하는 신호가 있다(다음쪽 그림을 보라). 이 모두에서 접혀 전달되는 내용이나 의미는 원래 어떤 질서이자 척도로, 어떤 구조로 발

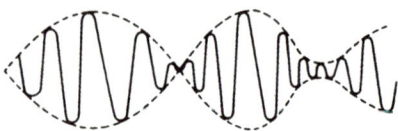

전할 수도 있다. 전파에서 이 구조는 전달 언어나 영상 이미지이겠지만 홀로그램에서는 훨씬 더 세밀한 구조가 관련되기도 한다(특히 여러 각도에서 볼 수 있는 3차원 구조).

크게 보아 그러한 질서와 척도는 전자기파만이 아닌 다른 수단에 의해(전자빔이나 소리, 그 밖에 다른 수많은 운동에 의해) 접혀 전달될 수 있다. 여기서 미분리된 전체 개념을 확장하고 강조하기 위해 내포 질서를 전달하는 것을 전운동 holomovement이라고 하자. 전운동은 끊기거나 나뉘지 않으며 특정 측면(예를 들어 빛, 전자, 소리)을 따로 뽑아내도 결국 서로 합쳐져 분리되지 않는다. 따라서 전운동 전체는 결코 어떤 특정 방식으로 제한할 수 없다. 또한 어떤 특정 질서를 따르거나 특정 척도에 묶이지 않는다. 곧 전운동은 규정하거나 측량할 수 없다.

규정도 측량도 못하는 전운동을 중시한다면 근본 이론이라는 말은 의미를 잃는다. 곧 모든 물리학에서 영원한 기초가 되는 이론이나 모든 물리 현상이 결국 그리로 환원되는 이론은 없다. 오히려 모든 이론은 제한된 맥락에서만 의미 있는 측면을 뽑아내며, 이를 적절한 척도로 나타낸다.

그러한 측면이 어떻게 주목받는지에 대한 논의로 단어 '관련 있는

relevant'을 기억해 보자. 이 단어는 '렐리베이트 relevate'에서 왔는데, 지금은 쓰지 않지만 원래 '끌어올린다'(엘리베이트 elevate처럼)는 뜻이다. 따라서 어떤 이론에 포함된 서술방식은 특정 맥락에서 어떤 내용을 끌어올려 '두드러지게' 한다. 이 내용이 논의 맥락과 관계가 있으면 관련 있다 relevant고 말하며, 그렇지 않으면 관련 없다 irrelevant고 한다.

전운동에서 내포 질서의 어떤 측면을 끌어올린다는 말이 무슨 뜻인지 알아보기 위해 이전 절에서 얘기한 점성 액체를 젓는 기계 장치를 생각해보자. 먼저 물감 방울을 떨어뜨리고 회전 기구를 n번 돌린다고 해보자. 그리고 그 근처에 또 다른 물감 방울을 떨어뜨리고 다시 n번 휘젓는다. 이러한 과정을 무한정 반복하면, 여기에 쓰인 방울은 아래 그림처럼 한 줄로 길게 늘어서게 된다.

● ● ● ● ● ● ● ● ● ● ● ● ● ● ● ● ● ● ●

이렇게 수많은 방울을 '접고' 난 뒤 회전 기구를 반대로 재빨리 돌리면 방울은 따로따로 분해되지 않는다. 단지 고형인 물체가 (입자처럼) 공간 속에서 연속 운동하는 듯 보인다. 이 물체가 이렇게 보이는 이유는 어떤 값보다 낮은 물감 농도에는 눈이 반응하지 않기 때문이다. 곧 '전운동'하는 물감은 바로 보이지 않는다. 다만 시지각은 특정 측면을 끌어올린다. 곧 두드러져 보이는 측면이 있는가 하면 나머지 액체는 그저 움직이는 물체 뒤 회색 배경으로 보인다.

물론 두드러져 보이는 측면 자체는 넓은 맥락을 벗어나서는 별 의미가 없다. 예를 들어 이 예가 실제로 액체 속을 움직이는 독립된 물체가 있다는 의미일 수도 있다. 이는 운동의 전체 질서에서 눈에 직접 보이는 측면만 생각하자는 뜻이다. 물론 그러한 의미도 적절한 맥락이 있을 수 있다(일상 경험에서 하늘에 던진 돌멩이처럼). 하지만 지금 여기에서는 매우 다른 의미가 있고 이것은 다른 서술방식으로만 전달될 수 있다.

그렇게 서술하려면 우선 개념만을 써서, 직접 지각되는 어떤 질서보다 더 넓은 차원의 운동 질서를 끌어올려야 한다. 이때 항상 전운동에서 시작해 관련 맥락을 서술하기에 적합할 만큼 전체의 특정 측면을 뽑아낸다. 지금 예에서 이 전체는 여러 운동을 포함하는데, 기계 장치를 휘저어 생긴 액체와 물감 운동, 사태를 감지하기 위한 빛 운동, 그리고 이러한 빛 운동에서 차이를 지각하기 위한 눈과 신경계 운동이 그것이다.

그렇다면 직접 지각에 두드러진 내용(움직이는 물체)은 두 질서가 교차한 결과라고 할 수 있다. 그 가운데 하나가 감각 기관에 직접 관계된 운동 (빛 운동과 여기에 대한 신경 반응) 질서이고 다른 하나는 지각된 내용을 자세히 결정하는 운동 (액체에서 물감 운동) 질서이다. 이렇게 질서의 교차로 서술하는 방식은 매우 폭넓게 적용할 수 있다.[4]

이미 본 대로 빛 운동에서는 전체 구조에 관한 내포 질서가 접혀 전달된다고 서술해야 하며, 부분으로 분석하는 서술방식을 적용하기 힘들다(물론 어떤 제한된 맥락에서는 외연 질서 또한 적절한 서술이다).

또한 지금 예와 같은 경우에는 물감 운동도 비슷하게 서술해야 한다. 곧 운동하면서 어떤 내포 질서(물감 분포)는 펼쳐지고 다른 외연 질서는 접히게 된다.

이러한 운동을 더 자세히 기술하기 위해 '내포 변수'라는 새로운 척도를 도입, 이를 T로 나타내자. 액체에서 이 변수는 어떤 물감 방울을 원래 형태로 되돌리기에 필요한 회전수이다. 따라서 어느 순간 물감의 전체 구조는 일련의 하부구조, 곧 각각 내포 변수가 T_N인 방울 N으로 이루어졌다고 볼 수 있다.

이는 새로운 구조 개념으로 분리되고 펼쳐진 사물을 배열하고 조합해서는 얻을 수 없다. 오히려 '구조'는 내포 정도(T로 측정)가 다른 여러 측면을 질서 있게 배열해서 얻는다.

그러한 측면들은 상당히 복잡할지도 모른다. 예를 들어 회전 기구를 n번 돌려 어떤 '그림 전체'를 접을 수 있다. 그리고 조금 있다가 다른 그림을 접을 수 있고 이렇게 무한정 나아갈 수 있다. 그러다 회전 기구를 반대 방향으로 재빨리 돌리면 그림들 전체가 움직이고 상호작용하면서 만들어내는 3차원 상을 보게 된다.

이 운동에서 어느 순간 보이는 그림은 동시에 펼쳐질 수 있는 측면(내포 변수값이 T인 측면)들로만 이루어진다. 동시에 일어나는 사건을 동시발생synchronous이라고 하듯 함께 펼쳐질 수 있는 측면들을 동시순서synordinate라고 하자. 함께 펼쳐지지 못한다면 비동시순서 asynordinate라고 할 수 있다. 그러면 지금 논하는 새로운 구조 개념은 비동시순서에 관한 것인 반면, 이전까지 구조 개념은 동시순서에만 관계했다.

여기서 변수 T로 측정되는 내포 순서는 시간 순서(다른 변수 t로 측정)와 별 관계가 없다. 두 변수는 그저 우연히 (여기서는 젓는 기구의 회전 속도 때문에) 연결되었을 뿐이다. 내포 구조의 기술에 직접 관계된 변수는 T이지 t가 아니다.

구조가 비동시순서이면 (곧 내포 정도가 서로 다른 측면들로 이루어지면) 법칙 표현에 중요한 질서는 시간 순서가 아니다. 오히려 이전 예들에서 알 수 있듯 내포 질서 전체가 항상 같이 있기 때문에 여기서 만들어진 전체 구조는 시간 없이도 기술할 수 있다. 이때 구조에 대한 법칙은 내포 정도가 서로 다른 측면들에 대한 법칙이다. 그러한 법칙은 시간에 따른 결정론적 법칙이 아니다. 5-1장에서 지적한 대로 시간에 따른 결정론이 유일한 비율이나 이유는 아니다. 의미 있는 질서에서 어떤 비율이나 이유를 찾기만 한다면 이를 법칙이라 할 수 있다.

지금까지 간단한 예들로 설명한 운동 질서는 양자 맥락에서도 찾을 수 있다. 예를 들어 오른쪽 그림과 같이 '기본 입자'는 보통 검출 장치(사진 건판, 거품 상자 등)에 남기는 궤적으로 관측된다. 그러한 궤적은 분명 직접 지각에 드러난 한 측면에 지나지 않는다(앞서 살펴본 운동하는 물감 방울들처럼). 이를 '입자' 궤적으로 서술하려면, 가장 중요한 운동 질서가 직접 지각된 질서와 비슷하다고 가정해야 한다.

하지만 양자론의 새 질서에 대한 이전 논의에서 보였듯 그러한 서술은 모순이다. 예를 들어 운동을 불연속인 양자 도약으로 기술해야 한다면 입자가 눈에 띄는 점들을 잇는 궤도로 확정된다는 생각은 무

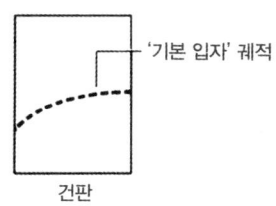

건판

의미하다. 또한 파동과 입자의 이중성은 운동 모습이 실험 장치에 의존함을 보여주며 국소 입자가 홀로 운동한다는 생각과는 배치된다. 하이젠베르크 현미경 실험에서도 알 수 있듯 미분리된 전체라는 새로운 질서에서는 관측된 입자와 관측에 필요한 실험 조건 전체를 분리해서 얘기하면 의미가 없다. 따라서 양자 맥락에서 '입자'라는 용어는 오해를 낳기 쉽다.

우리가 여기서 다루는 예는 물감을 점성 액체에 섞는 경우와 비슷하다. 둘 다 직접 드러난 외연 질서를 따로 떼어 보면 모순이다. 물감의 외연 질서를 결정하는 것은 두 내포 질서의 교차로 액체의 전체 운동에 대한 질서와 지각된 물감의 농도 차이에 대한 질서가 교차된다. 마찬가지로 양자 맥락에서는 '전자'라는 어떤 전체 운동에 대한 내포 질서와 실험 기구가 끌어올린 (기록한) 차이에 대한 내포 질서가 교차한다. 따라서 '전자'라는 말은 전운동의 어떤 측면에 주목하기 위한 이름에 지나지 않는다. 이 측면은 실험 상황 전체를 고려해야지 국소 물체의 공간 운동으로 서술하면 안된다. 또한 현재 물리학에서 물질을 구성한다고 하는 온갖 입자도 마찬가지 방식으로 논해야 한다(따라서 그러한 입자는 더 이상 독립된 조각이 아니다). 이로써 우리는 물리학 전체에서 새로운 기술방식인 모두가 모두를 접고 있는 미분리된 전체 질서에 이르렀다.

이 장 부록에서는 이러한 내포 질서 관점에서 양자 맥락을 어떻게 소화할 것인지를 수식을 써서 논한다.

5. 전운동에 성립하는 법칙

양자 맥락에서 보면 직접 지각되는 사물의 질서는 더 넓은 내포 질서에서 비롯된다. 내포 질서의 모든 측면들은 결국 규정도 측량도 못 하는 전운동으로 합쳐진다. 그런데 세계를 독립된 구성 요소로 분석하는 서술방식이 때로는 잘 맞는다(예를 들어 고전 물리에서). 이를 어떻게 이해해야 할까?

이 질문에 답하기 위해 먼저 영단어 '자율autonomy'을 살펴보자. 이 단어는 그리스어에서 '자기'를 뜻하는 '오토auto'와 '법'을 뜻하는 '노모스nomos'에서 왔다. 따라서 자율은 '스스로 다스린다'는 뜻이다.

분명 그 무엇도 스스로의 법칙만을 따르지 않는다. 기껏해야 어떤 조건, 어떤 근사 아래, 일정 한계 내에서 자율에 따라 행동할 뿐이다. 실제로 어느 정도 자율인 사물(예를 들어 입자)은 또한 어느 정도 자율인 다른 사물들에 의해 제한을 받는다. 그러한 제한은 현재 상호작용 개념으로 설명한다. 하지만 우리는 여기서 '타율heteronomy'이라는 말을 써서 자율이 제한된 사물을 기계 부품처럼 외부 관계로 연결시키는 법칙에 주목한다.

타율의 두드러진 특징으로 분석하는 서술방식을 들 수 있다(5-1장에서 지적한 대로 영단어 '분석analysis'은 '분해하다', '풀다'를 뜻하는 그리스어 '리시스lyis'에서 왔다. 접두어 '아나ana'는 어디위를 뜻하므로 '분석'은 '위에서 풀다', 곧 상호작용하는 분리된 요소를 어떤 높이에서 조망한다).

반면 좀 더 넓은 맥락에는 분석하는 서술방식이 적합하지 않다. 그때 필요한 것이 바로 홀로노미holonomy, 곧 전체 법칙이라 할 수 있다. 홀로노미라고 해서 분석이 아예 무의미하다는 뜻은 아니다. 실제로 홀로노미는 여러 측면들이 서로 어떻게 '풀리는지' 기술할 수도 있으며(또한 이러한 측면들이 타율 체계 안에서 상호작용하는 일을 기술할 수도 있다), 이때 그 측면들은 일정 한계내에서만 자율적이다. 하지만 어떤 자율(또한 타율)이라도 결국 홀로노미에 의해 제한된다. 따라서 상호작용하는 분리된 형태들도 넓은 맥락으로 가면 전운동에서 이끌려 나온 모습들이다.

과학 탐구는 보통 전체에서 자율처럼 보이는 측면을 끌어올리며 시작한다. 처음에는 이러한 측면에 대한 법칙 탐구가 물론 중요하지만 차츰 연구가 진행되면서 그 측면 또한 원래의 주제와 아무 관련이 없어 보였던 다른 측면과 연결되어 있음을 깨닫기도 한다.

때때로 넓은 범위에 걸친 여러 측면들이 '새로운 전체' 안에서 해석되기도 한다. 지금까지는 '새로운 전체'를 끝까지 타당한 질서로 고정해 놓고 앞으로 관측되거나 발견될 어떤 사실까지도 이에 끼워 맞추려 했다.

하지만 우리 생각에 '새로운 전체'란 또 다른 전체 안의 부분에 지나지 않는다. 따라서 홀로노미는 과학 탐구에서 고정된 최종 목표가 아니라 새로운 전체들이 잇따라 나오는 움직임으로 보아야 한다. 그리고 전운동에 대한 법칙도 알거나, 밝히거나, 말로 표현하지 못한다. 오히려 그러한 법칙은 접혀 있다고 보아야 한다.

이제 물리학에서 밝혀낸 사실을 전체 법칙으로 소화하는 문제를 논한다.

부록 | 물리 법칙에서 내포 질서와 외연 질서

| 1. 서론 |

이 부록에서는 앞서 소개한 내포 질서와 외연 질서 개념을 수식으로 보이려 한다.

물론 수학과 물리는 따로 생각하지 말고 연관된 구조로 보아야 한다(그래야 나무에 페인트를 칠하듯, 물리에 수학을 적용할 수 있다). 곧 수학과 물리는 단일한 미분리된 전체의 양상들로 간주해야 한다.

전체에 대한 논의를 물리학에서 흔히 쓰는 언어로 시작해 보자. 그런 뒤 이를 수학으로 명확히 규정하면 정밀한 진술이 가능하고 넓은 범위에 걸쳐 명료하고 일관된 추론을 할 수 있다.

언어와 수학이 조화롭고 일관되게 쓰이려면 이 두 측면에 차이나는 부분 (특히 수학에서는 매우 정밀한 추론을 할 수 있다) 말고도 아주 비슷한 부분이 있어야 한다. 이들의 같고 다른 점을 생각하면 여기서 모종의 대화가 생겨나고 두 측면을 아우르는 새로운 의미를 창조할 수 있다. 언어와 수학 전체를 바로 이런 '대화'로 바라보아야 한다.

이 부록에서는 임시방편으로나마 어떻게 보통 언어를 수학으로 나타내고 내포 질서와 외연 질서를 조화롭고 일관되게 전개할지 알아보겠다.

| 2. 유클리드 질서와 척도 체계 |

먼저 외연 질서를 수식으로 나타내 보자.

외연 질서는 무엇보다 감각 지각과 그렇게 지각된 내용을 경험하는 과정에서 생겨난다. 물리학에서 외연 질서는 기구를 이용해 얻는 관측 결과로 드러난다.

물리 연구에서 보통 쓰는 기구들로 관측한 내용은 유클리드 질서와 척도 체계로 서술할 수 있다. 보통의 유클리드 기하학으로 충분히 이해할 수 있는 체계라는 것이다. 그러면 유클리드 질서와 척도 체계에 대한 논의를 시작해 보자.

여기서 나는 수학자 클라인이 제안한 연구 방법론을 따르겠다. 그는 어떤 변환이 한 기하를 결정하는 핵심 특징이라고 보았다.[5] 예를 들어 3차원 유클리드 공간에는 변위 연산자 D_i가 3개 있다. 각 연산자는 한 묶음의 평행선을 결정하는데, 이 연산 아래 자기 자신으로 변환되는 선들이 있다. 그리고 회전 연산자 R_i가 3개 있다. 각 회전 연산자는 원점 주위로 한 모음의 동심 원기둥을 결정하며 이들은 회전 연산 아래 자기 자신으로 변환된다. 그리고 회전 연산자 전체는 동심 구들을 결정하며 이들은 전체 회전 아래 자신으로 변환된다. 마지막으로 확대 연산자 R_0가 있어서 어떤 반지름의 구를 반지름이 다른 구로 변환한다. 이 연산 아래서 원점을 지나는 방사선은 자신으로 변환된다.

어떤 연산자 모음 R_i, R_0에 다음의 변위 연산을 가하면 중심이 다른 모음 $R_i{'}$, $R_0{'}$를 얻는다.

$$(R_i{'}, R_0{'}) = D_j(R_i, R_0)D_j^{-1}$$

D_i에 다음의 회전 연산을 가하면 방향이 다른 변위 연산자 모음 $D_i{'}$를 얻는다.

$$D_i{'} = R_j D_i R_j^{-1}$$

D_i를 어떤 위치 이동이라고 하면[6] $(D_i)^n$은 같은 위치 이동을 n번 한 것이다. 이는 위치 이동도 정수 순서처럼 쉽게 늘어놓을 수 있다는 뜻이다. 따라서 위치 이동을 숫자로 나타낼 수 있다. 이는 단지 순서만을 의미하는 것이 아니라 척도이기도 하다(곧 잇따른 위치 이동의 크기가 같다고 보면).

마찬가지로 각 회전 R_i는 순서와 척도가 있는 회전 계열 $(R_i)^n$을 결정하며, 확대 R_0는 순서와 척도가 있는 확대 계열 $(R_0)^n$을 결정한다.

이와 비슷한 연산이 평행이나 수직, 또한 기하학 도형 사이의 합동이나 닮음이 무엇인지도 결정한다. 따라서 연산은 유클리드 기하에서 핵심이 되는 특징과 함께, 순서와 척도 체계 전체를 결정한다고 할 수 있다. 따라서 가장 중요한 것은 연산 전체로 고정된 요소(직선이나 원, 삼각형 같은 요소)는 이 연산에 대해 '불변하는 부분공간'이거나 이러한 부분공간의 배치인 셈이다.

| 3. 변환과 변형 |

이제 내포 질서를 수식으로 나타내 보자. 내포 질서는 평행 이동, 회전, 확장과 같은 단순한 기하 변환이 아닌 다른 연산을 써서 기술해야 한다. 헷갈리지 않기 위해 어떤 외연 질서 안에서 일어나는 단순한 기하 변화만을 가리키는 말로 '변환transformation'을 쓰자. 반면 더 넓은 내포 질서 맥락에서 일어나는 일은 '변형metamorphosis'이라고 부르겠다. '변형'은 강체 위치나 방향이 바뀌는 변화보다 훨씬 급격한 변화로, 애벌레가 나비가 되는 변태 과정과 비슷하다(이때는 모든 것이 철저히 변화하지만 여전히 불변하는 섬세하고 고도로 접힌 특징들도 있다). 빛을 비춘 물체와 홀로그램(또는 잉크 방울과 이를 저을 때 생기는 '회색 덩어리') 사이 변화는 아무래도 변환보다 변형으로 나타내야 한다.

변형에 대해서는 기호 M을, 변환에 대해서는 기호 T를 쓰겠다. 반면 E는 어떤 외연 질서 (D_i, R_i, R_0)와 관련 있는 변환 전체를 나타낸다. 어떤 변형 아래서 E는 E'으로 바뀐다.

$$E' = MEM^{-1}$$

지금까지는 이를 보통 닮음변환similiarity transformation이라고 했으나 이제부터는 '닮음변형'이라고 부르겠다.

닮음변형의 특징을 알아보기 위해 홀로그램을 생각해 보자. 이 상황에 맞는 변형 M은 빛을 비춘 구조와 감광판에서의 진폭을 연결하는 그린 함수 Green's function이다. 주파수가 ω로 확정된 파동에 대한 그린 함수는 다음과 같다.

$$G(x-y) \simeq \{\exp[i(\omega/c)|x-y|]\}/|x-y|$$

여기서 x는 빛을 비춘 구조와 관련된 좌표이고, y는 판과 관련된 좌표이다. 따라서 만일 $A(x)$가 빛을 비춘 구조에서 파동의 진폭이라면, 판에서 진폭 $B(y)$는 다음과 같다.

$$B(y) \simeq \int (\{\exp[i(\omega/c)|x-y|]\}/|x-y|) A(x) dx$$

이 식을 보면 빛을 비춘 구조 전체는 판 영역 각각에 '옮겨지고' '접히기' 때문에 x와 y 사이 점대점 변환이나 대응으로 기술될 수 없다. 따라서 $G(x-y)$와 같은 행렬 $M(x,y)$는 빛을 비춘 구조에서의 진폭을 홀로그램에서 진폭으로 변형한다고 할 수 있다.

빛을 비춘 구조를 변환하면 홀로그램에 어떤 변화가 생기는데, 여기서 변환 E와 그러한 변화 사이 관계를 생각해 보자. 빛을 비춘 구조에서 E는 점대점 대응으로 가까운 점들이 가까운 점들로 변환된다. 이에 따라 홀로그램에서 생기는 변화는 $E' = MEM^{-1}$로 볼 수 있다. 하지만 홀로그램에서 생기는 이 변화는, 점들 사이의 위치 관계를 보존하는 점대점 대응이 아니다. 오히려 홀로그램의 각 영역은 다른 모든 영역이 어떤지에 따라 같이 변화한다. 그렇다고 해도 홀로그램에서 생긴 변화 E'은 홀로그램을 레이저로 비추면 나타나는 구조에서 생긴 변화 E를 분명히 결정한다.

마찬가지로 양자 맥락에서의 일원변환(상태 벡터에 작용하는 그린 함수로 주어진 변환)[7]도 변형으로 이해할 수 있다. 이 변형은 시공간의 위치 관계를 보존하는 점대점 변환은 아니지만 이를 '접고 있는' 더 확장된 연산으로 앞서 말한 닮음변환이다.

| 4. 내포 질서를 수식으로 나타내기 |

이제 다음 단계는 내포 질서를 서술하는 언어를 수식으로 나타내는 일이다.

먼저 변형 M을 생각해 보자. M을 여러 번 적용하면 $(M)^n$을 얻는데, 이는 어떤 구조를 n번 접는다는 뜻이다. 이제 $Q_n = (M)^n$이라고 하면 다음이 성립한다.

$$Q_n : Q_{n-1} = Q_{n-1} : Q_{n-2} = M$$

곧 Q_n에는 비슷한 차이가 계속 이어진다(실제로 이러한 차이는 비슷할 뿐만 아니라 모두 M과 같다). 5-1장에서 지적한 대로 그렇게 이어지는 비슷한 차이는 어떤 '질서'를 나타낸다. 그 차이가 접힌 정도이기 때문에 이 질서는 내포 질서이다. 또한 계속된 연산 M이 모두 같다고 보면 어떤 척도 또한 있게 되며 n을 내포 변수로 취급할 수 있다.

불용성 물감 방울을 점성 액체에 푸는 예를 생각해 보면 (계가 접힐 때 물감 방울에 생긴 변화를 M으로 나타내자) M''은 n번 접힐 때 물감의 변화를 나타낸다. 각 물감 방울은 이전 방울에서 얼마만큼 이동한 위치에 들어간다. 이 위치 이동을 D로 나타내자. 그러면 n번째 방울은 먼저 D''만큼 위치가 이동하고 M''만큼 변형되어 최종 결과는 $M''D''$이 된다. 또한 각 물감 방울 농도가 변한다고 하고 n번째 방울의 농도를 연산 $Q_n = C_n M'' D''$로 나타내자. 그러면 물방울들 전체에 대한 연산자는 결과들을 하나하나 합친 아래 식이 된다.

$$Q = \sum_n C_n M^n D^n$$

또한 Q, Q', Q''에 해당하는 구조들 여럿이 중첩되면 다음과 같다.

$$R = Q + Q' + Q'' + \dots$$

이에 더해 그러한 구조 하나하나가 변위 D, 변형 M만큼 바뀌면 그 결과는 아래와 같다.

$$R' = MDR$$

만일 액체 바탕이 이미 '균일한 회색'이고 계수 C_n이 음이면 이는 방울이 있는 영역에서 물감을 얼마쯤 덜어낸다는 뜻으로 보면 된다 (거기에 물감을 더하기보다).

지금까지 논의에서 수학 기호는 모두 어떤 연산(변환과 변형 모두이거나 아니면 그 중 하나)에 해당한다. 연산끼리 더하고 그 결과를 숫자 *C*로 곱하거나 연산끼리 서로 곱하는 것에도 모두 어떤 뜻이 있다. 단위 연산(곱해도 연산을 그대로 두는 연산)과 영 연산(더해도 연산을 그대로 두는 연산)을 쓰면, 어떤 대수를 구성하는 데 필요한 모든 조건을 갖춘 셈이다.

그렇다면 대수는 내포 질서로 이루어진 구조와 비슷한 특징을 모두 갖추고 있다. 따라서 내포 질서를 논하는 보통 언어와 일관되며 의미 있는 수학이 가능해진다.

양자론에서도 지금 말한 것과 같은 대수가 중요한 일을 한다. 실제로 이 이론은 선형연산자들(단위 연산자와 영 연산자를 포함)로 나타낼 수 있고 이들 연산자끼리 더하거나 곱하고 아니면 연산자와 수를 곱할 수도 있다. 따라서 양자론 내용 전체를 그러한 대수로 나타낼 수 있다.

물론 양자론에서 대수항들은 이에 대응하는 '물리 관측량'을 나타낸다. 하지만 우리 관점에서는 그러한 항들이 특별한 무엇을 나타낸다고 보기 어렵다. 오히려 이들은 보통 언어의 확장으로 보아야 한다. 곧 대수 기호 하나는 단어 하나와 비슷하여 그 숨은 뜻은 언어 전체를 써야만 충분히 드러난다.

실제로 이러한 접근은 현대 수학, 특히 수론에서 널리 쓰인다.[8] 예를 들어 '무정의 기호 undefinable symbols'라고 하는 것에서 시작하면 이 기호가 무슨 뜻인지는 중요하지 않고 단지 이러한 기호가 들어간 관계나 연산만이 의미가 있다.

이렇게 언어를 수학으로 나타내면 질서, 척도, 구조가 이 언어에서 생겨날 것이며, 이는 일상 경험이나 과학 기구를 쓴 경험에서 인식하는 질서, 척도, 구조와 비슷하다(물론 다르기도 하다). 앞서 지적대로 두 질서, 척도, 구조 사이에는 어떤 관계가 있다. 따라서 말하고 생각하는 대상과 관측하고 움직이는 대상 사이에는 어떤 공통의 비율이나 이유가 있다.

대수 언어에서 '입자, 전하, 질량, 위치, 운동량'과 같은 용어는 그리 중요하지 않다. 이들 용어는 기껏해야 높은 수준의 추상일 뿐이다. '양자 대수'의 진정한 의미는 보통 언어를 확장해 내포 질서를 더 정확하고 분명히 논할 수 있다는 것이다.

물론 대수 또한 제한된 수학적 표현으로 다른 수학 분야로 나아가지 말라는 법은 없다(예를 들어 환ring이나 격자lattice, 기타 아직 만들어지지 않은 한층 확장된 구조에 대한 수학). 물론 여기서 살펴보겠지만 제한된 대수 구조 안에서도 현대 물리 전반에 걸친 여러 측면들을 흡수하고 새로운 탐구 영역을 개척할 수 있다. 따라서 확장된 수학으로 나아가기 앞서 보통 언어를 대수로 표현하는 과정을 좀 더 자세히 살펴보자.

| 5. 대수와 전운동 |

보통 언어를 대수로 표현할 때는 먼저 대수 기호가 주로 어떤 운동을 나타낸다는 사실을 눈여겨봐야 한다.

예를 들어 A가 어떤 확정되지 않은 항들의 모음이라고 하자. 그러면 어떤 대수에서 항들은 다음과 같은 관계에 있게 된다.

$$A_i A_j = \sum_K \lambda_{ij}^K A_K$$

여기서 λ_{ij}^K는 상수들의 모음이다. 이 관계가 말하듯 어떤 항 A_i가 다른 항 A_j보다 먼저 나올 때 그 결과는 항들에 가중치를 둔 합 또는 항들의 중첩과 같다(따라서 대수는 양자론과 거의 같은 '중첩 원리'를 포함한다). 실제로 항 A_i 그 자체는 정의되지 않지만 전체 항의 운동을 나타내며 이때 A_i는 기호들을 중첩한 $\sum_K \lambda_{ij}^K A_K$로 바뀌게 된다.

앞서 지적대로 내포 질서를 서술하는 보통 언어에서 논의하는 모든 것은 규정도 측량도 못하는 전운동과 관련된다. 마찬가지로 이 언어를 대수로 나타내면 어떤 불확정 대수가 전체가 되고 여기서 각 항은 주로 다른 항 모두의 '전체 운동'을 나타낸다. 이러한 유사성 덕분에 전운동을 전체로 보는 서술방식이 일관된 수학이 된다.

이제 이런 생각을 더 심화해 보자. 보통 언어에서처럼 전운동에서 어느 정도 독립된 측면을 생각하자. 그러면 이 언어를 수식으로 나타낸 불확정 '전체 대수'에서도 어느 정도 독립된 측면인 부분대수sub-algebra를 생각할 수 있다. 전운동에서 각 측면은 전체 법칙(홀로노미) 때문에 그 자율이 제한된다. 마찬가지로 어떤 법칙에 따른 운동이 부분대수가 다룰 수 있는 범위를 넘어설 때 각 부분대수도 제약을 받는다.

그렇다면 물리 맥락을 서술하기에 적합한 부분대수가 있다 해도 이러한 맥락을 벗어나면 그러한 서술은 적절하지 않으며 새로운 맥락에 맞는 서술을 찾아낼 때까지 한층 확장된 대수를 생각해야 한다.

일례로 고전 맥락에서는 유클리드 연산 모음 E에 해당하는 부분대수를 뽑아낼 수 있다. 하지만 양자 맥락에서는 '전체 법칙'이 변형 M을 포함하며, 이 변형에 의해 부분대수 E는 다른 (그래도 여전히 비슷한) 부분대수 E'으로 바뀐다.

$$E' = MEM^{-1}$$

지적한 대로 이제 양자 대수조차 더 넓은 맥락에는 적합하지 않다. 따라서 한층 확장된 대수를 생각해볼 수 있다(물론 나중에는 대수가 아닌 더 확장된 수학 형식 또한 생각해야 한다).

6. 상대성 원리를 내포 질서로 확장하기

더 포괄적인 수학 형식을 탐구하기 위해 먼저 상대성 원리를 내포 질서로 확장해 보자. 이는 앞서 말한 양자 대수가 어떻게 고전 대수의 자율을 제한하는지 생각하면 분명해진다.

고전 맥락에서 어떤 구조는 E_1, E_2, E_3, ...와 같은 연산 모음으로 규정할 수 있다(이러한 연산은 길이, 각도, 합동, 닮음 따위를 기술한다). 더 넓은 양자 맥락에는 이와 비슷한 연산 $E' = MEM^{-1}$이 있다. 비슷하다는 것은 어떤 두 요소 E_1과 E_2가 특정 구조에서 서로 관련된다면 비국소 접힌 변환을 나타내는 E_1'과 E_2'도 똑같이 관련된다. 이를 간결하게 나타내면 다음과 같다.

$$E_1 : E_2 :: E_1' : E_2'$$

여기서 질서와 척도에 대한 유클리드 체계 E와 그에 따른 구조가 있다면 E가 접고 있는 다른 체계 E'와 그에 따른 비슷한 구조를 언제나 얻을 수 있다.

지금까지 상대성 원리는 다음과 같은 형식이었다. "어떤 속도로 움직이는 좌표계에서 구조들 사이에 관계가 있다면 다른 속도로 움직이는 좌표계에서도 항상 비슷한 관계를 찾을 수 있다." 하지만 앞서 논의처럼 보통 언어를 양자 대수로 나타낸다면 이 상대성 원리를 확장할 수 있는 길이 열린다. 그러한 확장은 분명 상보성 원리와 비슷하다. 곧 어떤 연산 모음 E에 대응하는 질서가 외연 질서라면, 이와 비슷한 연산 $E' = MEM^{-1}$에 대응하는 또 다른 질서는 내포 질서가 된다(따라서 어떻게 보면 이 두 질서는 동시에 정의될 수 없다). 하지만 이는 상보성 원리와도 다른데 아무래도 상충하는 실험 장치가 아닌 기하학의 질서와 척도에 관한 것이기 때문이다.

이렇게 상대성 원리를 확장하면 기존 공간 개념은 더 이상 맞지 않는다. 이 개념이란 공간이 유일하게 잘 정의된 점들로 이루어져 있다는 생각으로 점들끼리는 위상으로 보면 근방 neighbourhood 개념으로 연결되고 여기에 거리가 정의되면 계량 metric 개념으로 연결된다. 실제로 유클리드 연산 모음 E 각각이 그러한 점들이나 이웃, 계량 모음을 규정하지만 이들은 다른 연산 모음 E'에 의해 규정된 대상을 접고 있다. 따라서 위상과 계량으로 연결된 점들로 이루어진 공간 개념은 단지 더 넓은 전체의 측면일 뿐이다.

여기서 다시 새로운 용어 하나를 소개한다. 위상수학에서는 기본 도형(삼각형이나 다른 다각형 낱칸처럼)으로 이루어진 '복합체^{complex}'가 공간을 덮고 있고 이때 각각의 도형을 '단순체^{simplex}'라고 일컫는다. 영어에서 '플렉스^{plex}'는 라틴어 '플리카레^{plicare}'에서 왔으며, 이는 앞서 본 대로 '접다'는 뜻이다. 따라서 '단순체'는 한 번 접기를 뜻하며 '복합체'는 함께 접기, 곧 분리된 대상이 "함께 붙어 있다"는 뜻이다.

유클리드 질서와 척도 체계들이 서로 무한히 접힌 사태를 기술하기 위해 (이러한 맥락에서는 새로운) 단어 '다중체^{multiplex}'를 쓰겠다. 이는 여러 복합체가 모두 함께 접혀 있다는 뜻이다. 다양체^{manifold}도 문자 그대로 이런 뜻이다. 하지만 '다양체'는 흔히 연속체^{continuum}를 뜻한다. 우리가 '다중체'를 쓰는 이유는 내포 질서가 무엇보다 중요하고 연속체는 부적합한 용어라고 보기 때문이다.

이제까지는 보통 복합체로 채워진 연속체를 공간으로 보았다(이는 공간을 외연 질서로 나타낸 것이다). 그러한 복합체는 좌표계를 써서 논할 수 있다. 따라서 각 단순체는 국소 유클리드 체계로 나타낼 수 있고, 전체 공간은 서로 겹치는 좌표 조각들을 써서 다룰 수 있다. 아니면 공간 전체에 대해 쓸 수 있는 곡선좌표 모음 하나를 찾을 수도 있다. 상대성 원리에 따르면 그러한 모든 좌표계들은 동등한 서술 체계이다(곧 비율, 이유, 법칙을 표현하는 데 차이가 없다).

이제 서로 내포 관계에 있는 비슷한 연산 모음 E와 E'을 생각해 보

자. 앞서 지적대로 상대성 원리를 확장하면 어떤 두 연산 E와 E'으로 정의된 질서들도 서로 동등하다. 곧 전체 법칙 홀로노미에 따라 각 질서에서 비슷한 구조를 만들어낼 수 있다. 이것이 의미하는 바를 분명히 하기 위해 감각으로 지각할 수 있는 운동 질서는 '외연 질서'이고 다른 질서(예를 들어 양자 맥락에서 전자를 기술하는 데 적합한 질서)는 '내포 질서'임을 기억하자. 확장된 상대성 원리에 따르면 전자의 질서를 외연 질서로 우리들의 감각 질서를 내포 질서로 생각해도 문제가 없다. 이는 (비유하자면) 우리 자신을 '전자'에 위치시키고 우리 자신과 전자를 동일시하여 전자를 이해하려는 생각이다.

이야말로 온전한 전체적 사고이다. "모두가 모두를 접고 있고 우리 자신도, 우리가 보고 생각하는 대상 전부도 접혀 있다." 따라서 우리는 접힌(내포된) 채로 모든 곳에 언제나 존재한다.

이는 어떤 대상에 대해서도 항상 참이다. 단지 특정한 서술 질서 아래에서 대상이 펼쳐져 보인다. 반면 모든 질서에는 일반 법칙, 곧 홀로노미가 있어 모든 대상과 모든 시간이 이 질서 안에 함께 접혀 있다.

| 7. 다중체에서 법칙에 대한 몇몇 예비 제안 |

일반 법칙을 연속체가 아닌 다중체로 나타내기 위한 미리 몇 가지 제안을 하려 한다.

먼저 고전 서술방식에 따르면, 법칙을 특정 부분대수인 유클리드 질서와 척도 체계로 표현해야 의미가 있다. 이 체계를 공간만이 아닌 시간으로 확장하면 그 법칙은 특수 상대론과 양립할 수 있게 된다.

특수 상대론에서 '빛 속도'를 신호(또한 원인과 결과 사이 영향)가 전파될 수 있는 불변의 한계로 여긴다. 덧붙여 신호는 사건들 사이의 외연 질서로 이루어지며, 이러한 외연 질서가 의미 없는 맥락에서는 신호 개념도 무의미하다(곧 질서가 시공간 전체에 걸쳐 접혀 있다면, 이는 정보를 한 곳에서 다른 곳으로 시간을 두고 전달하는 신호가 되지 못한다). 이는 내포 질서가 관계된 곳에서 특수 상대론의 서술 언어는 더 이상 쓸모가 없다는 뜻이다.

일반 상대론은 특수 상대론과 비슷해 각 시공 영역에는 신호 속도의 한계를 나타내는 빛원뿔 light cone이 있다. 물론 차이점도 있는데 각 영역에는 자체 국소 좌표계(m으로 표기)가 있어 이웃 좌표계(n으로 표기)와 선형 변환 T_{mn}으로 연결된다. 하지만 우리가 보기에 국소 좌표계는 유클리드 질서와 척도 체계의 표현이다(곧 연산 E에 대해 불변인 부분공간이 바로 이 좌표계 선들을 생성해낸다). 따라서 유클리드 연산 체계 E_m과 E_n, 그리고 이들 사이 변환을 아래처럼 생각할 수 있다.

$$E_n = T_{mn} E_m T_{mn}^{-1}$$

연산 체계를 어떤 닫힌 회로 조각 둘레로 변환하면 수학 용어 '홀로노미군'이라는 개념에 이른다. 홀로노미군은 전체 공간의 특성을 규정하기 때문에 꽤 적절한 용어라 할 수 있다. 예를 들어 일반 상대론에서 이 군은 로렌츠군과 같으며 이는 '국소 빛원뿔'이 불변이라는 조건과도 일치한다. 만일 여기서 다른 군을 쓴다면 전체 공간의 특성도 덩달아 달라진다.

그러나 다른 관점에서는 이 군을 '홀로노미군'보다 '오토노미군'이라고 생각하면 좋다. 그 까닭은 일반 상대론에서 (그리고 현대 장이론 대부분에서) 일반 법칙은 각 영역 좌표틀을 $E'_m = R_m E_m R_m^{-1}$과 같이 임의로 게이지 변환해도 불변이기 때문이다. 이 변환의 의미를 알려면 각각이 어떤 국소 구조(이웃 구조와 거의 관련이 없으며, 따라서 그 사이가 빈 공간인 구조)를 포함하는 이웃 영역을 생각하면 된다. 여기서 법칙의 게이지 불변이 중요한 이유는 이 경우 한 구조를 다른 구조와 무관하게, 적어도 어떤 범위 안에서 (곧 그 둘 사이에 충분한 '빈 공간'이 있으면) 변환할 수 있기 때문이다. 그렇게 구조가 서로 독립인 예로는 아주 가깝지는 않은 대상들을 서로에 대해 회전하거나 평행이동하는 경우가 있다. '전체 법칙'에 있는 이러한 특징(게이지 불변)은 이와 같은 독립을 어느 정도 보장해 준다.

양자 맥락에서 '전체 법칙'(리만 기하학에 쓰인 '홀로노미군'의 확장)은 변환 T만이 아닌 변형 M과도 관련된다. 여기서 발생하는 다중체 문제에서는 새로운 질서와 척도가 중요해진다.

하지만 '전체 법칙'이 단지 현재 양자론을 새 언어로 옮겨 적은 것만은 아니다. 그보다 전체 물리학(고전과 양자)을 다른 구조로 흡수해 공간, 시간, 운동을 새롭게 기술해야 할 것이다. 그렇다면 현재 이론으로는 상상도 못하는 새로운 탐구 영역이 열릴지 모른다.

여기서는 이런 수많은 가능성 가운데 단지 몇몇만 지적하려 한다. 먼저 확정되지 않은 전체 대수에서 물리 연구에 적합한 부분대수를 뽑아낸다. 수학자들은 이미 그러한 부분대수를 연구해 재미있고 중요한 성질들을 밝혀냈다.

예를 들어 부분대수 A를 생각하자. 그 항들 가운데 멱영 nilpotent 항 A_N (거듭제곱 $(A_N)^S$이 0인 항)이 있기 마련이다. 이 가운데 진성멱영 properly nilpotent 항 A_p는 다른항 A_i와의 곱이 멱영항을 말한다(곧 $(A_i A_p)^S = 0$).

예를 들어 먼저 모든 항이 진성멱영항인 클리포드 대수를 생각해 보자. 반면 항이 C_i와 C_j^*인 페르미온 대수에서 각 C_i와 C_j^*는 멱영항 이지만(곧 $(C_i)^2 = (C_j^*)^2 = 0$) 진12성멱영항은 아니다(곧 $(C_i^* C_j)^S \neq 0$).

여기서 진성멱영항은 결국 소멸되는 운동을 서술한다. 따라서 불변이면서 어느 정도 지속되는 운동을 찾아내려면 진성멱영항이 없는 대수를 써야 한다. 어떤 대수 A에서 진성멱영항들을 빼버리면 바로 그런 대수가 되는데 이를 '차분대수 difference algebra'라고 한다.

이제 다음 정리를 생각해 보자. 서로 다른 모든 대수는 행렬대수 matrix algebra(곱셈 법칙이 행렬을 곱하는 법칙과 비슷한 대수)와 나눗셈대수 division algebra(0이 아닌 항을 곱하면 0이 되지 않는 대수)의 곱으로 표현할 수 있다.

나눗셈대수에 어떤 종류가 있는지는 계수가 들어 있는 체 fields에 달려 있다. 이 체가 실수체이면 나눗셈대수가 셋인데 곧 실수들 자신, 복소수와 같은 2차 대수, 그리고 실4원수 real quaternions가 그것이다. 반면 복소수체에 대한 나눗셈대수는 복소수 대수뿐이다(이 때문에 4원수를 확장, 복소 계수를 포함시키면 두 줄짜리 행렬대수가 된다).

이렇게 보통 언어를 처음에는 확정되지 않은 대수로 나타내면, 자연스럽게 현재 양자론에서 '스핀 있는 입자'에 대해 쓰는 대수, 곧 행렬과 4원수의 곱을 얻게 된다. 이 대수는 양자론의 전문 계산에 쓰이는 것 말고도 중요한 의미가 있다. 예를 들어 4원수는 3차원에서의 공간 회전과 비슷한 변환군에 대해 불변이다(이 결과는 로렌츠군과 비슷한 군까지 쉽게 확장할 수 있다). 어떻게 보면 이는 '상대론적 시공간'이라는 (3+1)차원의 질서를 결정하는 핵심 변환이 전운동에 이미 있다는 뜻으로 이는 내포 질서로 서술하며 수학에서는 대수로 나타낸다.

더 정확히 말해 언어에 대한 대수적 표현에서 시작해 어느 정도 지속하고 불변하는 특징(진성역명원이 없는 대수로 서술되는)과 특정 크기에 한정되지 않는 특징(항들에 어떤 실수를 곱해도 좋은 대수로 서술되는)을 찾다 보면 상대론 시공간과 같은 질서를 결정하는 변환에 이른다. 그러나 지속하거나 불변하지 않는 특징(진성멱영항이 있는 대수)이나 특정 크기에 한정된 특징(유리수나 유한한 수체에 걸친 대수)을 생각하면 아주 새로운 질서((3+1)차원으로 환원되지 않는 질서)가 의미 있다. 분명 여기에는 아직 탐구할 것이 많아 보인다.

또 다른 탐구 분야로는 고전과 양자 분야 모두를 단일하고 더 폭넓은 언어 구조로 통합하는 서술방식 개발이 있다. 고전과 양자 언어를 분리해 서로 대응 관계에 있다고 생각하기보다 (현재 이론에서는 흔히 그렇게 생각한다) 지금의 논의처럼 더 확장된 대수에서 특수한 언어를 유도해낼 수도 있다. 이는 고전과 양자 이론 모두를 넘어서는 새로운 이론으로 나아간다는 뜻이다. 이 점에서 상대론적 개념을 특수한 경우로 볼 수 있는 대수 구조(곧 계수가 실수체가 아닌 유한수체인 대수)가 있는지 알아보면 좋겠다. 무한값 문제와 같이 현 이론이 풀 수 없는 문제를 그러한 이론에서 풀 수 있을지도 모른다.

6장

접히고 펼쳐지는 우주와 의식

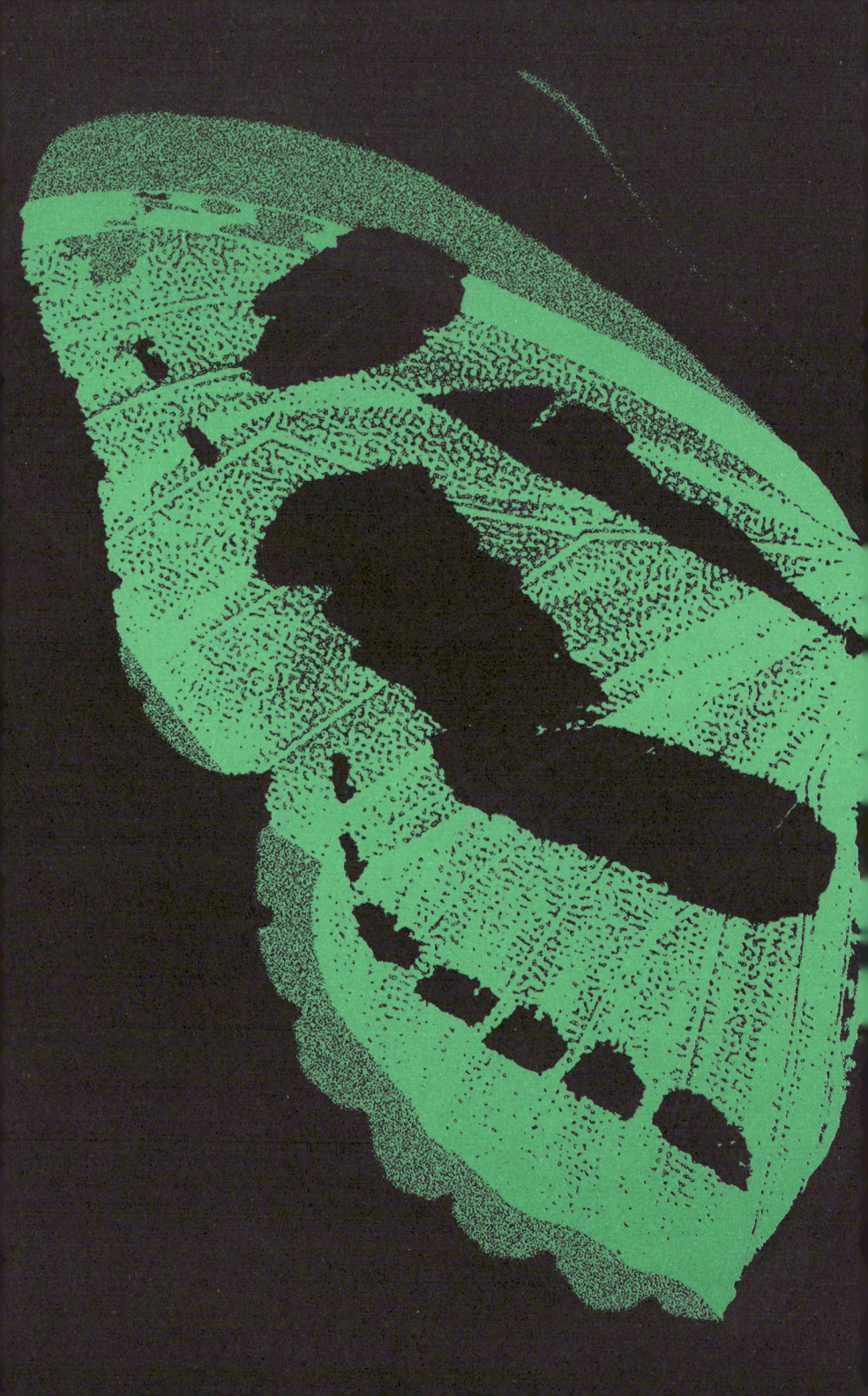

1. 서론

이 책 전체에 걸쳐 모든 존재가 경계나 나뉨 없이 흐르는 온전한 전체라는 생각을 이야기했다.

앞의 장에서 논의했듯 흐름 속 미분리된 전체를 이해하는 데는 내포 질서 개념이 특히 적합하다. 내포 질서 내에는 존재 전체가 각 공간(과 시간) 영역에 접혀 있기 때문이다. 따라서 사고의 일부분이나 요소, 측면을 따로 뽑아내도, 이는 여전히 전체를 접으면서 그 전체와 내밀하게 연결되어 있다. 따라서 전체성이 처음부터 모든 사물에 골고루 스며들어 있다.

이 장에서는 접힌 질서의 주요 특징을 알기 쉽게 설명하려 한다. 먼저 그것이 어떻게 물리학에서 시작되어, 이후 의식 분야까지 확장되는지 논한다. 그리고 우주와 의식을 단일하고 온전한 전체 운동으로 이해할 수 있는 길을 알아본다.[1]

2. 물리학에서 바라본 기계 질서와 내포 질서

앞서 소개한 주요 논점들을 정리하면서 물리학에 널리 퍼진 기계 질서와 내포 질서를 비교해 보자.

먼저 기계 질서를 생각해 보자. 기계 질서에서는 서로 밖에 있는 요소들로 세계가 이루어져 있다. 이는 요소들이 서로 다른 공간(과 시간) 영역에 독립되어 있고 힘을 매개로 상호작용해도 그 본질이 바뀌지 않는다는 소리다. 기계 장치는 이러한 질서 체계를 잘 보여준다. 각 부분은 (틀로 찍거나 주조하듯) 다른 부분과 관계 없이 만들어지고 외부 접촉에 의해서만 상호작용한다. 반대로 살아 있는 유기체의 경우, 부분들은 전체 맥락에서 자라나기 때문에 독립이 아니다. 또한 전체와의 관계가 각 부분에 영향을 주기 때문에 단순히 부분들끼리 상호작용한다고 말하지 못한다.

물리학자들은 우주 질서가 기본적으로 기계 질서라는 견해를 대부분 수용했다. 이 생각대로라면 세계는 영원히 나뉘지 않는 조각인 기본 입자들로 구성되며 이들이 우주 전체를 이루는 '벽돌 조각'이다. 처음에는 기본 입자를 원자로 보았지만 나중에 원자도 전자, 양성자,

중성자로 나뉘었다. 한동안 이들이야말로 결코 바뀌거나 나뉘지 않는 요소라고 보았지만 이들 또한 수백 가지 불안정한 입자로 변환될 수 있다는 사실이 밝혀졌다. 이러한 변환을 설명하기 위해 쿼크나 파톤 같은 소립자를 가정하기도 했다. 이 입자들은 따로 검출되지 않았지만 물리학자들은 이들 아니면 앞으로 발견될 어떤 입자가 만물을 완전하고 일관되게 설명할 수 있다고 확고히 믿는 듯하다.

상대성 이론은 물리학의 기계 질서에 문제가 있다는 것을 밝힌 첫 신호탄이었다. 상대성 이론에서 독립된 입자는 그것이 공간을 차지하건 크기 없는 점이건 간에 모순된 개념이다. 따라서 물리학에 널리 퍼진 기계론의 기본 가정은 유지하기 어렵다.

이러한 난관에 맞서 아인슈타인은 '입자'는 더 이상 기본 개념이 아니며 실재는 상대론적 조건을 만족하는 장으로 이루어진다고 주장했다. 아인슈타인의 '통일장 이론'은 장방정식이 비선형이라는 점에서 획기적이다. 장이 강력한 곳에서 비선형 장방정식의 해는 국소적으로 펄스형을 띤다. 이는 공간 전체를 안정된 형태로 움직이며, 따라서 '입자'에 대한 모형이 될 수 있다. 그러한 펄스는 갑자기 끝나지 않고, 그 크기가 줄어들면서 먼 거리까지 퍼져간다. 따라서 두 펄스에 딸린 장 구조도, 전체 안에서 서로 흐르고 합쳐진다. 또한 두 펄스가 서로 가까워지면, 원래 입자와 같던 모습은 급격히 바뀌어 두 개의 입자로 이루어진 구조는 흔적조차 없게 된다. 따라서 이런 관점에서 보면 독립된 입자는 단지 추상 개념으로, 어떤 제한된 영역에만 맞는 근사로 쓰인다. 결국 전체 우주(그리고 그 모든 입자, 곧 인간, 실험실, 관측 기구 따위를 구성하는 입자 모두)는 미분리된 전체로 이해해야 하며, 독립된 부분으로 분석하는 일은 그리 중요하지 않다.

그러나 5-1장에서 살펴본 대로 아인슈타인은 일관되고 만족스런 형식의 통일장 이론을 만들지 못했다. 더욱이 (특히 물리학에서 기계 질서를 논하는 지금 맥락에서) 그에게 출발점인 장 개념은 기계 질서의 중요한 특징들을 여전히 유지하고 있다. 곧 근본 존재자인 장은 서로의 밖, 분리된 시공간 점들에 위치하며 서로 외부 관계로만 연결된다. 이는 국소 관계로 무한소 거리만큼 떨어진 장 요소들끼리만 서로 영향을 줄 수 있다.[2]

통일장 이론의 장 개념을 통해 물리학의 탄탄한 기초를 마련하려는 아인슈타인의 시도는 성공하지 못했다. 하지만 입자 개념을 미분리된 전체에서 이끌어 냄으로써 상대론과는 일관됨을 보여주었다. 이로써 상대론으로 인해 제기된 기계 질서의 난점이 두드러졌다.

한편 기계론의 문제는 양자론 때문에 더 심각해졌다. 기계론에 문제가 되는 양자론의 특징은 다음과 같다.

1. 운동은 보통 불연속적이며 작용은 미분리된 양자로 이루어진다 (예를 들어 전자가 한 상태에서 다른 상태로 옮겨갈 때, 그 사이 어떤 상태도 통과해 지나가지 않는다).
2. 전자와 같은 존재자는 관측되는 환경에 따라 그 성질이 달라진다(입자성이나 파동성 아니면 중간의 어떤 성질).
3. 원래 한 분자를 이루다 분리된 전자와 같은 두 존재자는 특이한

비국소 관계를 보인다. 이는 EPR 실험이 보여주는 대로[3] 원거리 요소 사이의 비인과 관계로 볼 수 있다.[4]

덧붙여 양자 법칙은 통계 법칙이며, 앞으로 일어날 개별 사건은 하나로 정확히 결정되지 않는다. 이것은 물론 원칙적으로 이러한 사건이 결정되는 고전 법칙과 다르다. 하지만 그러한 미결정론도 기계 질서(기본 요소가 서로의 밖에서 외부 관계로만 연결되는 질서)에는 별 문제가 되지 않는다. 그러한 요소들이 (핀볼 기계처럼) 확률 규칙(수학에서 확률 이론으로 표현)을 따른다고 해도 요소들이 서로 밖에 있다는 사실은 변함이 없기에[5] 근본 질서인 기계 질서는 바뀌지 않는다.

하지만 앞서 든 양자론의 세 가지 특징은 기계론의 관념이 부당함을 명백히 보여준다. 예를 들어 모든 작용이 불연속한 양자로 이루어져 있다면, 여러 존재자들(예: 전자와 같은들) 사이의 상호작용은 분할하지 못하는 단일한 연결로 우주 또한 단절 없는 전체로 생각해야 한다. 여기서 추상된 요소의 기본 성질(파동성이나 입자성)은 전체의 환경에 좌우된다. 이 사실은 상호작용하는 기계 부품보다는 생명체를 구성하는 기관들 사이의 연결이 요소들의 성질을 결정짓는다는 의미이다. 또 원거리 요소들 사이의 비국소적이고 비인과적인 관계는 기계론의 기본인 구성 요소의 분리나 독립과는 모순이다.

여기서 상대론과 양자론의 차이를 알아보면 좀 더 도움이 된다. 살펴본 대로 상대론은 연속성, 엄격한 인과율(또는 결정론), 국소성에 바탕하고 있다. 반대로 양자론은 불연속성, 비인과율, 비국소성을 특징으로 한다. 따라서 상대론과 양자론은 기본 개념부터 모순된다. 이제까지 두 이론을 하나로 통합하지 못한 것도 어찌보면 당연한 결과라고 말할 수 있다. 오히려 그런 통합은 실제로 일어나기 어려워 보인다. 대신에 질적으로 다른 이론을 마련해 상대론과 양자론 모두를 추상이나 근사 내지는 특수한 경우로 이끌어 낼 필요가 있다.

새 이론의 기본 관념은 상대론과 양자론이 대립하는 지점보다 두 이론의 공통점인 미분리된 전체라는 개념에서 시작하도록 하자. 상대론과 양자론은 서로 다른 길로 그 전체에 이르지만 두 이론이 지향하는 바는 같다.

미분리된 전체에서 시작한다는 것은 기계 질서를 버려야 한다는 뜻이다. 하지만 이 질서는 오랜 세월 동안 물리적 사고를 지배해 왔다. 흔히 기계 질서는 데카르트 좌표로 쉽게 표현하는데 오랜 세월 동안 물리학은 여러 가지로 변해 왔지만, 데카르트 격자는 (곡선 좌표와 같은 수정을 거쳐) 변하지 않는 특징으로 남았다. 이를 바꾸는 것이 쉽지 않은 이유는 기존의 질서 관념이 어디에나 퍼져 있기 때문이다. 사고뿐만 아니라 감각, 느낌, 직관, 신체 운동, 다른 사람이나 사회와 맺는 관계, 그리고 삶의 모든 측면과 얽혀 있다. 따라서 옛 질서 관념에서 충분히 뒤로 물러나 새 질서 관념을 진지하게 생각하기란 쉽지 않은 것이다.

앞에서는 미분리된 전체에 적합한 새로운 질서 관념을 제안했다. 이것의 의미를 쉽게 알리면 감각 지각과 관련된 예가 좋다. 아니면 그러한 관념을 심상이나 직관으로 보여주는 모형과 비유도 유용하다. 우리는 기계 질서의 의미를 포착하게 도와주는 도구로 렌즈를 다뤘다. 렌즈는 대상 위 점들과 사진 위의 점들을 대응시켜 잘게 나뉜 요소에 주목하게 만든다. 육안으로 보기에 너무 크거나 작거나 빠르거나 느린 사물에 대해 점대점 상을 만들고 기록하면서, 사람들은 모든 만물을 이렇게 지각할 수 있다고 믿는다. 그리고 국소 요소로 이루어졌다고 상상할 수 없는 대상은 존재하지 않는다는 생각이 나온다. 이런 생각으로 인해 렌즈의 발전은 기계론을 한층 더 강화시켰다.

이후 새로운 도구인 홀로그램이 등장했다. 홀로그램은 대상이 반사한 파동 간섭무늬를 사진처럼 기록하는 장치이다. 이 장치의 각 부분은 대상 전체에 대한 정보를 담고 있다는 점이 특이하다(따라서 대상과 기록상 사이에 점대점 대응이 성립하지 않는다). 대상의 전체 모습과 구조는 사진 기록 속 모든 영역에 접혀 있다. 어느 영역이라도 빛을 비추면 어떤 형태와 구조가 펼쳐져 대상 전체를 알아볼 수 있는 상이 생긴다.

여기에 새로운 질서 개념을 도입하여 이를 내포 질서라고 불렀다(라틴어의 뿌리는 '접어 넣다', '안으로 접다'는 뜻). 내포 질서 관점에서는 모두가 모두를 접고 있다. 이는 오늘날 물리학을 지배하는 외연 질서와 사뭇 다른데, 외연 질서에서 사물 각각은 자신의 공간(시간) 영역에만 놓이고 다른 사물의 영역 밖에 존재한다는 점에서 펼쳐져 있다.

홀로그램은 내포 질서라는 새 질서 개념을 감각으로 느낄 수 있게 돕는다. 물론 홀로그램은 이러한 질서에 대한 고정된 기록(또는 스냅 사진)을 남기는 도구일 뿐이다. 이렇게 기록된 실제 질서는 복잡한 전자기장 운동이나 빛 파동이다. 그러한 빛의 파동 운동은 어디에나 있으면서 우주 전체를 모든 영역에 접는다(그 영역에 눈이나 망원경을 갖다 대어 내용을 펼치면 알 수 있듯).

5-2장에서 우리는 접힘과 펼침이 전자기장 운동 이외의 전자나 양성자, 음파와 같은 다른 장 운동에서도 일어난다는 사실을 알아보았다. 이미 알려진 장들이 많을 뿐더러 알려지지 않은 장도 얼마든지 더 발견될 수 있다. 고전적인 장 개념은 이러한 운동에 대한 근사일 뿐이다(보통 고전 개념으로 홀로그램 동작을 설명하지만). 더 정확히 말해 이들 장은 양자역학 법칙을 따르며 이미 언급한 (이 장 뒤에서 다시 논의할) 불연속성과 비국소성을 내포한다. 나중에 보겠지만 양자 법칙 또한 더 일반적인 법칙에서 유도된 추상물일지 모르며 이러한 법칙은 현재로서는 어렴풋이 짐작만 할 따름이다. 따라서 접히고 펼쳐지는 운동 전체는 이제까지 관측으로 드러난 부분을 훨씬 넘어선다.

나는 접히고 펼쳐지는 운동 전체를 전운동이라고 했다. 곧 사물 전체는 전운동이며 만물은 전운동에서 나온 모습들로 설명할 수 있다. 비록 전체를 지배하는 법칙을 다 알지는 못해도 (실제로 알 수도 없지만) 어느정도 독립되며 기본 질서와 척도가 어느 정도 안정적이고 반복되는 부분운동(장, 입자 같은)을 전체 법칙에서 유도할 수 있다. 따라서 부분운동만을 놓고 탐구할 수 있다. 물론 탐구로 알아낸 사실을 절대 진리로 보면 안 된다. 오히려 독립된 법칙에서 늘 한계를 찾으려 하고 또한 더 넓은 독립 영역에서 성립하는 새 법칙을 찾아 나서야 한다.

지금까지 내포 질서와 외연 질서를 대조하며 이들을 별개로 취급했다. 하지만 5-2장에서 말한 대로 외연 질서는 더 넓은 내포 질서에서 두드러진 특수한 경우로 이로부터 유도될 수 있다. 외연 질서가 두드러지는 이유는 그 요소들이 서로 외부에 있으면서 반복되고 잘 변하지 않기 때문이다. 따라서 장이나 입자와 같은 요소들로 기계 질서가 성립하는 경험 영역을 설명한다. 그런데 보통 기계론에서는 따로 독립된 요소들이 실재를 이룬다고 본다. 고로 지금까지의 과학이란 여기서 시작해 추상을 거쳐 전체를 부분들의 상호작용으로 설명하는 일이라 하겠다. 반면에 내포 질서 관점에서는 우주라는 미분리된 전체에서 탐구를 시작하며, 과학의 임무는 전체에서 추상을 거쳐 부분을 얻고 이를 어느 정도 분리 가능하고 안정적이며 반복된 요소로 설명하는 일이다. 그러한 요소는 외부 관계와 연결되며 어느 정도 독립된 부분전체를 이루는데 이는 외연 질서로 기술할 수 있다.

3. 내포 질서와 물질의 구조

이제 물질의 구조를 어떻게 하면 내포 질서로 이해할 수 있는지 좀 더 자세히 살펴보도록 하자. 앞서 5-2장에서 논의한 장치를 떠올려보자. 이 장치는 내포 질서에서 중요한 특징을 하나의 비유로 보여준다(이것은 단지 비유일 뿐이며 내포 질서와 완전히 일치하지 않는다).

이 장치는 유리로 된 동심 원통 두 개로 구성되며 글리세린과 같은 고점성 액체가 그 사이를 채운다. 또 바깥 원통을 천천히 돌려도 점성 액체가 확산되지 않도록 만들어졌다. 불용성 잉크 한 방울을 액체에 떨어뜨리고 바깥 원통을 돌리면 잉크는 미세한 실처럼 늘어나 결국에는 보이지 않게 된다. 원통을 반대 방향으로 돌리면 실과 같은 모습은 다시 당겨져 갑자기 원래와 거의 같은 잉크 방울이 나타난다.

지금까지 과정에서 실제로 무엇이 일어나고 있는지 곰곰이 생각해 보자. 먼저 액체 성분을 보자. 회전 반경이 큰 부분은 작은 부분보다 더 빨리 움직인다. 따라서 액체 성분은 변형되고 결국 실처럼 길게 늘어진다. 잉크 방울은 탄소 입자들로 구성되며 이들은 액체 속에 퍼져 있다. 액체를 잡아당기면 잉크 입자도 따라서 움직인다. 그러므로 입자들은 넓은 공간에 퍼지고 그 밀도는 눈에 보이는 최저한도 아래로 떨어진다. 운동이 반대가 되면 (점성 매질을 지배하는 물리 법칙에서 알 수 있듯) 액체 각 부분은 지나온 길로 되돌아가며 실과 같은 액체 성분도 원래대로 돌아간다. 그러면서 잉크 입자 또한 뭉쳐져 그 밀도가 식별 한계 안으로 들어오면 다시 보이게 된다.

잉크 입자가 긴 실처럼 늘어나는 것은 마치 계란이 케이크에 섞이듯 입자가 글리세린에 접혀 있는 꼴이라고 할 수 있다. 차이가 있다면 잉크 방울은 액체를 반대로 움직여 펼칠 수 있지만 계란을 펼칠 방법은 없다는 정도이다(계란은 비가역 확산 과정을 거쳐 섞이기 때문이다).

이처럼 홀로그램에서 도입한 내포 질서를 접힘과 펼쳐짐에 비유할 수 있다. 여기서 나아가 서로 가까이에 있는 잉크 방울을 생각해 보자. 이를 생생하게 나타내기 위해 하나는 빨갛고 다른 하나는 파랗다고 하자. 바깥 원통을 돌리면 잉크 방울이 분산된 액체 부분은 실처럼 늘어날 것이다. 실과 같은 모습은 따로 나뉜 가운데서도 서로 얽혀 눈에 보이지 않는 미세하고 복잡한 무늬를 만든다(그 기원은 다르지만 홀로그램 위에 기록된 간섭무늬와 비슷). 방울 속 잉크 입자 또한 액체와 함께 움직이지만, 입자 하나하나는 원래 자기 색의 액체 속에 남는다. 하지만 어느 순간부터 눈에 보일 만큼 큰 영역에서는 빨간 입자와 파란 입자가 마구잡이처럼 섞인다. 액체를 반대로 돌리면 실과 같은 액체 부분 각각이 되돌아가 명확히 분리된 두 영역으로 다시 모인다. 여기서 일어나는 일을 자세히 살펴본다면 (예를 들어 현미경으로) 빨갛고 파란 입자들은 가까이 있다 서로 멀어지며 같은 색 입자들은 멀리 있다 가까이 모인다. 마치 멀리 있는 같은 색 입자들은 가까이 있는 다른 색 입자와는 달리 같은 목표가 있음을 아는 듯하다.

물론 실제로 그러한 '목표'는 없다. 게다가 지금까지 일어난 모든 일은 기계적으로 설명했다. 잉크 입자가 분산된 액체 부분이 복잡하게 운동한다고 한 것이다. 하지만 이 장치는 단지 새로운 질서 관념을 보여주기 위한 비유일 뿐이다. 새 질서 관념을 확고히 하기 위해 잉크 입자에 초점을 맞추고 입자가 분산된 액체는 잠시 무시하기로 하자. 그러면 잉크 방울 속 입자가 눈에 보이지 않는 실처럼 늘어나 두 색깔의 입자가 섞여도 한 색깔 입자를 다 모으면 다른 색 입자와 구별할 수 있을 것이다. 이 차이는 지각할 수는 없지만 이 모음을 만든 전체 상황과 어떤 관계가 있다. 전체 상황이란 원통형 유리, 점성 액체와 운동, 그리고 원래 잉크 입자 분포를 모두 포함한다. 그렇다면 잉크 입자 각각이 특정한 모음에 존재하고 같은 모음 속 다른 입자와는 어떤 필연성 때문에 묶여 있다고 할 수 있다. 전체 상황에 내재하는 필연성은 모음 전체를 동일한 목표로 이끈다(곧 잉크 방울을 복원시킨다).

이 장치의 필연성은 기계처럼 작용하는 성질로, 액체의 경우 유체역학에 따라 움직인다. 하지만 앞서 지적대로 나중에는 이 기계론적 비유를 버리고 전운동을 고려할 것이다. 전운동에도 필연성(5-2장에서 '홀로노미'라고 한 필연성)이 있는데 그 법칙은 기계론을 따르지 않는다. 홀로노미는 양자 법칙에 가깝지만 더 정확히는 양자 법칙을 넘어서며 현재는 이를 어렴풋이 짐작할 뿐이다. 그렇다고 해도 유리 원통 장치와 같은 구분은 전운동에서 비일비재하다. 다시 말해 요소들의 모음이 공간 속에서 서로 뒤섞여도 전체 맥락에서는 여전히 구분 가능하다. 상황에 내재하는 필연성에 따라 각 모음을 이루는 입자끼리는 묶여 있으면 된다.

공간에 접힌 모음들에 관한 새로운 분류를 했으니 이제 이것을 질서로 표현할 수 있다. 가장 단순한 질서 개념은 수열 내지는 연쇄이다. 먼저 여기에서 출발해 이를 훨씬 복잡하고 세밀한 질서 개념으로 만들어 보자.

5-1장에서 보인대로 단순한 순차 질서는 개별 요소 사이 연쇄 관계에 있다.

$$A : B :: B : C :: C : D \ldots$$

예를 들어 A가 선분을 나타내고 B가 그 다음 선분이라고 하면 선분들 사이에 순차 관계는 이 관계로부터 나온다.

다시 액체와 잉크의 비유로 돌아가 액체 속의 잉크 방울 여럿을 한 줄로 늘어 세웠다고 하자(이번에는 다른 색이 아니다). 이들을 $A, B, C, D...$라고 부르자. 바깥 원통을 여러 번 돌리면 각 잉크 방울에서 나온 잉크 입자 모음이 넓은 공간 영역에 접혀 다른 모든 잉크 입자와 섞이게 된다. 이제 그러한 모음을 $A', B', C', D'...$라고 하자.

그렇다면 분명 어떤 의미에서 전체 선형 질서는 액체 안에 접혀 있다. 이 질서는 다음 관계로 표현할 수 있다.

$$A' : B' ::: B' : C' ::: C' : D'...$$

이 질서는 눈에 띄지 않는다. 다만 액체를 반대로 돌리면 그 실체가 나타난다. 모음 $A', B', C', D'...$는 펼쳐져 한 줄로 늘어섰던 잉크 방울 $A, B, C, D...$가 된다.

지금까지 외연 질서인 한 줄로 늘어선 잉크 방울을 접힌 모음 속 질서로 변환했는데 이들은 몇몇 점이 비슷하다. 이제 이 변환으로 얻지 못하는 더욱 섬세한 질서를 생각해 보자.

잉크 방울 A를 집어넣고 바깥 원통을 n번 돌린다고 하자. 그리고 두 번째 잉크 방울 B를 같은 장소에 넣고 원통을 다시 n번 돌린다. 잉크 방울 $C, D, E ...$를 넣고 이 과정을 반복한다. 그 결과로 생긴 잉크 모음 $a, b, c, d, e ...$는 이전과 또 다르다. 액체를 반대로 돌리면 입자들 모음은 원래 집어넣은 순서와 반대로 차례차례 모이기 때문이다.

예를 들어, 어느 단계에서 모음 d에 있는 입자들이 같이 모인다고 하자(이후 다시 실처럼 늘어진다). 그리고 나서 c가 그렇게 되고, 다음 b가, 그 다음도 마찬가지이다. 분명히 계 d와 c 사이 관계는 c와 b 사이 관계와 같고, 나머지도 마찬가지이다. 따라서 이들 모음은 어떤 순차 질서를 만든다. 하지만 이것은 결코 공간 위 선형 질서를 변환한 질서가 아니다(앞서 생각한 모음 A', B', C', D' ...는 그렇지만). 그 이유는 보통 한 번에 모음 하나만이 펼쳐지기 때문이다. 그렇게 하나가 펼쳐질 때 나머지 모음은 여전히 접혀 있다. 요약하면 한 번에 모두 펼칠 수 없지만 여전히 실재하는 질서가 있으며, 이는 원통이 돌아가면서 잉크 방울이 차례로 보이면서 드러난다.

이를 '고유 내포 질서'라고 하고 접히더라도 한 번에 모두 동일한 외연 질서로 펼쳐지는 질서와 구별하자. 그러면 외연 질서는 내포 질서의 특수한 경우(곧 비고유 내포 질서)가 된다.

이제 위에서 말한 질서들을 한데 합쳐 보자. 먼저 잉크 방울 A를 어떤 위치에 집어넣고 원통을 n번 돌린다. 그리고 잉크 방울 B를 다른 위치에 넣고 원통을 n번 더 돌린다. (따라서 A는 $2n$번의 회전만큼 접힌다) 그리고 C를 AB선 위에 집어넣고 n번 더 돌리면 A는 $3n$번만큼 회전하고 B는 $2n$번만큼 C는 n번만큼 접히게 된다. 이렇게 하면 잉크 방울을 수없이 접어 넣을 수 있다. 이제 원통을 반대 방향으로 재빨리 돌려 보자. 만일 잉크 방울이 나타나는 속도가 눈으로 식별할 수 있는 시간 간격보다 짧다면, 공간을 연속으로 가로질러 움직이는 입자와 비슷한 현상을 보일 것이다.

내포 질서 속의 접힘과 펼침은 전자와 같은 입자에 대한 새로운 모형이 될 수 있다. 이는 기계론의 입자 개념과 상당 부분 차이가 있다. 기계론에서 입자는 매순간 특정 공간 영역에만 존재하며 시간에 따라 그 위치가 계속해서 바뀐다. 반면 새 모형에서 전자는 접힌 모음 전체로 어느 한 곳에 위치하지 않는다. 어느 한 순간에 모음 하나가 펼쳐져 위치가 확정되기도 하지만, 다음 순간에는 다시 접혀 다른 모음으로 대체된다. 실재가 연속적이라는 개념도, 비슷한 무엇이 재빨리 반복되며 단순하고 일정하게 변해가는 모습이라고 할 수 있다(빨리 회전하는 자전거 바퀴가 살들의 연쇄라기보다 단단한 원반처럼 보이는 것처럼). 물론 더 근본적으로 입자는 단지 우리 감각에 드러난 추상물일 따름이다. '존재하는 것'은 언제나 모음들 전체로, 모두 어떤 차례로 접히고 펼쳐지는 단계에 있으면서 공간 전체에 걸쳐 서로 뒤섞이게 된다.

더욱이 그러한 '전자'는 몇 개라도 접어 넣을 수 있고 이들은 내포 질서 안에서 서로 뒤섞인다. 그런데 이러한 모습들이 펼쳐져 우리 눈에 띄면 이들은 따로 떨어진 '입자들'로 나타난다. 모음들 배치에 따라 이런 입자처럼 나타나는 형태는 직선 위에서 자유롭게 혹은 곡선 경로를 따라 움직인다. 입자들이 그리는 여러 곡선 경로는 힘이 작용할 때처럼 서로 어떤 관계에 있다. 보통 고전 물리는 처음부터 모든 물체를 상호작용하는 입자계로 설명하려고 한다. 따라서 이렇게 고전 개념이 적용되는 영역 전체를 우리 모형에서는 차례차례 접히고 펼쳐지는 모음으로 동등하게 설명할 수 있다.

양자 영역에서는 우리 모형이 상호작용하는 입자라는 고전 모형보다 훨씬 나아 보인다. 예를 들어 한 전자가 나타나는 위치가 서로 가깝게 이어져 연속 궤도에 근접할 수 있지만, 이것이 매번 그렇지는 않다. 원칙대로라면 그렇게 나타난 궤도 역시 불연속적일 수 있다. 같은 원리에 따라 나는 전자가 어떻게 중간 상태를 거치지 않고 다른 상태로 옮겨가는지도 설명할 수 있다. '입자'는 거대한 구조 전체에서 나온 추상물이기 때문이다. 우리가 (기구를 이용해) 인지하는 것은 추상물이지만, 그것이 반드시 연속 운동해야 할 (또는 연속해서 존재할) 이유는 없다.

그리고 이 과정에서 전체 맥락이 바뀌면 아주 새로운 형태가 출현하기도 한다. 액체와 잉크의 비유에서 원통이 바뀌거나 액체 안에 방해물을 설치하면 나타나는 형태나 질서 또한 달라진다. 그러한 의존 관계(관측에 나타난 모습이 전체 상황에 의존하는 관계) 또한 2절에서 말한 양자론의 특징과 비슷하다. 전자는 그것이 처한 상황이나 실험으로 관측되는 상황에 따라 입자성, 파동성을 (또는 그 사이 어떤 성질) 보일 수 있다.

이제까지 논의를 보면, 내포 질서는 과거의 기계 질서보다 물질의 양자 성질을 훨씬 더 일관되게 설명하기에 나는 내포 질서를 근본 질서로 보자고 제안한다. 하지만 이 내용을 완전히 이해하려면 외연 질서에 바탕을 둔 기계론과 면밀히 대조해야 한다. 기계론에서도 접힘과 펼침이 다양한 상황에서 발생할 수 있기 때문이다(잉크 방울처럼). 하지만 이러한 상황에 근본적인 의미가 숨어 있다고 생각하지는 않았다. 근본적이고 독립적이며 보편적인 존재는 외연 질서에 따라 외부 관계로 맺어진 요소라고 생각하기 때문이다(이러한 요소가 입자나 파동, 아니면 둘 사이의 결합이었다). 기계론에서는 접힘과 펼침이 실제로 발생해도, 이를 더 자세히 분석하면 결국 그 아래 있는 외연 질서를 빌려 설명할 수 있다고 가정한다(잉크 방울 장치에서도 그랬다).

근본 질서가 내포 질서라는 토대에서 시작하자는 나의 제안은 근본적이고 독립적이며 보편적인 존재를 내포 질서로 표현해야 한다는 의미이다. 따라서 내포 질서야말로 자율에 따라 스스로 활동한다고 본다. 반면 외연 질서는 내포 질서에 관한 법칙에서 유도된 파생 질서로, 적용 가능한 맥락이 제한적이다. 달리 말해 근본 법칙을 표현하는 관계는 밖으로 (그리고 기구에) 드러난 분리된 추상물이 아니라 공간 전체에 걸쳐 서로 뒤섞이는 접힌 구조 사이의 관계이다.

그렇다면 외연 질서에서 명시 세계manifest world가 스스로 독립해 존재하는 듯이 보이는 까닭은 무엇인가? 이에 대한 답은 단어 '명시manifest'에 담겨 있다. 그 뿌리는 '손'을 뜻하는 라틴어 '마누스manus'이다. 원래 명시된 무엇은 손에 잡힐 수 있는 것으로 단단하고 만질 수 있으며 보기에도 안정되어 보인다. 반면 내포 질서의 바탕은 전운동으로, 이는 광대하여 끊임없이 접히고 펼쳐지는 흐름 속에 있다. 그 법칙은 대부분 어렴풋이 알려져 있어 전체를 알기란 어렵다. 따라서 내포 질서는 외연 질서처럼 단단하고 안정된 무엇으로 감각에 (기구에) 드러나지 않는다. 하지만 전체 법칙(홀로노미)을 가정하면 내포 질서 속 부분 질서에는 어느 정도 반복과 안정, 분리성이 있는 형태가 존재한다. 이러한 형태라면 어느 정도 단단하고 만질 수 있고 안정된 요소로 명시 세계를 이루는 듯이 보인다. 따라서 이렇게 눈에 띄는 질서는 명시 세계를 이루는 바탕이 될 수 있고, 이것이 실제로 외연 질서가 뜻하는 바이다.

편의상 우리는 외연 질서를 외부로 드러나는 질서로 그리거나 상상하고 재현할 수 있다. 우리는 이 질서가 실제로 밖으로 드러난 질서와 같다는 사실을 설명해야 한다. 그러려면 우리의 논의에 의식을 끌어들여 물질 일반과 의식 모두가 외연 (명시) 질서를 공유한다는 사실을 보여야 한다. 이 질문은 의식을 논할 7절과 8절에서 더 깊이 탐구하려고 한다.

4. 다차원 내포 질서를 보여주는 양자론

이제까지는 내포 질서를 일상적인 3차원 공간에서 접히고 펼쳐지는 과정으로 제시했다. 하지만 2절에서 지적한 대로 양자론에는 비국소 관계가 있다. 이는 멀리 떨어진 요소들 사이의 비인과 관계로 볼 수 있으며 EPR 실험으로 잘 알려졌다.[6] 우리 논의에서 굳이 비국소 관계를 자세히 파고들 필요는 없다. 단지 양자론의 의미를 탐구하면 알 수 있듯이 전체 계를 상호작용하는 독립된 입자로 분석하는 일은 전과 달리 실패하고 만다. 분석 대신 수식의 의미와 실험 결과를 따져보면, 여러 입자는 문자 그대로 고차원 실재의 투영으로 입자들 사이에 작용하는 힘만으로 설명할 수는 없다.[7]

여기서 투영 개념을 직관적으로 이해하기 쉬운 장치를 생각해 보

자. 물이 가득 찬 정방형 수조가 있고 그 벽이 투명하다고 하자(아래 그림). 여기에 텔레비전 카메라 A와 B가 있어 물속에서 일어나는 일을 (예를 들어 헤엄치는 물고기) 서로 직각인 벽을 사이에 두고 찍는다. 그렇게 찍은 텔레비전 영상은 다른 방 화면 A, B에 뜨는데 이 두 영상 사이에는 어떤 관계가 있다. 예를 들어 화면 A에서 물고기 영상을 본다면 화면 B에서는 다른 영상을 보게 된다. 따라서 어떤 순간에도 두 영상은 다르게 보일 것이다. 그래도 이 둘 사이에는 어떤 관계가 있어서 한 영상에서 어떤 움직임을 보면 다른 영상에서는 이에 대응하는 다른 움직임을 보게 된다. 또한 주로 한 화면에만 있던 내용이 다른 쪽으로 옮겨 가기도 하고 그 반대로도 된다(예를 들어 처음에 카메라 A를 향한 물고기가 직각만큼 회전하면 A에 있던 영상이 B에 뜬다). 따라서 언제나 한쪽 화면 내용은 다른 쪽 내용과 상관관계에 있으며 이를 반영한다.

물론 두 영상은 독립되어 상호작용하는 실제 사태를 나타내지 않는다(예를 들어 한 영상이 다른 영상에 영향을 미치는 것은 아니다). 그보다 이들은 단일한 실제 사태를 나타내며 이것이 둘 모두에게 공통된 바탕이다(이것으로 영상 사이의 상관관계는 인과 관계라는 가정 없이 설명

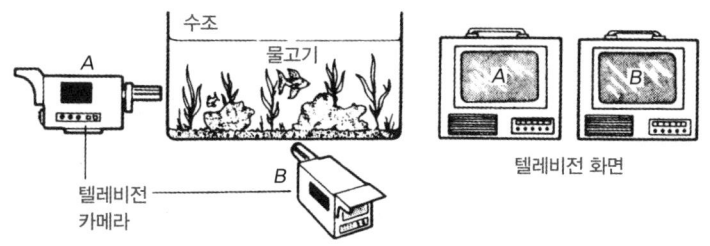

할 수 있다). 실제 사태는 영상 화면보다 차원이 높으며, 영상이 3차원 실재의 2차원 투영(단면)이다. 3차원 실재는 2차원 투영을 접고 있으며 투영은 단지 추상물로 존재하는 반면, 3차원 실재는 투영과는 성격이 다른 무엇이다.

원거리 요소 사이의 양자 성질인 비국소, 비인과 관계는 투영 개념을 확장해 이해할 수 있다. 계를 구성하는 입자 하나하나는 보통 3차원 공간에서 다른 입자들과 같이 분리된 입자가 아니라 고차원 실재의 투영으로 볼 수 있다. 예를 들어 EPR 실험에서 분자 하나를 이루는 두 원자 각각은 6차원 실재의 3차원 투영으로 볼 수 있다. 이는 실험으로 보일 수 있는데, 먼저 한 분자를 붕괴시켜 나온 두 원자를 관찰한다. 두 원자는 멀리 떨어져 있어 상호작용하지 않고 인과적 영향도 없다. 여기서 두 원자 사이 상관관계는 앞서 텔레비전 물고기 영상 사이의 관계와 대체로 비슷하다. 따라서 (양자 법칙에서 수식의 형태를 주의해 보면 알 수 있듯) 각 전자는 마치 고차원 실재의 투영처럼 움직인다.

특정 조건 아래서[8] 두 원자에 해당하는 3차원 투영 하나하나는 어느 정도 독립적으로 움직인다. 따라서 이 조건에서는 두 원자를 같은 3차원 공간에서 독립적으로 상호작용하는 입자에 근사시킬 수 있다. 하지만 더 일반적인 조건이라면 두 원자는 특유의 비국소 상관관계를 보인다. 이는 이들 원자가 앞서 말한 3차원 투영임을 의미한다.

그렇다면 입자 N개로 구성된 계는 $3N$차원 실재이며 입자 하나하나는 3차원 투영이다. 일상 경험에서 이들 투영은 서로 거의 독립에 가깝기 때문에 이를 보통처럼 같은 3차원 공간에서 분리된 입자들로 취급해도 무리가 없다. 하지만 조건이 달라지면 이러한 근사는 성립하지 않는다. 예를 들어 저온에서 전자 집단은 초전도성이라는 새로운 성질을 보이는데 이는 전기 저항이 사라져 전류가 무한정 흐를 수 있는 상태이다. 초전도성은 전자들이 다른 상태, 즉 더 이상 서로 독립적이지 않은 상태에 진입하는 것이다. 전자 하나하나는 단일한 고차원 실재의 투영처럼 움직이며 이 투영 모두는 비국소·비인과 상관관계에 있다. 따라서 이들은 서로 협력해 산란이나 확산 없이 장애물을 비켜가며 따라서 전기 저항도 없다(이러한 움직임은 발레의 군무와 비교할 수 있다. 반면 보통 전자의 움직임은 흥분한 군중의 모습과 같다).

이러한 이유 때문에 내포 질서는 고차원 공간에서 접히고 펼쳐지는 과정이라 할 수 있다. 다만 특정 조건에서는 이를 3차원 공간에서 접히고 펼쳐지는 과정으로 볼 수도 있다. 이제까지 액체와 잉크의 예나 홀로그램에서는 실제로 이렇게 단순한 그림을 사용했다. 하지만 그러한 그림은 단지 근사였을 뿐이다. 실제로 홀로그램 이미지의 바탕에 있는 전자기장은 양자론 법칙을 따른다. 그리고 이 법칙을 적절히 쓰면 이 장 또한 실제로는 다차원 실재이며 특정 조건에서만 단순한 3차원 실재가 나타난다.

그렇다면 내포 질서는 다차원 실재까지 확장해야 한다. 이 실재는 단절 없는 전체로, 우주 전체 및 그 모든 장과 입자를 포함한다. 따라서 전운동은 실제로 차원이 무한인 다차원 질서에서 접히고 펼쳐진다고 할 수 있다. 다만 이미 살펴본 대로 어느 정도 독립인 부분전체를 따로 뽑아내면 이는 자율에 가깝다. 따라서 앞서 말한 전운동의 기본 원리(부분전체가 어느 정도 자율이라는 원리)는 이제 실재에 대한 다차원 질서로 확장됨을 알 수 있다.

5. 우주론과 내포 질서

지금까지 물질의 구조를 내포 질서로 이해하려 했다. 이제 지금까지 논의에 따른 새로운 우주론을 살펴보자.

이를 분명히 하기 위해 먼저 장에 양자론을 적용해 보자(이전 절 논의 방식대로). 이러한 장에서 에너지 상태는 불연속이다(또는 양자화되어 있다). 어떻게 보면 그러한 장 상태는 파동 같은 진동으로 넓은 공간에 퍼져 나간다. 하지만 달리 보면 그 진동수에 비례하는 불연속 에너지(와 운동량)가 있기 때문에 그 상태는 (광자와 같은) 입자에 가깝다.[9] 반면 진공 속 전자기장은 양자론에서 '파동과 입자'라는 들뜬 상태가 된다. 여기에 이른바 영점 에너지가 있어 장 에너지가 최소로 떨어져도 영점 아래로는 가지 못한다. 만일 어떤 공간에서 '파동과 입자'에 대한 상태 에너지를 모두 합치면 그 결과는 무한대가 되는데 파장이 무한개 있기 때문이다. 그러나 짧은 파장들에 해당하는 에너지를 계속 더하지 않아도 되는 이유도 있다. 곧 어떤 최소 파장이 있어 전체 들뜸 상태가 유한 개라면 에너지도 유한하게 된다.

실제로 양자론 규칙을 일반 상대론에 적용하면 중력장도 그러한 '파동과 입자' 상태로 이루어지며 각 상태에 최소 영점 에너지가 있음을 알 수 있다. 그렇게 되면 중력장이나 특히 거리 개념을 제대로 정의하기 어려워진다. 짧은 파장에 해당하는 들뜸 상태를 더해 가면 시공간 측정이 무의미한 길이에 도달하기 때문이다. 이보다 짧은 길이에서는 우리가 아는 시공 개념조차 점차 흐려져 규정조차 못하는 무엇이 되고 만다. 따라서 우선은 이 길이를 공간 속 영점 에너지를 이루는 최소 파장으로 보는 것이 합당하겠다.

이 길이는 어림잡아 10^{-33}cm 정도로 짐작된다. 이것은 물리 실험으로 탐색한 어떤 길이(10^{-17}cm 정도까지 내려갔다)보다도 짧다. 최소 파장을 이렇게 잡고 $1cm^3$당 에너지양을 계산하면 알려진 우주 물질 전체의 에너지보다 훨씬 많다는 것을 알 수 있다.[10]

따라서 진공에도 막대한 배경 에너지가 있음을 알 수 있다. 또한 우리가 아는 물질도 마치 허허바다 위 잔물결처럼 이러한 배경 위에 양자화된 파동과 같은 작은 들뜸이다. 현재 물리 이론에서는 단지 진공 에너지와 물질이 있는 공간 에너지의 차이만을 계산해 이러한 배경에 대한 명시적인 고려를 피한다. 이 차이만이 관측된 물질의 성질을 결정하는 전부라는 것이다. 하지만 물리학이 발전하면 지금 말한 배경을 직접 탐구할 수 있게 될지도 모른다. 현재만 해도 광대한 에너지 바다는 우주를 이해하는 데 매우 중요하다.

이 점에서 막대한 에너지를 포함하는 공간은 비어 있다기보다 가득 차 있다고 할 수 있다. 공간이 비어 있다는 생각과 가득 차 있다는 생각은 철학과 물리 개념의 발전사에서 번갈아 나타난다. 예를 들어 고대 그리스에서 파르메니데스와 제논 학파는 공간이 충만하다고 생각했다. 이에 반대한 데모크리토스는 공간은 비어 있고 (진공) 그 안에서 물질 입자(원자)가 자유롭게 움직인다고 했다. 아마도 데모크리토스가 그런 세계관을 제시한 첫 인물일지 모른다. 현대 과학은 대체로 원자론을 선호하지만 19세기만 해도 에테르가 공간을 채우고 있다는 가설을 진지하게 받아들였다. 물질은 에테르 속에서 분리, 안정, 반복된 모습(물결이나 소용돌이와 같은 모습)으로 이루어지며 이 충만한 공간을 비어 있듯 통과한다는 것이다.

현대 물리에도 비슷한 개념이 있다. 양자론에 따르면 절대 영도에서 전자는 산란되지 않고 결정 조각을 빈 공간처럼 통과한다. 온도를 높이면 비균질 성분이 나타나고 전자는 산란된다. 그러한 전자를 이용해 결정을 관찰하면 (전자 렌즈로 산란된 전자를 집중시켜 이미지를 만들면) 그저 비균질 성분만이 보인다. 그러면 비균질 성분만 있고 그 본체인 결정 조각은 순전한 무인 듯이 보인다.

따라서 진공처럼 보이는 그 무엇도 실제로는 충만하며, 이것이 우리 자신을 포함한 만물의 바탕이라 할 수 있다. 우리가 인지하는 사물은 여기서 떨어져 나온 형태로, 이것이 처음 만들어져 유지되고 결국 소멸되는 충만한 공간을 생각해야 진정한 의미를 알 수 있다.

하지만 이 충만한 공간을 더 이상 에테르 같은 단순 매질 개념으로 보면 안 된다. 이러한 시각은 물질이 단지 3차원 공간에만 머무르며 움직인다고 보는 일이다. 하지만 여기서는 앞서 말한 광대한 에너지 바다가 있는 전운동에서 시작해야 한다. 이 바다는 4절에서처럼 다차원 내포 질서로 이해해야 하며, 반면 우리가 보통 관측하는 우주 물질 전체는 미세하게 들뜬 모습으로 취급해야 한다. 이렇게 들뜬 모습은 어느 정도까지 자율이며 우리가 경험하는 공간 질서인 3차원 외연 질서에 반복과 안정, 분리된 모습으로 투영된다.

이 모두를 염두에 두고 현재 통용되는 우주 관념을 보자. 우주는 100억 년 전쯤 시공간의 한 점에서 빅뱅으로 시작되었다고 말한다. 반면 우리 관점에서 빅뱅은 잔물결 정도이다. (지구 표면) 대양 한가운데 가끔씩 우연히 모이는 수많은 잔파도를 떠올리면 쉽게 이해할 수 있을 것이다. 이들 사이에 위상이 맞으면 작은 공간 영역에서 갑자기 매우 높은 파도가 아무것도 없다가 어디서 갑자기 튀어나온 듯이 일어난다. 아마도 이러한 일이 우주라는 광대한 에너지 바다에서 일어나 갑작스런 진동을 일으키고 여기서 우주가 탄생했을지 모른다. 이 진동은 밖으로 폭발해 잔물결로 나뉘며 이것이 밖으로 더 퍼지면서 팽창하는 우주를 이룬다. 이 우주에서 '공간'은 특별히 두드러진 외연·명시 질서로 그 안에 접혀 있다.

이러한 시각에서 보면 '우주'가 에너지 바다와 무관하게 홀로 존재한다는 생각에는 한계가 있다(이 생각은 부분전체 개념이 유효한 영역에서만 성립한다). 예를 들어 블랙홀은 우주의 배경 에너지가 중요한 영역일 수 있다. 아니면 팽창하는 우주가 여럿일 수도 있다.

덧붙여 광대한 에너지 바다도 길이 10^{-33}cm보다 큰 수준에서 일어나는 일만을 계산한 결과이다. 하지만 이 거리는 보통 시공 개념을 적용할 수 있는 한계일 뿐이다. 그 너머에 아무것도 없다고 하는 것은 독단에 가깝다. 오히려 그곳에는 우리가 잘 모르는 또 다른 영역 아니 수많은 영역이 있을 수 있다.

지금까지는 외연 질서에서 시작해 단순한 3차원 내포 질서, 다차원 내포 질서, 그리고 진공이라고 하는 광대한 바다로 나아가는 과정을 살펴보았다. 다음 단계는 내포 질서 개념을 10^{-33}cm의 한계 너머로 더 넓게 확장하는 일일지 모른다. 아니면 내포 질서를 아무리 확장해도 이해하기 힘든 아주 새로운 개념과 마주칠 수도 있다. 어떤 일이 벌어지든 부분전체가 어느 정도 자율이라는 원리는 타당하다. 따라서 지금까지 생각한 예들을 포함하는 어떤 부분전체도 어느 지점까지는 그 자체만으로 탐구할 수 있다. 그러면 어떤 최종 진리에 이르렀다고 가정하지 않아도 막대한 진공 에너지 너머에 무엇이 있는가를 생각할 필요 없이 이제까지 드러난 질서에서 부분전체의 의미를 탐구할 수 있다.

6. 내포 질서, 생명, 그리고 전체에 걸친 필연성

이 절에서는 내포 질서의 의미를 분명히 하기 위해 먼저 생명과 물질을 같은 기초 위에서 이해해 볼 것이다. 그리고 내포 질서에 관한 법칙을 확장해 본다.

식물에서 생장을 생각해 보자. 생장은 씨에서 시작하지만 그렇다고 씨가 식물 속 물질 성분이나 생장에 필요한 에너지를 공급하지는 않는다. 에너지는 거의가 토양이나 물, 공기, 햇빛에서 온다. 현대 이론에 따르면 씨는 DNA라는 정보를 포함하며 이 정보가 해당 식물을 만드는 방향으로 환경을 이끈다.

내포 질서 관점에서는 무생물도 식물 생장과 비슷한 과정을 거쳐 유지된다. 가령 액체와 잉크 모형에서 전자와 같은 '입자'가 반복적이며 안정적으로 펼쳐지는 질서를 볼 수 있다. 실제로는 규칙적으로 변하며 되풀이되는데, 그 간격이 매우 짧아 계속해서 존재하는 것처럼 보이는 것이다. 이는 나무가 죽고 새 나무가 그 자리를 채우는 숲에 비교할 수 있다. 오랜 시간을 두고 지켜보면 이 숲도 마찬가지로 계속해서 존재하며 천천히 변한다. 따라서 이것을 내포 질서로 이해하면 생물이나 무생물 모두 존재 양상이 서로 비슷하다.

생명 없는 물질을 그대로 내버려두면 이와 같은 접히고 펼쳐지는 과정도 생명 없는 물질을 재생산할 뿐이다. 하지만 씨에 담긴 '정보'를 집어넣으면 살아 있는 식물을 만든다. 결국 이 식물은 새로운 씨앗을 낳고 죽은 뒤에도 이 과정은 지속된다.

식물이 환경 및 에너지와 물질을 교환하면서 형성과 유지, 분해될 때, 살아 있고 그렇지 않은 경계가 어디라고 분명히 말할 수 있을까? 잎에 있는 세포 경계를 넘나드는 이산화탄소 분자가 갑자기 '살아 있게' 되지는 않는다. 또한 공기 중으로 방출된 산소 분자가 갑자기 '죽지도' 않는다. 오히려 생명은 식물과 환경을 포함한 전체에 있다고 보아야 한다.

실제로 생명은 이 전체에 접혀 있고 생명이 없는 것처럼 보이는 상황에도 '내재한다'고 할 수 있다. 이 점은 현재 환경에 있지만 나중에 씨에서 자라난 식물에 들어갈 원자들 모음을 생각하면 알 수 있다.

이 모음은 3절에서 살펴본 잉크 방울을 이루는 입자들 모음과 비슷하다. 두 모음 모두 그 요소들은 같은 목적(하나는 잉크 방울, 다른 하나는 식물)에 도달하도록 묶여 있다.

그렇다고 생명을 단지 물질 법칙에 기초한 활동으로 환원할 수 있다는 뜻은 아니다(비록 생명에 있는 어떤 특징은 그렇게 이해할 수도 있지만). 오히려 전운동 개념을 3차원에서 다차원, 그리고 진공 속 광대한 에너지 바다로 확장했듯이 이제 이 개념을 생명으로 확장해 전운동 전체가 생명 원리 또한 포함한다고 말할 수 있다. 무생물은 어느 정도만 자율을 누리는 부분전체로 볼 수 있고 우리가 알기로 여기서 생명은 분명히 드러나지 않는다. 곧 무생물은 전운동에서 파생된 특수한 추상물이다(물질과 완전히 무관한 '생기'라는 개념도 마찬가지이다). 실제로 내포 생명인 전운동이야말로 외연 생명과 무생물 모두의 바탕으로, 이러한 바탕이야말로 근본적이고 독립적이며 보편적인 존재이다. 따라서 우리는 생명과 무생물을 조각내지 않고 생명을 물질 산물로 완전히 환원하지도 않는다.

이제 논의를 더 확장해 보자. 살펴본 대로 전운동 법칙에서는 어느 정도 자율인 부분전체를 뽑아낼 수 있다. 부분전체에 대한 법칙은 전체 상황(아니면 비슷한 상황 모음)과 관련된 어떤 조건이나 제한에서만 성립한다. 부분 법칙이 성립하려면 세 가지 특징이 있어야 한다.

1. 내포 질서 모음
2. 이 가운데 특히 눈에 띄는 사태. 명시된 것들의 외연 질서를 이룸

3. 필연성을 표현하는 관계(또는 법칙). 내포 질서 속 요소들을 한 모음으로 묶어 같은 외연 목표에 이르게 함(서로 뒤섞이는 다른 모임 속 요소들이 이르는 목표와 달리)

이러한 필연성의 기원은 단지 문제가 된 상황의 외연 질서와 내포 질서만으로 이해하기는 힘들다. 오히려 필연성은 전체 상황에 내재한다고 보아야 한다. 그 근원을 이해하려면 더 깊고 넓은 범위의 내밀한 자율 수준까지 나아가야 한다. 하지만 그 수준에는 또한 거기에 맞는 내포 질서와 외연 질서가 있고, 이러한 질서들 사이에서 변환을 일으키는 필연성 또한 더 깊고 내밀하다.[11]

요약하면 일정 부분 자율인 부분전체에서 성립하는 법칙 형태가 이제까지 탐구한 모든 형태를 일관되게 확장한 보편 법칙이라 하겠다. 지금부터는 그 생각에 담긴 의미를 시험하듯이 연구해 보자.

7. 의식과 내포 질서

지금까지는 우주론과 실재의 본성에 대한 생각을 설명했다(물론 지금의 설명을 제대로 채워 넣으려면 아직 할 일이 많다). 이제 이와 관련해 의식을 어떻게 이해할지 살펴보자.

먼저 의식(사고, 느낌, 욕망, 의지 따위)은 어떤 의미에서 실재 전체처럼 내포 질서로 이해할 수 있다. 다시 말해 물질(생물과 무생물)과 의식 모두에 내포 질서는 적용 가능하며 이로써 이들의 관계를 이해하고 그 바탕이 되는 생각을 파악할 수 있다(이전 절에서 무생물과 생물 관계를 논하면서 제안한 대로).

하지만 지금까지 물질과 의식의 관계를 해명하기란 매우 어려웠다. 물질과 의식의 기본 성질이 매우 다른 방식으로 경험에 나타나기 때문이다. 이러한 차이를 명쾌하게 표현한 데카르트는 물질을 연장된 실체로 바라보고 의식을 '사유하는 실체'로 보았다. 데카르트에게 연장된 실체는 공간에서 개별 형태를 이루는 무엇을 의미한다. 이는 외연 질서와 비슷하게 연장과 분리라는 질서를 따른다. 또한 데카르트는 '사유하는 실체'를 '연장된 실체'와 명백히 대조하면서 생각에 떠오르는 여러 모습은 연장이나 분리라는 (공간) 질서가 아닌 다른 질서를 따름을 암시했다. 이는 내포 질서에 가까우며 어찌 보면 데카르트는 의식을 외연보다 내포에 가까운 질서로 이해해야 한다고 예언한 셈이다.

하지만 데카르트의 생각처럼, 공간 속 연장과 분리가 물질의 근본 성질이라면, 물질과 의식 사이의 질서는 상이하기 때문에 둘 사이의 관계를 논할 근거가 없게 된다. 데카르트도 분명히 이러한 어려움을 인식하고 그 관계를 신을 도입해서 해결하려 했다. 그 내용은 신이 (그가 창조한) 물질과 의식 밖에서 물질에 대한 '명석하고 판명한 관념clear and distinct ideas'을 의식에 주입한다는 것이다. 물론 데카르트 이후 신으로 문제를 해결하려는 생각은 사그라들었다. 하지만 사람들은 이로써 물질과 의식의 관계를 이해할 가능성마저 사라졌다는 사실을 간과했다.

하지만 이 장에서 우리는 물질 전체를 이해하려면 내포 질서를 실제 사태로 보아야 한다고 했다(반면 외연 질서는 내포 질서에서 눈에 띄는 특수한 경우 유도될 수 있다). 그렇다면 이제 문제는 (데카르트가 어느 정도 예감한 대로) 의식을 이루는 진정한 실체를 같은 내포 질서로 이해할 수 있는가 하는 것이다. 물질과 의식 모두를 이렇게 같은 질서 개념으로 이해한다면 이들 관계도 같은 바탕 위에서 이해할 수 있을 것이다. 여기서 우리는 의식과 물질이 처음부터 분리되지 않고 단절 없는 새로운 전체성 개념에 도달할 수 있다.

이제 물질과 의식에 같은 내포 질서가 있다는 생각의 근거를 찾아 나서 보자. 물질은 의식의 대상이다. 하지만 쭉 살펴본 대로, 물질 우주에 대한 정보는 빛이나 소리 같은 에너지 형태로 각 공간 영역에 계속 접히고 있다. 이 과정에서 그러한 정보는 우리 감각기에 들어오고 신경계를 거쳐 뇌에 이른다. 어쩌면 우리 몸에 있는 모든 물질은 처음부터 우주를 접고 있었는지 모른다. 이렇게 정보와 물질의 접힌 구조(곧 뇌와 신경계에 있는 구조)가 의식에 주로 들어오는 대상은 아닌가?

먼저 정보가 실제로 뇌세포에 접혀 있는가를 생각해 보자. 이 질문에 대한 실마리는 뇌 구조에 대한 연구, 특히 프리브람의 연구에서 찾을 수 있다.[12] 프리브람은 기억이 보통 뇌 전체에 기록된다고 하며 이를 뒷받침하는 증거를 제시한다. 곧 어떤 대상이나 성질에 대한 정보는 특정 뇌세포나 정해진 장소에 저장되지 않고 뇌 전체에 접혀 있다. 이러한 저장 방식은 홀로그램과 비슷하지만 실제 구조는 훨씬 더 복잡하다. 곧 뇌 속에서 홀로그램과 같은 기억이 활발해지면 그 반응으로 신경 에너지가 생겨나, 이것이 처음 기록될 때 비슷한 경험을 하게 된다. 하지만 이 기억은 원본보다 섬세함이 떨어진다. 여러 다른 순간 기억들이 섞일 수 있고 기억들이 연상이나 논리로 연결되면서 전체 모습에 어떤 질서가 더해지기 때문이다. 더욱이 기억하는 순간에 감각 자료가 더해지면 기억 반응 전체가 감각에서 온 신경 반응과 합쳐진다. 그러면 기억, 논리, 감각 활동이 쪼개지지 않고 하나로 합쳐지는 경험을 할 수 있다.

물론 지금까지 묘사한 것들이 의식의 전부는 아니다. 의식은 인식, 주의, 지각, 이해 행위와 기타 많은 활동을 포함한다. 이미 1장에서 이들은 기계적인 반응을 넘어선다고 했다(뇌기능에 대한 홀로그램 모델에서도 이를 알 수 있다). 따라서 단순히 감각 신경이 반응하는 모습이나 이것이 기억에 저장되는 방식을 논하기보다는 이런 다양한 의식 활동을 탐구하면 실제 의식 경험에 더 가까이 다가갈 수 있다.

물론 이렇게 섬세한 활동들에 대해 많은 얘기를 하기는 어렵다. 하지만 어떤 경험에서 무슨 일이 생기는지 주의 깊게 살펴보면 귀중한 실마리를 얻을 수 있다. 예를 들어 음악을 들을 때 무슨 일이 일어나는지 생각해 보자. 어느 순간 어떤 음표가 연주되고 있어도 이전 음표들 여럿은 여전히 의식 속에 울려 퍼진다. 주의 깊게 살펴보면 알수 있듯, 이러한 울려 퍼짐에서 운동, 흐름, 연속성을 감지할 수 있다. 반면 이어지는 음표들을 시간을 두어 분리해 듣는다면 그러한 울려 퍼짐은 없다. 이는 음악에 의미와 활력을 불어넣는 전체로서 생동하는 느낌을 모두 파괴한다.

    전체 운동을 실제로 경험할 때 분명 과거를 그대로 간직하지 않는다. 지나간 음표들을 일일이 기억해 이를 현재와 비교하지 않는다. 오히려 좀 더 주의하면 알 수 있듯 그러한 경험을 만드는 '울려 퍼짐'은 기억이 아니라 앞선 기억의 활발한 변환이다. 여기에는 원래 귀에 들린 소리가 시간이 지나면서 줄어들어 흩어지는 느낌이 있다. 또한 감정, 몸의 느낌, 초기의 근육 운동 그리고 온갖 미묘한 의미 연상 또한 있다. 따라서 어떻게 여러 음표들이 여러 수준에 걸쳐 의식 속으로 접혀 들어가는지 직접 느낄 수 있다. 또한 어떻게 매순간 그렇게 접힌 여러 음표들이 변환되고 뒤섞이면서 운동의 느낌을 전달하는지도 알 수 있다.

    이러한 의식 활동은 내포 질서라고 한 활동과 놀랄 만큼 닮았다. 예를 들어 3절에서 제시한 전자 모형에서는 항상 접힌 정도와 변환 정도가 다른 모음들이 서로 뒤섞인다. 전체 모음은 그렇게 접히면서 그 모습과 구조가 급격히 변한다(5-2장에서는 이러한 변화를 '변형'이라고 했다). 하지만 모음에 있는 어떤 전체 질서는 변하지 않으며, 이 모든 변화에도 섬세한 근본 질서는 유지된다.[13]

    살펴본 대로 음악에서도 거의 비슷한 (음표) 변환이 있고, 여기서도 어떤 질서가 유지된다. 하지만 중요한 차이가 있다. 전자 모형에서 접힌 질서는 사고로 파악되며 변환된 정도가 다르면서 상관된 모음이 공존한다. 반면 음악에서 접힌 질서는 직접 지각되며, 변환된 정도가 다르지만 서로 관련 있는 음색이나 소리가 공존한다. 음악에서는 다양한 변환이 함께 하면서 긴장과 조화를 느낄 수 있고 바로 이러한 느낌이 미분리된 흐름 상태에 있는 음악을 이해하는 데 가장 중요하다.

따라서 음악을 들을 때는 내포 질서를 직접 지각한다. 분명히 이러한 질서는 활동한다. 내포 질서는 계속 변환되면서 감정이나 신체 반응과 뒤섞인다.

비슷한 개념을 시각에도 적용할 수 있다. 이를 분명히 하기 위해 영화를 볼 때 움직이는 느낌을 생각해 보자. 실제로는 조금씩 다른 영상 이미지가 화면에 잇따라 번쩍거릴 뿐이다. 그런데 이미지가 시간을 두고 띄엄띄엄 나타난다면 연속된 움직임이 아닌 딱딱 끊어지는 느낌을 받게 된다. 반면 이미지들끼리 가까이 100분의 1초 정도로 있다면 마치 계속 움직이며 흐르는 듯한 실재를 분리나 단절 없이 곧바로 경험하게 된다.

이 점을 분명히 하기 위해 아래 그림처럼 스트로보 장치를 이용한 가상 운동을 생각해 보자. 전구 안에 든 두 원반 A와 B는 전기 신호를 받아 빛을 내보낸다. 빛이 켜지고 꺼지기를 재빨리 반복하면 연속으로 보이지만, 한 번 번쩍일 때마다 B가 A보다 조금 뒤에 켜지도록 조정해 놓았다. 여기서 실제로 A와 B 사이에 '흘러가는 움직임'을 느

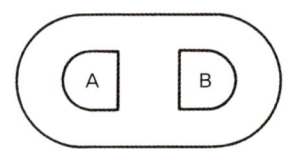

끼는데 의외로 B에서는 그 무엇도 흘러나오지 않는다(실제 흐름이 진행되는 경우와 다르게). 곧 망막 위에 인접한 두 이미지 가운데 하나가 약간 뒤늦게 도착하면 흘러가는 움직임을 느끼게 된다(이와 밀접히 관련된 사실로 빨리 가는 차를 찍은 윤곽이 어렴풋한 사진이 있다. 이 사진에는 위치가 조금씩 다른 이미지들이 겹쳐 있으며 고속 카메라로 찍은 뚜렷한 사진보다 더 생생하게 움직이는 느낌이 있다).

이렇게 끊임없이 움직이는 느낌은 일련의 음표를 듣는 느낌과 아주 유사하다. 다만 시각 이미지는 도달 간격이 짧아 의식 속에서 낱낱이 나뉘지 않는다는 차이가 있다. 그렇다고 해도 시각 이미지 또한 뇌와 신경계에 '접히면서' 활발한 변환을 거친다(곧 이미지는 감정 반응, 신체 반응을 일으키며 분명히 의식하기 힘든 미묘한 반응을 일으키기도 한다. 또한 울려 퍼지는 음표와 여러모로 비슷한 잔상을 남긴다). 비록 두 이미지 사이의 시간 간격이 짧아도 지금 말한 예들에서 움직이는 느낌이 어떻게 생기는지는 분명하다. 곧 이미지가 뇌와 신경계에 침투하면서 변환되고, 서로 뒤섞일 때 이러한 느낌이 생겨난다.

이 모두는 (음악을 듣는 특별한 경우까지 포함) 움직임을 직접 경험할 때의 질서와 사고로 표현되는 내포 질서가 거의 비슷하다는 의미이다. 이렇게 보면 운동에 대한 직접 경험을 사고 안에서 일관되게 이해할 수 있는 길이 열린다(사실 이것으로 운동에 대한 제논의 역설은 풀린다).

어떻게 그렇게 되는지 보기 위해, 흔히 운동을 그리는 방식대로 선을 따라 늘어선 점들을 보자. 어떤 시각 t_1에서 입자 위치를 x_1이라고 하고 나중 시각 t_2에서 입자 위치를 x_2라고 하자. 그러면 입자가 운동할 때 속도는 다음과 같다.

$$v = \frac{x_2 - x_1}{t_2 - t_1}$$

물론 이런 수식은 어느 순간 문득 드는 움직이는 느낌, 가령 음표가 의식에 울려 퍼질 때(또는 빠른 차가 눈앞에 지나갈 때)와 같은 느낌을 표현하거나 전달하지는 않는다. 오히려 수식은 운동을 추상과 상징을 통해 나타낸 것이다. 이와 실제 운동 사이의 관계는 악보와 실제 음악청취 사이의 관계와 비슷하다고 할 수 있다.

만일 흔히 하는 대로 이러한 추상과 상징이 실제 운동을 충실하게 재현한다면, 풀기 어렵고 혼란스런 여러 문제에 휘말리게 된다. 문제의 원인은 시간이 마치 직선 위에 함께 존재하는 점들처럼 우리나 신의 마음속에 펼쳐진다고 보는 데 있다. 하지만 실제로는 어느 순간 t_2가 지금 여기에 있다면 앞선 순간 t_1은 지나가 버린다. 말하자면 그 순간은 지나가 버렸고 존재하지 않으며 결코 돌아오지 않는다. 따라서 바로 지금(t_2) 속도가 $(x_2-x_1)/(t_2-t_1)$라고 말하면, 있는 무엇(x_2와 t_2)과 없는 무엇(x_1과 t_1)을 짝짓는 셈이다. 물론 추상이나 상징으로는 이렇게 할 수 있지만(실제로 과학이나 수학에서 흔한 일이다), 그것으로 이해하기 힘든 또 다른 사실은 지금 속도는 지금 활동하고 있다는 점이다(곧 그것은 입자가 지금부터 스스로 아니면 다른 입자들 사이에서 어떻게 움직일지 결정한다). 그러면 어떻게 있지도 않고 영원히 가버린 위치

(x_1)가 지금의 활동을 이해해야 할까?

흔히 이 문제는 미분법을 써서 해결한다. 시간 간격 $\Delta t = t_2 - t_1$를 $\Delta x = x_2 - x_1$와 함께 충분히 작게 한다면 지금 속도는 Δt가 0에 가까워질 때 비율 $\Delta x/\Delta t$의 극한으로 정의된다. 이 같은 경우 x_2와 x_1이 같은 시각에 놓이기 때문에 위와 같은 문제는 더 이상 생기지 않는다. 둘은 공존하며 관련 활동에 개입한다.

하지만 조금만 생각해 보면 알 수 있듯, 이 방법은 여전히 시간 간격을 유한하다고 본 원래 방법만큼의 추상과 상징을 쓴다. 곧 누구도 0이라는 시간 간격을 직접 경험하지 못하고, 돌이켜 생각해도 이것이 무슨 뜻인지 알지 못한다.

이 방법을 단지 추상 형식이라고 해도 논리는 일관성이 떨어지며 언제 어디에나 적용할 수 있는 것도 아니다. 실제로 그것은 연속 운동에만 적용되며 이때도 우연히 맞아 들어간 연산 장치일 뿐이다. 하지만 살펴본 대로 양자론에서 운동은 원래 연속이 아니다. 따라서 연산 장치로서 미적분은 고전 개념(곧 외연 질서)으로 표현된 이론에서만 적절한 근사로 쓰일 수 있다.

하지만 내포 질서 관점에서 운동을 보면 이러한 문제는 생기지 않는다. 이 질서 속 운동에는 접힌 정도가 다른 서로 뒤섞이는 요소들이 모두 함께 있다. 이러한 운동에서 생긴 활동도 접힌 질서 전체에서 나왔다고 보면 문제가 없다. 곧 이 활동은 있는 요소와 없어진 요소 사이 관계가 아닌 함께 있는 요소들 사이 관계로 결정된다.

이렇게 내포 질서 관점에서 운동을 이해하면 논리에 일관성이 생기며 적절히 반영할 수 있다. 따라서 오랫동안 서양 문화를 지배한 추상과 논리에 따른 사고와 구체적인 실제 경험 사이의 날카로운 구분은 더 이상 유지되기 힘들다. 오히려 실제 경험과 논리에 따른 사고를 끊임없이 오가면서 조각내기를 그치는 것이다.

또한 이제 실재의 본성, 곧 모든 존재가 운동이라는 생각도 새롭고 일관되게 이해할 수 있다. 실제로 이렇게 생각하기가 힘든 것은 보통 운동을 예전처럼 '있는 무엇'과 '없는 무엇' 사이의 활동 관계로 보기 때문이다. 그렇다면 실재의 본성에 대한 전통 관념은 있는 무엇이, '있는 무엇'과 '없는 무엇' 사이의 활동 관계라고 얘기하는 셈이다. 이러한 말은 사실 무척 혼란스럽다. 반면 내포 질서 관점에서 운동은 있는 무엇 안에서 어떤 단계와 다른 단계 사이의 관계로 접혀 있는 정도만 다르다. 이는 실재 전체의 본질이 접힌 정도가 다른 여러 단계 사이의 관계라는 뜻이다(펼쳐지고 명시된 입자나 장 사이의 관계가 아닌).

실제 운동은 내포 질서를 직접 경험하는 방식인 단절 없는 흐름에 대한 직감 이상의 그 무엇이다. 그러한 흐름의 느낌은 다음 순간 사태가 바뀌어 다르게 된다는 뜻이기도 하다. 이러한 경험 사실을 어떻게 내포 질서로 이해해야 하는가?

이에 대한 실마리를 얻으려면 한 생각이 아주 다른 생각을 '함축한다'고 할 때 우리 사고에서 일어나는 일을 주의 깊게 살피면 된다. 영단어 '함축하다 imply'는 '내포하다 implicate'와 그 뿌리가 같으며 접힘 개념과 관련된다. 실제로 무엇이 함축되어 implicit 있다고 하면, 그것을 논리 규칙에 의해 다른 무엇에서 끌어낼 수 있다는 뜻만은 아니다. 오히려 보통 여러 다른 생각과 관념(그 가운데 몇몇은 분명히 인식)에서 새 관념이 나타나 이 모두를 미분리된 전체 안에 결합한다는 뜻이다.

그렇다면 의식하는 매순간에는 전경을 이루는 어떤 명시된 내용과, 이에 대응하는 배경을 이루는 함축된 내용이 같이 있다. 곧 실제 경험만 내포 질서로 이해하지 말고 사고 또한 이 질서로 파악해야 한다. 이미 내포 질서가 적용된 이 사고 내용만을 뜻하지는 않는다. 오히려 실제 사고 구조, 기능, 활동이 내포 질서 속에 있다는 뜻이다. 그렇다면 사고에서 함축과 명시의 구분은 물질에서 내포와 외연 구분과 그 본질이 같다고 볼 수 있다.

이것이 무슨 뜻인지 분명하게 하기 위해 부분전체에 대한 법칙 형태를 생각해 보자. 특정 모음(잉크 입자나 원자들 모음)에 접혀 있는 요소들이 다음 접힘 단계를 이룰 때는 어떤 필연성에 의해 묶여 있다. 이 필연성에 따라 이들이 같이 모이고, 다음 단계에 나타나는 같은 목적에 이르게 된다. 또한 뇌와 신경계에 접힌 요소들 모음도 생각이 다음 단계로 펼쳐질 때면 마찬가지 필연성에 의해 묶여 있다. 이 필연성 때문에 이들이 같이 모이고 다음의 의식 순간에 어떤 관념으로 나타난다.

지금까지 논의에서는 의식을 잇따른 순간들로 서술할 수 있다고 생각했다. 그런데 어떤 순간은 시간에 대해 (시계 따위로) 정확히 고정되지 않고 불특정 기간 동안 지속된다. 앞서 지적대로 각 순간은 내포 질서 안에서 실제로 경험할 수 있다. 또한 전체 상황에 퍼진 필연성 때문에 한 순간은 다음 순간으로 이어진다. 또한 이전에 접힌 내용이 이제는 펼쳐지고 반면 이전에 펼쳐졌던 내용은 접히게 된다(잉크 방울처럼).

이 과정을 이어가다 보면 한 순간에서 다음 순간으로 넘어갈 때 변화가 어떻게 일어나는지 설명할 수 있다. 원리만 보면 어떤 순간 변화도 아주 급격한 변환일 수 있다. 하지만 경험이 보여주듯 사고에는 (물질 일반처럼) 보통 안정과 반복이 우세하며 이 때문에 부분전체는 어느 정도 독립될 수 있다.

어떠한 부분전체에서도 생각들을 이어갈 수 있는데 그 접는 방식은 일정하게 변한다. 한 순간에서 다음 순간으로 접혀 이어지는 생각이 정확히 어떠한지는 보통 앞선 순간 내포 질서의 내용에 달렸다. 예를 들어 어떤 순간 움직인다는 느낌은 다음 순간 변화로 이어지기 마련인데, 원래 느낌이 강할수록 다음 순간 변화도 크다(따라서 앞서 논의한 스트로보 장치처럼 이러한 변화가 없다면 의외로 놀라운 사태가 벌어진다고 느낀다).

물질 일반에 대한 논의처럼 의식에서도 어떻게 외연 질서가 명시 질서인가라는 질문을 탐구할 필요가 있다. 주의 깊게 관찰하면 알 수 있듯 ('명시'라는 말뜻이 반복, 안정, 분리된 무엇임을 감안해) 의식에 명시된 내용은 원래 기억에 바탕을 두며 그렇기 때문에 그 내용은 일정 형태로 유지된다. 물론 그렇게 유지하려면 이 내용을 조직해야 한다. 이때 어느 정도 고정된 연상 작용만이 아닌 논리 법칙이나 시간, 공간, 인과, 보편과 같은 기본 범주를 활용할 수 있다. 이렇게 개념과 심상 체계를 만들면 이것이 명시 세계를 충실히 재현한다.

하지만 사고 과정은 명시 세계를 단지 재현만 하지 않고 우리가 경험하는 세계에 중요한 기여를 하기도 한다. 앞서 지적대로 경험은 감각 정보와 되풀이되는 어떤 기억 내용이 합쳐져 생긴다(물론 기억 내용은 그 형식이나 질서를 이루는 사고를 포함한다). 그러한 경험에는 반복, 안정, 분리되는 요소로 이루어진 확고한 배경이 있다. 이러한 배경 위에서 끊임없이 흐르는 경험이 잠시 스쳐가며 인상을 남긴다. 이러한 인상이 안정되고 조각난 과거 기록 내용 전체 안에 배치되고 정돈되는 셈이다.

사실 의식 경험 대부분이 사고로 조직된 기억에 바탕을 둔 구성물이라는 증거는 과학 분야에 꽤 많이 존재한다.[14] 하지만 이 주제를 자세히 다루는 일은 논의 범위를 벗어난다. 다만 피아제의 주장을 언급하겠다. 피아제는 우리에게 잘 알려진 시공간이나 인과와 같은 질서(여기서 외연 질서라고 부른 질서)를 의식하는 일은 삶의 처음 단계에서는 거의 일어나지 않는다고 말했다. 주의 깊게 관찰하면 유아들은 대체로 이러한 내용을 감각이나 운동 경험으로 먼저 학습하고 나이가 들면서 그러한 경험을 언어와 논리로 표현한다. 반면 움직임을 직접 인식하는 일은 가장 초창기에도 일어난다. 움직임이 주로 내포 질서 속에서 지각됨을 기억하면 피아제의 연구는 다음 주장에 힘을 실어준다. 그 내용은 내포 질서에 대한 경험이 외연 질서에 대한 경험보다 훨씬 더 가깝게 다가오며 후자는 복잡한 구성 과정에 대한 학습을 필요로 한다는 사실이다.

보통 내포 질서의 우선성을 깨닫지 못하는 이유는 우리가 외연 질서에 너무 익숙해졌고 사고와 언어 역시 외연 질서를 강조한 나머지 경험이 주로 외연·명시 질서에 대한 것이라고 굳게 믿게 되었기 때문이다. 하지만 더 중요한 이유는 활발해진 기억 내용이 반복, 안정, 분리되면서 우리의 관심도 안정된 조각에 집중된다는 점이다.

그러면 이렇게 안정된 조각만이 매우 두드러지는 경험을 하게 된다. 끊임없는 흐름에서 스쳐가는 미묘한 특성(예를 들면 음표 변환)은 희미해져 어렴풋하게만 인식될 뿐이다. 따라서 명시적이며 안정되고 조각난 의식 내용이 실재를 이루는 바탕이라고 착각하게 된다. 또 이러한 착각 아래서 그러한 내용을 근본으로 보는 사고방식이 증명되었다고 할지 모른다.

8. 물질과 의식, 그리고 둘의 공통 분모

앞서 물질과 의식 모두를 내포 질서로 이해할 수 있다고 했다. 이제 의식과 관련해 논한 내포 질서 개념이 물질 개념과 어떤 관계에 있는지를 보임으로써 둘의 공통 분모를 이해하도록 한다.

먼저 (1장과 5-1장 지적대로) 상대성 이론은 실재 전체를 과정으로 서술하며 그 최종 요소는 점사건, 곧 아주 작은 시공 영역에서 일어나는 사건임에 주의하자. 반면 우리 관점에서 기본 요소는 순간이며, 이는 의식하는 순간처럼 시공간을 측정하는 일과 분명히 관련되지 않는다. 단지 시공간 안에서 연장되고 지속되는 불특정 영역을 차지할 뿐이다. 그 연장과 지속 규모는 논의 맥락에 따라 길거나 짧게 변화할 수 있다(한 세기조차 인류 역사에서는 '순간'일 수 있다). 또한 의식처럼 각 순간은 외연 질서 말고도 다른 모든 순간을 자기 나름대로 접고 있다. 따라서 전체에서 어느 한 순간과 다른 모든 순간 사이 관계는 전체 내용에 들어 있다. 곧 그 안에 접힌 다른 모든 순간을 어떻게 '접고' 있는지에 달렸다.

이러한 생각은 라이프니츠가 착안한 모나드monad와 비슷하다. 모나드 하나하나는 전체를 나름대로 (어떤 것들은 명확히 다른 것들은 희미하게) 반영하고 있다. 그러나 차이점은 라이프니츠가 말한 모나드는 영원한 반면 우리가 말한 기본 요소는 단지 순간들로 영원하지 않다는 점이다. 화이트헤드가 말한 현실적 계기actual occasions가 지금 생각에 더 가깝다. 차이점이 있다면 우리는 내포 질서로 순간과 그 관계를 표현하는 반면 화이트헤드는 다른 방식으로 표현한다는 점이다.

내포 질서에 대한 법칙에서 어느 정도 반복과 안정, 독립된 부분전체가 있음을 기억하자. 이 부분전체가 외연 질서를 이루고 있으며, 또한 이것이 원래 일상 경험(과학 기구로 확장된)에서 맞닥뜨리는 질서이다. 이 질서 안에서 기억이 있을 수 있는데, 이전 순간은 어떤 흔적(보통 접힌)을 남기며 이 흔적은 아무리 변화되거나 변환되어도 이후 순간까지 이어진다. 이 흔적에서 (화석처럼) 과거 순간에 실제로 일어난 일과 비슷한 이미지를 펼쳐낼 수 있다. 또한 그러한 흔적을 이용해 사진기나 테이프 녹음기, 컴퓨터 메모리와 같은 장치를 제작할 수 있다. 이를 써서 실제 순간을 기록하면 자연에 있는 흔적만 쓸 때보다 일어난 일에 대해 훨씬 더 많은 내용을 쉽게 검색할 수 있다.

우리 기억도 이 같은 과정에 딸린 특수한 경우라고 할 수 있다. 기억된 내용 전부가 뇌세포 안에 접혀 있으며 세포도 물질 가운데 한 부분이기 때문이다. 따라서 독립된 부분전체인 기억의 반복, 안정은 물질 일반에서 명시 질서가 반복, 안정되는 과정이라고 할 수 있다.

그렇다면 의식에서 나타나는 명시적인 외연 질서는 물질 일반 질서와 결국 별개가 아니라는 결론이 나온다. 둘은 원래 단일한 전체 질서에서 갈라져 나온 서로 다른 측면이다. 이로써 물질 일반에 있는 외연 질서가 실제로 일상 경험에서 의식에 드러난 감각 외연 질서이기도 하다는 사실을 설명할 수 있다.

이런 측면 말고 다른 더 넓고 중요한 측면을 보아도 의식과 물질 일반은 원래 같은 질서이다(전체로서 내포 질서). 이 질서 때문에 둘 사이 관계가 생겼다. 하지만 이 관계가 무엇인지 더 자세히 말할 수 있는가?

먼저 어느 정도 독립된 부분전체인 한 사람을 생각해 보자. 여기서 그 전체 과정(물리, 화학, 신경, 정신 과정)이 충분히 안정되고 반복되면 그 사람은 일정 기간 동안 살아갈 수 있다. 이 과정에서 몸 상태가 의식 내용에 여러 가지로 영향을 준다고 알려져 있다(가장 단순하게는 신경 흥분을 감각으로 의식하는 일이 있다). 반대로 의식 내용이 몸 상태에 영향을 줄 수도 있다(어떤 의도에 의해 신경이 흥분되고, 근육이 움직이며, 심장 박동이나 분비 활동, 혈액 작용이 변화할 수 있다).

몸과 마음 사이 이러한 관계를 보통 심신상관성psychosomatic이라고 한다('마음'을 뜻하는 그리스어 '프시케psyche'와 '몸'을 뜻하는 '소마soma'에서 왔다). 이 단어는 보통 몸과 마음이 분리되었다가 어떤 상호작용으로 연결된다는 뜻으로 쓰인다. 그러한 의미는 내포 질서와 일관되지 않는다. 내포 질서에서는 마음이 물질, 특히 몸을 접고 있다고 해야 한다. 마찬가지로 몸은 마음만이 아니라 어떤 의미에서 물질 우주 전체를 접고 있다(이 절 처음 설명대로 감각을 통해서건 아니면 몸 속 원자가 모든 공간에 접히기 때문이건 간에). 이러한 관계는 고차원 실재 개념을 소개하며 이미 알아보았다. 이 실재가 저차원 요소로 투영되어 요소들 사이에는 비국소, 비인과 관계뿐만 아니라 몸과 마음처럼 서로가 서로를 접는 관계가 성립한다. 따라서 더 넓고 깊고 내밀한 실제 사태는 몸이나 마음이 아닌 고차원 실재로, 이 둘을 이루는 바탕이면서도 그 성격에서 이들을 뛰어넘는다고 할 수 있다. 그렇다면 몸과 마음은 단지 어느 정도만 독립된 부분전체로, 이들이 이렇게 독립된 이유도 몸과 마음이 하나 되는 고차원의 바탕 때문이다(명시 질서가 어느 정도 독립된 이유도 내포 질서 때문이듯).

이러한 고차원 바탕에서는 내포 질서가 지배적이다. 따라서 이러한 바탕에서 모든 존재는 운동으로 사고 속에서 여러 단계의 내포 질서가 공존하는 것으로 나타난다. 앞서 고려한 단순한 형태의 내포 질서처럼 어떤 순간의 운동 상태는 전체 사태에 내재하는 필연성에 의해 펼쳐지고 다음 순간 새로운 사태를 일으킨다. 고차원 바탕이 투영된 몸이나 마음 모두 이전 순간과 다르게 변해 가며 물론 이전과 관련되어 있다. 몸과 마음은 원인과 결과로 영향을 주고받지 않고 오히려 같은 고차원 바탕이 서로 어떤 관계로 투영되면서 생긴다고 할 수 있다.

물론 한 몸과 마음을 이루는 바탕 또한 제한되어 있다. 몸 밖의 물질인 다른 사람이나 사회, 인류 전체를 포함해야 실제 사태에 대해 올바로 이야기할 수 있다. 이 과정에서 전체 상황에 있는 다양한 요소는 어느 정도만 독립적이라는 사실을 잊지 않도록 주의해야 한다. 이를 찬찬히 생각해 보면 각 요소는 더 높은 차원이 부분전체로 투영된 결과이다. 따라서 사람 하나하나를 다른 사람이나 자연과 상호작용하는 독립된 실재로 보는 것은 착각이고, 실제로도 잘못되었다고 할 수 있다. 오히려 이들 모두는 단일한 전체의 투영이다. 따라서 한 사람이 이 전체 과정에 참여할 때, 자기가 의식한 실재를 바꾸려고 한 행동이 바로 자신을 아주 새롭게 바꿀 수 있다. 이를 제대로 생각하지 못한다면 모든 일에서 계속 혼란을 겪을 수밖에 없다.

정신 쪽에서도 이보다 더 넓은 바탕으로 나아가야 한다. 살펴본 대로 의식 앞에 펼쳐진 내용은 이를 접고 있는 (내포하는) 더 넓은 배경에 포함된다. 이러한 배경 또한 분명 한층 더 넓은 배경에 포함되며 우리가 의식하지 못하는 신경 생리 과정도 여기에 포함된다. 또한 비어 보이는 공간을 채우고 있는 에너지 바다와 비슷하다고 할 수 있는 깊고 깊으며 알려지지 않은 (실제로 알 수도 없는) 더 넓은 배경도 여기에 포함된다.[14]

이러한 의식에서 깊고 깊은 배경이 무엇이건 간에 그것은 명시된 내용과 함축된 내용 모두를 이루는 바탕이다. 이 바탕은 보통 의식에 드러나지 않아도 여전히 '있다'고 할 수 있다. 공간 속 광대한 에너지 바다가 우리 지각에는 비어 있는 무無로 느껴지듯이 펼쳐진 의식을 접고 있는 광대한 무의식 배경도 같은 방식으로 느껴진다. 말하자면 이 배경도 비어 있는 무이며 보통 의식하는 내용은 그 가운데 아주 작은 조각일 뿐이다.

그렇다면 물질과 의식의 전체 질서 안에서 시간은 무엇을 의미하는지 간단히 살펴보자.

먼저 잘 알고 있듯 직접 의식하거나 느끼는 시간은 변하기 쉬우며 조건에 따라 달라진다(예를 들어 사람마다 자기 관심에 따라 같은 시간이라도 짧거나 길게 느낄 수 있다). 반면 일상 경험에서 물리 시간은 절대 시간으로 조건에 좌우되지 않는 듯 보인다. 하지만 상대론의 중요한 함축은 물리 시간도 실제로 상대 시간이자 관측자 속도에 따라 변할 수 있다는 것이다(이러한 변화는 물론 빛 속도에 가까울 때 의미 있고 일상 경험에서는 무시할 수 있다). 더욱 결정적으로 상대론에서는 시간과 공간을 더 이상 날카롭게 구분하지 못한다(물론 빛 속도보다 많이 느리다면 근사적으로 구분 가능하다). 한편 양자론에서 공간을 두고 분리된 요소들은 비인과 비국소 관계에 있으며 고차원 실재의 투영이다. 따라서 시간을 두고 분리된 순간들도 이 실재의 투영임을 알 수 있다.

분명히 이는 시간의 의미에 대한 아주 새로운 생각이라고 할 수 있다. 일상 경험과 물리학 모두에서 시간은 근본, 독립, 보편인 질서로,

우리가 아는 가장 중요한 질서라고 생각하기 쉽다. 반면 우리가 보는 시간은 공간처럼 (5절을 보라) 고차원 바탕에서 파생된 특수한 질서이다. 실제로 순간들로 이루어진 여러 계열에서, 그러한 특수한 시간 질서도 여럿 등장할 수 있다. 이들 하나하나는 다른 속도로 운동하는 물질계에 해당한다. 하지만 이들 모두는 어떠한 시간 질서로도 완전히 파악되지 않는 다차원 실재에 기대고 있다.

마찬가지로 이 다차원 실재는 의식하는 계기에 대해서도 여러 다른 질서로 투영될 수 있다. 여기에는 단지 앞서 얘기한 마음에 따라 시간이 달라질 수 있다는 뜻만이 아닌 더 미묘한 부분까지 담겨 있다. 예를 들어 서로 잘 아는 사람들은 오랫동안 (곧 시계로 측정한 연속된 순간들) 떨어져 있어도 마치 시간이 흐르지 않은 듯 그들이 멈춘 곳에서 다시 시작할 수 있다. 곧 사이에 낀 시간을 뛰어넘는 순간들 계열 또한 연속된 계열만큼이나 정당한 시간 형식이다.[15]

그렇다면 근본 법칙은 광대한 다차원 바탕에 대한 법칙이며, 이러한 바탕이 투영되면서 모든 시간 질서를 결정한다. 물론 이 법칙은 어떤 특수한 경우에는 인과 법칙처럼 순간들이 이루는 질서를 결정하기도 한다. 또 다른 경우, 그 질서는 복잡한 높은 단계의 질서로 5-1장에서 지적한 대로 보통 마구잡이라고 하는 질서에 가깝다. 이러한 두 경우로 일상 경험과 고전 물리 영역에서 일어나는 일 대부분을 처리할 수 있다. 반면 양자 영역이나 의식, 그리고 생명을 보다 깊게 이해하려면 그러한 근사는 더 이상 쓸 수 없다. 그때부터 시간은 다차원 실재를 순간들 계열에 투영했다고 생각해야 한다.

그러한 투영은 기계처럼 돌아가기보다 무언가를 창조한다고 할 수 있다. 창조성이야말로 새로운 내용이 시작되어 순간들의 계열로 펼쳐진다는 의미이기 때문이다. 그러한 순간은 이전의 순간이나 다른 계열로 완전히 결정되지 않는다. 그렇다면 운동도 기본적으로 다차원 바탕이 투영되어 새로운 내용을 만들면서 시작된다고 할 수 있다. 반면에 기계와 같이 어느 정도 자율을 누리는 부분전체는 새롭게 펼쳐지는 운동에서 추상한 것이다.

그렇다면 생물학에서 흔히 말하는 진화는 어떻게 생각할 수 있을까? 단어 '진화evolution'는 (문자 그대로는 '풀림unrolling'을 의미) 그 기계론적 함축 때문에 지금 맥락에서 별 도움이 안 된다. 오히려 앞서 지적대로 여러 다양한 생명 형태가 창조적으로 펼쳐진다고 해야 한다. 인과 관계와는 달리 나중 개체는 이전 개체에서 완전히 유도되지 않는다(물론 근사를 쓰면 진화 과정의 특정 측면을 인과 과정으로 설명할 수도 있겠지만). 따라서 이렇게 펼쳐지는 법칙을 제대로 이해하려면 투영이 일어나는 광대한 다차원 실재를 생각해야 한다(물론 양자론이나 그 너머 이론이 함축하는 바를 무시하는 근사를 쓸 수는 있다).

따라서 우리 논의는 우주, 물질 일반, 생명, 의식이 본래 무엇인가에 대한 질문 모두를 한 자리에 모은 셈이다. 우리는 이 모두를 같은 바탕에서 나온 투영으로 생각했다. 이것이 지금까지 펼쳐진 의식 단계에서 우리가 알고 느끼는 범위에 있는 모든 사물의 바탕이라고 할 수 있다. 이러한 바탕을 자세히 지각하거나 알지 못해도 이는 우리 의식에 접혀 있다. 그 방식은 우리가 말한 대로이거나 아니면 아직 모르는 다른 방식일 수도 있다.

   이러한 바탕이 만물의 진정한 종착지라고 할 수 있을까? '존재하는 것 모두'의 본질에 대한 우리 견해를 따르면 이러한 바탕도 단지 한 단계로, 원리로만 보면 그 뒤로도 무한한 단계가 펼쳐질 수 있다. 이렇게 펼쳐지는 과정에서 어느 한 순간의 견해는 제안에 지나지 않는다. 이는 최종 진리가 무엇인지에 대한 가정도 아니요, 그러한 본질적 진리에 대한 결론은 더더욱 아니다. 오히려 이러한 제안은 만물에서 활동하는 요소로 우리 자신과 우리가 생각하고 실험하는 대상을 포함한다. 이러한 과정에서 나온 어떤 제안도 이제까지의 제안처럼 살아남을 수 있어야 한다. 다시 말해 그 자체로도 일관되며, 삶에서 그 제안에 따라 나온 것들과도 일관되어야 한다. 이 전체에서 더 깊고 내밀한 필연성에 따라 새로운 일들이 일어나고 우리가 아는 세계와 우리의 생각 모두가 끊임없이 변화한다.

   이로써 우주론과 전체가 무엇인지에 대한 우리 논의는 (잠시나마) 멈춰야 할 지점에 이르렀다. 여기서 더 나아가 그 전체를 검토하고 이렇게 간략할 수 밖에 없는 논의에서 빠진 세부 내용을 채워 넣는다면 앞서 말한 새로운 발전 단계로 나아갈 수 있을 것이다.

주석

옮긴이의 글

찾아보기

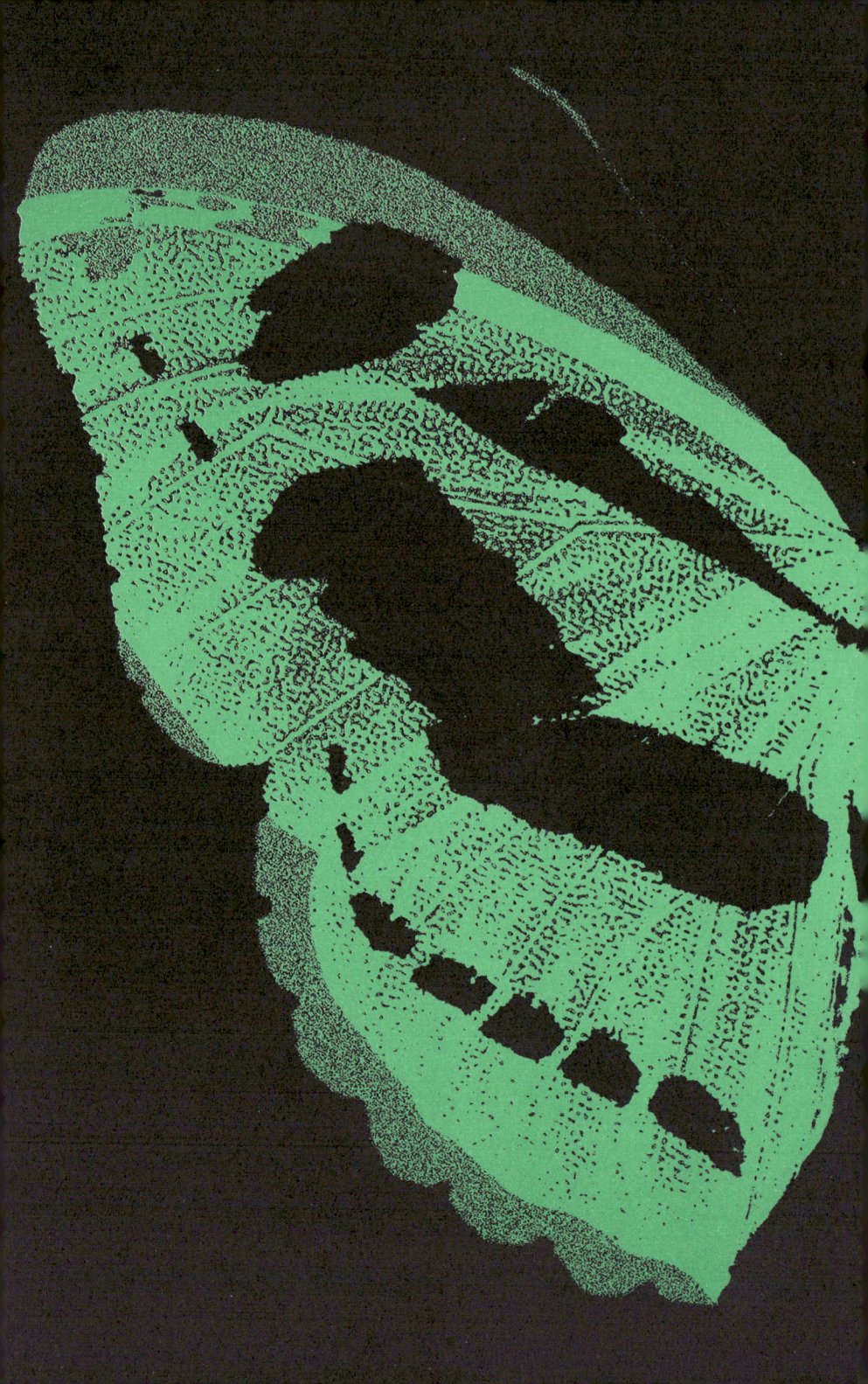

주석

1장. 전체와 조각내기

1 (역주) 여기서 봄이 언급한 행성의 발견은 과학사에서 해왕성 발견(1846년) 과정과 일치한다. 해왕성은 행성 가운데 유일하게(행성인지에 대한 논쟁이 있는 명왕성을 제외하고) 실제로 관측하기 전에 이론으로 먼저 예견한 천체이다. 곧 기존 뉴턴 이론과 천왕성 궤도 사이에 어긋남이 발견되자, 과학자들은 천왕성을 교란시키는 미확인된 제8행성을 가정하거나 나중에는 뉴턴 이론이 먼 거리에서 틀릴 수도 있다는 생각을 했다. 1846년 르베리에**Urbain Le Verrier**는 뉴턴 이론에 기초하여 제8행성의 위치를 계산했으며, 베를린 천문대에서 일하던 갈레 **johann Galle**는 이 위치에 별(항성)이 아닌 행성이 있음을 확인했다. 동시대 과학자 아라고가 말한 대로 르베리에는 펜촉으로 행성을 발견했고, 이는 19세기 과학사에서 뉴턴 이론이 거둔 위대한 성공 사례로 꼽힌다.

2 (역주) 영단어 '가설**hypothesis**'은 철자가 같은 그리스어에서 오며 '아래에 놓다'(아래**hypo**+놓다**thesis**), '가정하다'를 뜻한다. 영단어 '가정하다**suppose**' 또한 라틴어 '아래에 놓다'(supponere=아래**sub**+놓다**ponere**)에서 온다.

3 (역주) '이성 활동'으로 번역한 '이성**reason**'이 영어에서는 '이유'라는 뜻도 됨에 주의하자.

4 (역주) 봄의 동양 사상에 대한 이해는 주로 지두 크리슈나무르티**Jiddu Krishnamurti**와의 교류(1961년 처음 만난 이후 25년간 지속)를 통해 형성되었으며

우리나라 중국과 같은 동아시아 사상을 일차적으로 염두에 둔 것은 아니다. 동서양을 다루는 논의가 보통 그러하듯, 그 관계는 주의를 기울여 파악할 필요가 있다. 무턱대고 봄 자신의 사상이 동양 사상에서 유래한다거나 양자역학이 동양 사상의 특정 조류와 일치한다는 근거 없는 이야기를 해서는 안 될 것이다. 물론 봄 자신이 제시하는 보편성은 인정할 만하다. 예를 들어 무량함을 '이성을 통해 이름짓거나, 설명하거나, 이해하지 못하는' 것으로 보고 이를 으뜸가는 실재로 이해하는 태도는 노자 『도덕경』 1장 "도가도, 비상도 道可道, 非常道"를 떠올리게 한다.

5 다음을 참고하라. J. Krishnamurti, *Freedom from the Known*, Gollancz, London, 1969.

2장. 흐름양식 – 언어와 사고로 하는 실험

1 (역주) 제목처럼 이 장에서 봄은 언어로 여러 가지 실험을 한다. 하지만 이 실험 거의 전부는 영어 안에서 이루어지기 때문에 우리말로 번역하기에 까다로운 말들이 많다. 특히 신조어를 여럿 도입하는 3절과 4절에서 이러한 어려움은 더하다. 원어를 적절히 병기하겠지만 이러한 한계를 생각하고 읽어주길 바란다.

2 실제로 '디바이드'의 라틴어 뿌리 '위데레'는 '보다'가 아닌, '갈라놓다'를 뜻한다. 이는 우연히 그렇게 된 듯하다. 하지만 이런 우연을 이용, 분리를 실제 사물을 나누는 행위가 아닌 지각 행위로 본다면 흐름양식을 끌어들인 우리 목적과 잘 부합한다.

3 흐름양식에서는 동사 어근에 'di-, co-, con-'과 같은 접두어를 붙여 단어를 만들 때가 있다. 이렇게 만든 동사 구조를 드러내기 위해, 이 접두어와 본동사를 붙임표(-)를 써서 분리하겠다.

4 (역주) 이 목록 원문은 다음과 같다.
Levate, re-levate, re-levant, irre-levant, levation, re-levation, irre-levation.
Vidate, re-vidate, re-vidant, irre-vidant, vidation, re-vidation, irre-vidation.

Di-vidate, re-dividate, re-dividant, irre-dividant, di-vidation, re-dividation, irre-dividation.
Ordinate, re-ordinate, re-ordinant, irre-ordinant, ordination, re-ordination, irre-ordination.

5 이제부터는 논의를 간결하게 하기 위해, 앞에서처럼 뿌리 형태가 뜻하는 바를 모두 밝히지는 않겠다.

3장. 과정으로 본 실재와 지식

1 A. N. Whitehead, *Process and Reality*, Macmillan, New York, 1933.

2 H. C. Would, *The Universal Dictionary of the English Language*, Routledge & Kegan Paul, London, 1960.

3 J. Piaget, *The Origin of Intelligence in the Child*, Routledge & Kegan Paul, London, 1953.

4장. 양자론과 숨은 변수

1 D. Bohm, *Causality and Chance in Modern Physics*, Routledge & Kegan Paul, London, 1957.

2 다음을 보라. J. von Neumann, *Mathematical Foundations of the Quantum Theory*, Princeton University Press, 1955; W. Heisenberg, *The Physical Principles of the Quantum Theory*, University of Chicago Press, 1930; P. Dirac, *The Principles of Quantum Mechanics*, Oxford University Press, 1947; P. A. Schilpp (ed.), *Albert Einstein, Philosopher Scientist*, Tudor Press, New York, 1957. 마지막 책에서 보어가 자기 생각을 논한 6장을 보라.

3 앞의 책.

4 von Neumann, 앞의 책.

5 A. Einstein, N. Rosen and B. Podolsky, *Phys. Rev.*, vol. 47, 1935, p. 777.

6 D. Bohm, *Quantum Theory*, Prentice-Hall, New York, 1951.

7 보어가 자기 생각을 논한 Schilpp, 앞의 책, 6장을 보라.

8 D. Bohm, *Phys. Rev.*, vol. 85, 1952, pp. 166, 180.

9 L. de Broglie, Compt. rend., vol. 183, 1926, p. 447 and vol. 185, 1927, p. 380; *Revolution in Modern Physics*, Routledge & Kegan Paul, London, 1954.

10 D. Bohm and J. V. Vigier, *Phys. Rev.*, vol. 96, 1954, p. 208.

11 더 자세한 논의는 Bohm, *Causality and Chance in Modern Physics*, 4장을 보라.

12 Bohm and Vigier, 앞의 책, Bohm, *Causality and Chance in Modern Physics*.

13 Bohm, *Phys. Rev.*, vol. 85, 1952, pp. 166, 180; Bohm and Vigier, 앞의 책, Bohm, *Causality and Chance in Modern Physics*.

14 Bohm and Vigier, 앞의 책.

15 Bohm, Phys. Rev., vol. 85, 1952, pp. 166, 180; Bohm and Vigier, 앞의 책, Bohm, *Causality and Chance in Modern Physics*.

16 G. Kallen, Physica, vol. 19, 1953, p. 850; *Kgl Danske Videnskab. Selskab, Matfys. Medd.*, vol. 27, no. 12, 1953; *Nuovo Cimento*, vol. 12, 1954, p. 217; A. S. Wightman, *Phys. Rev.*, vol. 98, 1955, p. 812; L. van Hove, *Physica*, vol. 18, 1952,

p. 145.

17 앞의 책.

18 (역주) '비가산non-denumerable'은 자연수나 유리수 집합과는 달리 번호를 매겨, 셀 수 없는 무한집합의 농도를 나타내는 말이다. 보통 '연속체the continuum'로 부르는 0과 1 사이 실수 집합 [0, 1]이 그 한 예이다.

19 (역주) '조밀 집합dense set'은 위상수학 개념으로 실수 집합 R 안에 있는 유리수 집합 Q처럼, R에 들어 있는 모든 점 근방에서 Q에 들어 있는 점을 찾을 수 있는 집합을 말한다.

20 마찬가지 결과는 상호작용하는 입자 여럿으로 이루어진 집단이 보이는 거시 성질에서 얻을 수 있다. 여기서 얻는 (진동과 같은) 집단 성질은 개별 입자 운동과 거의 무관하게 자기를 결정한다. D. Bohm and D. Pines, Phys. Rev., vol. 85, 1953, p. 338 and vol. 92, 1953, p. 609을 보라.

21 이러한 유사성을 브라운 운동하는 입자와 관련해 처음 보인 이는 퓌스Reinhold Fürth이다. Bohm, *Causality and Chance in Modern Physics*, 4장을 보라.

22 Bohm and Pines, 앞의 책.

23 M. Born, *Mechanics of the Atom*, Bell, London, 1927; H. Goldstein, *Classical Mechanics*, Addison-Wesley, Cambridge, Mass., 1953.

24 앞의 책.

25 Born, 앞의 책.

26 예를 들어 동기전동기synchronous electric motor는 발전기에서 오는 교류와 서로 위상이 같게 된다. 이러한 예는 비선형 진동 이론에 무수히 많다. 비선형 진동에 대한 자세한 논의는 H. Jehle and J. Cahn, *Am. J. Phys.*, vol. 21, 1953, p. 526.

27 Born, 앞의 책.

28 더 일반적인 선형 결합을 쓸 수도 있지만, 그러면 문제의 기본 성질은 바뀌지 않고 표현만 복잡하게 된다.

29 (역주) '공간을 채우는 space-filling' 곡선은 그 치역이 단위 정사각형($0 \leq x, y \leq 1$) 전체에 걸친 곡선을 말한다. '에르고드 ergodic'란 표현은 수학이나 물리학에서 어떤 계가 원래 상태로 다시 돌아옴을 뜻하는 술어이다. '리사주 그림'은 매개변수방정식 $x=A\sin(at+\delta)$, $y=B\sin(bt)$으로 표현되는 그래프를 말한다. 여기서 a/b가 유리수가 아니면 공간을 채우게 된다.

30 D. Bohm and Y. Aharonov, *Phys. Rev.*, vol. 108, 1957, p. 1070.

31 (역주) 봄이 이 책을 쓴 1980년(원래 논문은 1962년) 이후로 물리학자들은 양자역학이 예측하는 상관관계를 시험하기 위한 여러 방법을 고안했고 실제로 여러 가지 실험을 하기도 했다. 그 가운데에서도 가장 유명한 실험이 1981~1982년 파리 대학에서 이루어진 아스페 실험 Aspect experiment이다. 이 실험에서 아스페는 본문에서 봄이 설명한 (원래는 존 벨이 처음 제시한) 매우 짧은 시간 동안 실험 장치를 변화시키는 방법으로 상관관계를 관찰했다. 그 결과 원래 양자역학 상관관계가 그대로 보존된다는 결과를 얻었으며, 이 결과는 이제 널리 인정받는다. 봄은 다음 단락(13절 마지막 단락)에서 이러한 결과에 대비한 논의를 한다.

5-1장. 새 물리 질서를 보여주는 양자론

| 물리학 역사에 나타난 새로운 질서 |

1 (역주) 영단어 '좌표 coordinate'는 가끔 동사로도 쓰이며 그 명사형은 '코디네이션 coordination'이다. 우리말로 '코디'라고 줄여서 옷이나 화장, 장식품을 맞추어 주는 사람이나 일을 가리키기도 하는데, 정작 영어에는 이런 뜻이 없는 콩글리시이다. 원래 어원은 라틴어 '질서 있게 하다, 정리하다 coordinare'이고 물론 그 말뿌리는 '질서 ordo'이다. 이러한 질서 개념은 저명한 예술가 비더만의 서

신을 교환하며 처음 떠올랐다. 비더만이 자기 견해를 밝힌 책은 C. Biederman, *Art as the Evolution of Visual Knowledge*, Red Wing, Minnesota, 1948. (역주) 봄과 비더만이 주고받은 서한은 봄 사후 편집되어 출간되었다. 20세기 철학을 대표할 만한 역작이다. D. Bohm and C. Biederman, *Bohm-Biederman Correspondence: Creativity and Science*, edited by P. Pylkkänen, Routledge, London, 1999.

2 M. Born and N. Wiener, J. Math. Phys., vol. 5, 1926, pp. 84–8; N. Wiener and A. Siegel, Phys. Rev., vol. 91, 1953, p. 1551. (역주) 노베르트 위너 **Norbert Wiener**는 미국의 수학자로 『사이버네틱스 또는 동물과 기계에서 제어와 통신 *Cybernetics, or Control and Communication in the Animal and Machine*』로 이 분야를 개척했다.

3 1장과 3장에서는 이 개념을 조금 다른 관점에서 논했다.

4 이 점에 대한 논의로는 D. Bohm, *Quantum Theory*, Prentice-Hall, New York, 1951.

5 이 효과에 대한 자세한 논의는 바로 위 책 22장, 이 주제에 대한 이후 관점은 J. S. Bell, Rev. *Mod. Phys.*, vol. 38, 1966, p. 447.

6 N. Bohr, *Atomic Theory and the Description of Nature*, Cambridge University Press, 1934.

7 J. von Neumann, *Mathematical Foundations of Quantum Mechanics*, Princeton University Press, 1955.

5-2장. 새 물리 질서를 보여주는 양자론

| 물리 법칙에서 내포 질서와 외연 질서 |

1 이러한 견해를 분명히 제시한 책은 T. Kuhn, *The Structure of Scientific Revolu-*

tions, University of Chicago Press, 1962.

2 J. Piaget, *The Origin of Intelligence in the Child*, Routledge & Kegan Paul, London, 1956. (역주) 피아제의 '조절accommodation'은 아동이 새로운 경험에 적응하기 위해 기존 도식을 수정하는 과정을 뜻한다. 봄이 의도한 뜻과는 차이가 있으므로 '수용'으로 통일한다.

3 (역주) 'pli'는 '주름' 내지는 '접다'를 뜻하는 프랑스어로, 이 말도 라틴어 '접다plicare'에서 왔다.

4 D. Bohm, B. Hiley and A. Stuart, *Progr. Theoret. Phys.*, vol. 3, 1970, p. 171에서는 이렇게 지각된 내용을 두 질서의 교차로 보는 서술방식을 다른 맥락에서 다루었다.

5 (역주) 19세기 독일의 수학자 펠릭스 클라인Felix Klein이 1872년 이후 주창한 에를랑겐 프로그램Erlanger Programm을 가리킨다. 유클리드 기하나 비유클리드 기하, 아핀 기하와 같은 여러 기하는 더 넓은 사영 기하의 특수한 경우로, 각 기하를 특징짓는 성질은 이를 보존하는 변환군으로 나타낼 수 있다. 이는 단지 기하학을 분류하는 문제에서 끝나지 않고 수학의 여러 분과를 재편하는 결과를 가져 왔으며, 20세기 수학과 수학기초론에 막대한 영향을 끼쳤다.

6 (역주) 여기서 봄은 변위 연산자displacement operator와 위치 이동 행위a displacement를 구분하지 않고 같은 D_i로 나타내고 있다 (아래 회전과 확대도 마찬가지). 정수 순서와 같은 질서를 주기 전에는 변위 연산을 숫자로 나타낼 수 없음에 주의하자.

7 (역주) 한국물리학회와 대한수학회 용어집 모두 '유니테리unitary'를 그대로 노출시킨 역어를 택하고 있다. 반면 역자는 '일원'이란 말을 쓴다. 일원변환은 보통 두 벡터 사이 내적을 보존하는 변환을 말한다. 곧 힐버트 공간 H_1과 H_2 사이 일원변환 $U:H_1 \to H_2$은 모든 $x, y \in H$에 대해 $(U_x, U_y) = \langle x, y \rangle$이다. $x=y$로 두면 바로 알 수 있듯 일원변환은 벡터 크기를 보존하는 등거리변환isometry이기도 하다.

8 예를 들어 D. F. Littlewood, *The Skeleton Key of Mathematics*, Hutchinson, London, 1960.

6장. 접히고 펼쳐지는 우주와 의식

1 이 주제에 대한 다른 논의는 Re-Vision, vol. 3, no. 4, 1978 (출판된 곳은 20 Longfellow Road, Cambridge, Mass. 02148, USA).

2 이 점을 더 논한 D. Bohm, *Causality and Chance in Modern Physics*, Routledge & Kegan Paul, London, 1957, ch. 2.

3 이 실험을 더 자세히 논한 D. Bohm, *Quantum Theory*, Prentice-Hall, New York, 1951, ch. 22.

4 이 점을 더 자세히 논한 예는 D. Bohm and B. Hiley, *Foundations of Physics*, vol. 5, 1975, p. 93.

5 이러한 '비결정 기계론'의 두드러진 특징을 논한 D. Bohm, *Causality and Chance in Modern Physics*, ch. 2.

6 이러한 양자론의 두드러진 특징을 더 자세한 논한 D. Bohm and B. Hiley, *Foundations of Physics*, vol. 5, 1975, p. 93과 D. Bohm, *Quantum Theory*, Prentice-Hall, New York, 1951.

7 계에 있는 모든 성질은 3N-차원 '파동함수'에서 유도되며(N은 입자 개수), 이 함수는 3차원 공간 하나에 나타낼 수 없다. 물리를 보면 앞서 말한 멀리 떨어진 요소 사이에 비국소, 비인과 관계가 있는데, 이는 방정식이 함축하는 바와 일치한다.

8 특히 결합된 계의 '파동 함수'가 두 개의 3차원 파동함수로 인수분해되는 조건 아래(Bohm and Hiley, op. cit.에서 보인 대로).

9 이러한 계산에 대해서는 D. Bohm, *Causality and Chance in Modern Physics*, Routledge & Kegan Paul, London, 1957, p. 163.

10 Bohm and Hiley, 앞의 책에서 제안한 부분계, 계, 포함계 개념과 비교하라.

11 다음을 보라. Karl Pribram, *Languages of the Brain*, G. Globus et al. (eds), 1971; Consciousness and the Brain, Plenum, New York, 1976. (역주) 칼 프리브람 **Karl H. Pribram**은 오스트리아 출신 신경생리학자이다. 봄의 공동 작업을 통해 본문에서 설명하는 기억에 관한 홀로노미 모델을 제시했다.

12 예를 들어 3절에서 보인 대로, 선 위에 배치된 물방울은 함께 접힐 수 있고, 그 질서는 여전히 잉크 입자 모음 전체에 교묘하게 보존된다.

13 더 자세한 논의는 D. Bohm, *The Special Theory of Relativity*, Benjamin, New York, 1965, Appendix.

14 어떻게 보면 이러한 무의식 배경은 프로이드 생각과 비슷하다. 하지만 프로이드 관점에서 무의식은 그 내용이 어느 정도 확정되고 제한되기 때문에 우리가 말한 광대한 배경과는 비교하기 어렵다. 아마도 프로이드가 말한 '대양 같은 느낌 **oceanic feeling**'이 그의 무의식 개념보다 우리 개념에 좀 더 가까울지 모르겠다.

15 이는 전자가 한 상태에서 다음 상태로 중간 단계를 거치지 않고 옮겨간다는 양자 조건과도 일치한다.

옮긴이의 글

본 책은 1980년에 발간된 데이비드 봄의 책을 번역한 것이다. 먼저 초판이 40여 년 전에 나온 책을, 그것도 초역이 출간된 적이 있는 책을 다시 번역한다는 것이 어떤 의미가 있는지 설명을 해야겠다.

초판이 오래 전에 나왔다고는 하지만 역자가 번역의 대본으로 삼은 책은 라우틀리지 출판사가 펴낸 20세기 고전 시리즈 가운데 하나로 나온 2002년판이다. 같은 출판사는 이미 『대화에 대해 *On Dialogue*』(2004), 『창조성에 대해 *On Creativity*』(2004), 『특수 상대성 이론 *Special Theory of Relativity*』(2004)을 이 시리즈로 다시 출간했으며 피트와의 공저인 『과학, 질서, 창조성 *Science, Order, and Creativity*』의 올해 출간을 준비하고 있다. 시리즈 안의 다른 책들에 러셀이나 포퍼와 같은 20세기 철학의 대가들도 끼여 있음을 상기해 보면, 이는 봄의 저작이 대중 과학서 수준을 넘어 고전의 반열에 들어가는 과학 사상

서임을 보여준다 하겠다.

실제로 '감사의 말'에서 밝히고 있듯 『전체와 접힌 질서』는 원래 책으로 쓰려고 했던 저작이 아니라, 주로 70년대에 학술 저널에 실린 그의 논문 몇 편을 모아 엮은 것이다. 그럼에도 이 저작을 고전의 위치에 놓을 수 있는 이유는 '접힌 질서'라는 새로운 개념이 전면에 등장하면서 봄 사상에서 하나의 전환점을 마련해 주었기 때문이다. 실제로 이전까지 봄의 작업이 주로 양자론의 대안 해석이나 현대 물리학의 철학적 의미와 같은 과학철학적 주제에 집중되었다면, '접힌 질서' 개념을 통해 심신 문제나 인류의 현안 같은 보다 일반적인 주제로 나아갈 수 있는 계기가 마련된 셈이다.

분명 이 책에서도 상대론과 양자역학, 특히 후자의 대안 해석에 대한 논의가 상당 부분을 차지하고 있다(4장). 그리고 여기서 원래 자신이 1952년 제시한 '숨은 변수 이론'을 양자장론으로 확장시켜 보다 세련된 이론을 발전시키고 있다. 이 논의는 그 자체로도 흥미롭지만 아무래도 전문적인 논의이다 보니 물리학자가 아닌 일반 독자의 관심을 끌기란 쉽지 않아 보인다.

하지만 봄은 이를 세계관과 질서라는 주제로 나아가는 디딤돌로 삼는다. 현대 물리학의 혁명인 상대론과 양자론 모두에서 우리는 물리 세계를 바라보는 거대한 질서의 전환과 마주친다(5-1장). 고전역학에서 현대 물리로의 전환은 외연 질서와 내포 질서라는 두 질서의 대조와 충돌로 설명할 수 있다(5-2장). 근대 과학의 발전으로 형성된 세계관과 질서 아래서는 세계를 부분으로 분석하려는 경향이 강하며 이것은 전체와 조각내기라는 보다 일반적인 문제의 한 예이다(1장). 조각내기는 또한 우리의 이론이나 앎을 그저 세계를 바라보는 하나의 방식이 아닌, 세계에 대해 진정으로 참인 지식으로 착각함으로써 생긴다. 이러한 생각의 한계를 깨달으려면 다시 현대 물리학이 이룬 혁명과 새로운 질서 개념을 참고해야 한다. 곧 세계가 어떠하다고 하는 모습을 이해하려면 세계를 그런 방식으로 지각하게 만드는 우리의 질서 관념에 주목해야 하며, 이러한 질서 관념을 떠나 세계가 진정 상호작용하는 부분으로 나뉘어 있다는 말은 의미가 없다.

물론 문제는 단순하지 않다. 언어 사용 습관(2장)이나 실재나 지식에 대한 잘못된 관념(3장)의 문제 또한 얽혀 있기 때문이다. 이에 대한 대안으로 언어 사용에 대한 흐름양식과 실재와 지식을 과정으로 바라보는 관점이 제시된다. 마지막으로 의식이나 이와 물질과의 관계(심신 문제)에 대한 해결책이 암시된다(6장). 이 해결책은 마음과 물질을 나눠보는 이원론dualism이나 하나를 다른 하나로 줄이는 환원론reductionism이 아닌, 내포 또는 접힌 질서 개념에 기초한다. 마음은 분명 물질 과정이라고 할 수 있지만 의식과 물질 모두는 내포 질서라는 더 넓은 질서에서 추상된 외연 질서일 뿐이다. 내포 질서 관점에서 보면 마음 또한 물질, 곧 몸을 접고 있으며 이는 개체의 몸뿐만이 아닌 물질 우주 전체 또한 어렴풋이 접고 있다. 이러한 생각은 봄 자신이 지적하듯 철학사에서 라이프니츠나 화이트헤드의 형이상학으로 제시된 바 있다. 물론 새로운 점이 있다면 봄은 20세기 물리학, 특히 양자론에서 출발하여 이러한 관념에 이르렀다는 점이다.

총평하여 말한다면 봄의 사상은 근대 과학의 주축이 된 세계관에 대한 하나의 강력한 비판과 대안을 제시한다. 이 세계관은 기계론, 물리주의, 환원론, 유물론 등등의 여러 이름으로 과학사나 철학사에 등장하며, 수세기에 걸쳐 수많은 비판이 제기되었음에도 여전히 그 생명을 잃지 않은 듯이 보인다. 물리학이라고 해서 예외는 아니다.

봄은 양자론의 기존 해석이 이런 세계관과 관련된 문제에 대해 침묵하거나 심지어 은연중 그러한 세계관에 기대고 있음을 고발한다. 또한 생물학에서 이러한 세계관은 절정에 달한 듯 보인다. 실제로 진화론이나 분자생물학의 의미를 이러한 기존 세계관의 확장과 완성으로 보는 많은 생물학자들이 있다. 하지만 그들은 20세기 물리학이 이룩한 혁명을 깨닫지 못한 채 생물 세계에 대한 '인과적'이거나 '물리적' 설명(물론 여기서는 고전 역학적인 설명)을 고집하고 있다. 물론 이러한 설명은 많은 부분에 있어 놀라운 성공을 거두었지만, 이 또한 여전히 '세계를 바라보는 하나의 관점'이지 '세계 그대로에 대해 참인 지식'은 아니라는 반성을 해 볼 필요가 있다. 이러한 반성이 고갈된 오류의 역사에서 가장 최근의 예는 '통섭consilience'이라는 생각에서 찾을 수 있다. 고전을 읽는 또 다른 의미는 이러한 유행하는 생각에 대한 해독제를 마련해 준다는 것이다.

2025년 4월 이정민

필자는 자신을 키워주신 부모님, 출판사와 연을 맺게 해준 김재영 선생님, 이 책의 가치를 알아주신 시스테마 출판사, '조각내기'라는 멋진 번역어를 제안한 변규홍 조교님, 최근 몇 년간 교육과 연구에만 집중할 수 있는 환경을 만들어 주신 박우석 교수님, 생활의 활력소인 독서모임 다슬기 친구들과 김명석 선생님 모두에게 감사의 마음을 전하고 싶습니다.

찾아보기

A-Z
EPR 역설 120, 127~136, 170, 200

ㄱ
각변수 151, 162
갈릴레오 179, 192, 195, 197, 211, 217, 224
감마선 현미경 실험 167~168
강체 042, 190, 193, 239
게이지 불변 251
결정론 099, 121, 141, 143~144, 190, 232, 262
고유 내포 질서 270
국소 시계 158, 162

ㄴ
노이만, 폰 015, 120, 125~126, 135~136, 138
뉴턴 역학 036

ㄷ
다중체 248~251
다체문제 137, 150
데모크리토스 040, 280
데카르트 026, 180, 189, 224, 227, 262, 286~287
데카르트 좌표 180, 224, 227, 262
동시순서 231
동화 216~219
드 브로이 132, 156
디락방정식 172

ㄹ
라이프니츠 299, 322

ㅁ
명상 055, 060~061
모나드 299
목적인 045~047
무량함 058~061
무의식 배경 303

무정의 기호 243
무질서 050, 185, 218
물자체 102
미분리된 전체 043, 047~048, 062, 194~195, 205, 208~210, 219~220, 224, 228, 233, 236, 257, 260, 262, 295

ㅂ

변형 097, 239~242, 246, 251, 266, 289
변환 096, 151, 237~242, 250~251, 253, 259, 269, 270, 289~291, 296, 298~299
변환함수 151~152, 154~155
보어-좀머펠트 규칙 154, 163
복합체 248
불확정성 원리 124, 127~128, 146, 208
브라운 운동 123, 133~134, 145~146, 165~167, 185, 190~191, 197~198, 207
비결정론 122, 124, 128, 132, 141~142
비동시순서 231~232
비례 055~058, 181, 187

비선형 144~145, 151, 156~157, 162, 195~196, 208~210, 259
빅뱅 281

ㅅ

사원인 045
상대양자장론 140, 142
세계통 042, 194, 207~208
수용 216~218
숨은 변수 이론 015, 119~120, 128, 132, 141~142, 172~173, 321
슬기 099~101

ㅇ

아리스토텔레스 045~046, 110~111, 179, 224, 227
아리스토텔레스 논리 110
아인슈타인 037, 052, 060, 067, 127, 191~192, 194~195, 197~198, 200, 208, 259~260
양자 대수 244, 246~247

양자 불가분성 129, 132, 141, 144, 150
양자 요동 142, 144, 149, 172
양자장론 140, 143, 206
양자 퍼텐셜 133~134, 137~138
양자화 120, 150~155, 158, 161, 166, 278~279
에테르 280
연속체 248~249
영점 에너지 142, 278~279
오토노미군 251
우주론 020~021, 026~027, 278, 285, 306
위너, 노베르트 315
유기체 046, 178~180, 258
유클리드 질서와 척도 189, 237~238, 248~249, 250
인과율 181, 261
잉크 226~227, 239, 266~270, 272~273, 277, 283~284, 295, 319

ㅈ

작용변수 153~155, 161~162, 168
작용인 045~047, 053, 166
장 변수 142~143, 145, 151, 154~156, 159, 170
재규격화 140, 143, 206
전운동 227~229, 233~236, 244~245, 253, 264, 268, 273, 277~278, 280, 284
전체성 033~034, 039, 060, 062, 078, 205, 257, 287
절대 진리 036, 041, 057, 097, 264
정규 모드 196, 209
제논 019, 279, 291
주목하는 활동 076, 080
주어-동사-목적어 구조 022, 067~068, 070
중력장 195, 278~279
질료인 045
집단변수 161
집단좌표 161~162

ㅊ

척도 054~059, 061~062, 185~193, 195, 198, 210, 216~218, 224~225, 227~228, 231, 237~238, 241, 244, 247~251, 264

초전도성 277

ㅋ

칸트 037, 102

콤프턴 효과 167~168

크리슈나무르티 062

ㅌ

톨레미 주전원 037, 191, 215

통일장 이론 194, 196, 259~260

투영 090, 274, 276~277, 281, 301~305

ㅍ

파동과 입자의 이중성 151, 199, 233

파르메니데스 279

프리브람 287

피아제 216, 297, 316

필연성 268, 282, 285, 295, 301, 306

ㅎ

하이젠베르크 013, 015, 120, 124~125, 127, 130, 132, 136, 140, 145~147, 149, 162, 165~168, 170, 172, 200, 202~203, 209, 223, 233

헤라클레이토스 095

형상인 045

형성원인 046~047, 053, 062

홀로그램 219, 221~224, 227~228, 239~241, 263~264, 266~267, 277, 287~288

홀로노미 235~236, 245, 249~251, 268, 273, 319

홀로노미군 250~251

화이트헤드 095, 114, 299

황금비 057

황금시대 033

양자역학, 전체와 접힌 질서
Wholeness and the Implicate Order

초판 1쇄 펴낸 날 2025년 5월 20일

지은이 데이비드 봄
옮긴이 이정민
펴낸이 장영재
펴낸곳 마루벌
자회사 시스테마
전 화 02)3141-4421
팩 스 0505-333-4428
등 록 2012년 3월 16일(제313-2012-81호)
주 소 서울시 마포구 성미산로32길 12, 2층 (우 03983)
E-mail sanhonjinju@naver.com
카 페 cafe.naver.com/mirbookcompany
S N S instagram.com/mirbooks

- 시스테마는 마루벌의 인문·과학 브랜드입니다.
- 마루벌은 독자 여러분의 의견에 항상 귀 기울이고 있습니다.
- 파본은 책을 구입하신 서점에서 교환해 드립니다.
- 책값은 뒤표지에 있습니다.